应用型本科 计算机专业“十三五”规划教材

Linux 系统管理与应用

王小英　马　力
梁　伟　陈英革　编　著

西安电子科技大学出版社

内 容 简 介

本书全面系统地讲解了 Linux 系统的相关知识。全书由 4 部分(基础篇、系统篇、网络篇及开发篇)共 17 章组成，具体包括 Linux 概述、Red Hat Linux 9 安装、Linux 常用命令、Linux 文本编辑、Linux 桌面环境、用户管理、设备管理、文件系统管理、进程管理、日志文件管理、TCP/IP 网络设置、Apache Web 服务器、文件传输服务器、网络服务器简介、Linux 编程概述、Linux 语言环境、Linux 内核概述。

本书实用性、可操作性强，适合作为本科院校计算机专业的教材，也适合 Linux 初学者学习使用，还可供从事计算机工作的相关人员使用。

图书在版编目(CIP)数据

Linux 系统管理与应用 / 王小英等编著. —西安：西安电子科技大学出版社，2018.11

ISBN 978-7-5606-5101-9

Ⅰ. ① L…　Ⅱ. ① 王…　Ⅲ. ① Linux 操作系统　Ⅳ. ① TP316.85

中国版本图书馆 CIP 数据核字(2018)第 241751 号

策划编辑　高　樱
责任编辑　祝婷婷　阎　彬
出版发行　西安电子科技大学出版社(西安市太白南路 2 号)
电　　话　(029)88242885　88201467　　邮　　编　710071
网　　址　www.xduph.com　　电子邮箱　xdupfxb001@163.com
经　　销　新华书店
印刷单位　陕西天意印务有限责任公司
版　　次　2018 年 11 月第 1 版　2018 年 11 月第 1 次印刷
开　　本　787 毫米×1092 毫米　1/16　印　张　19
字　　数　444 千字
印　　数　1～3000 册
定　　价　43.00 元
ISBN 978-7-5606-5101-9 / TP

XDUP 5403001-1

如有印装问题可调换

应用型本科　计算机专业“十三五”规划教材
编审专家委员名单

前　言

欢迎进入 Linux 的世界！

在过去，PC 平台上运行的基本上都是商业操作系统 Microsoft Windows 系列。但现在，无论在企业、研究机构还是普通用户中，发展最快的操作系统当属 Linux，它的“自由”特征，使其成为许多专业用户最青睐的操作系统之一，蕴藏着极其巨大的商机和市场潜力。

Linux 由 UNIX 发展而来，继承了 UNIX 的优秀设计思想，支持多用户、多进程、多线程，功能强大，稳定可靠，而且具有良好的兼容性和可移植性。Linux 对于用户是没有任何秘密可言的，只要愿意，用户可以控制操作系统的一切，即究竟使用 Linux 到什么程度，完全由用户自己决定。

Red Hat Linux 9 是 Red Hat 公司推出的深受用户青睐的 Linux 发行版。本书以 Red Hat Linux 9 为蓝本，由浅入深、侧重实践地介绍了 Linux 的基础知识、系统管理、网络管理和在 Linux 下进行软件开发等内容。

本书是作者根据多年的教学和应用体会，在充分了解刚接触 Linux 且还未入门的学生的能力和心理的基础上编写而成的。本书在内容的选取上坚持科学性、先进性、实用性为一体，并在此基础上，努力做到从内容到形式都有所突破、有所创新。书中通过大量的实例让学生分层次、分步骤地掌握所学的知识。

全书由 4 部分共 17 章组成，每章都包括本章学习目标、正文、课后习题与实验等环节。

第一部分是基础篇，包含第 1～5 章，分别介绍了 Linux 的基本概念、发展史、众多发行版的特点，Red Hat Linux 9 的安装配置，Linux 的常用命令，Linux 的文本编辑以及 Linux 桌面环境。

第二部分是系统篇，包含第 6～10 章，分别介绍了 Linux 多用户的管理、硬件设备的安装与配置、文件系统的管理、进程的管理以及系统日志的查看和管理。

第三部分是网络篇，包含第 11～14 章，分别介绍了 TCP/IP 原理和配置、

Linux 常用服务器的介绍、配置和管理，如 Apache Web 服务器、FTP 服务器、DHCP 服务器、DNS 服务器、E-mail 服务器、Samba 服务器、squid 代理服务器、防火墙及 NAT 服务器等。

第四部分是开发篇，包含第 15～17 章，分别介绍了 Linux 的软件开发特点、常用的编程语言、Shell 脚本编程、C/C++ 的软件开发以及关于 Linux 内核的概述。

本书由王小英主编，陈英革主审。参加本书编写工作的有王小英、马力、梁伟、陈英革等。

限于编者水平，书中疏漏之处在所难免，恳请广大读者批评指正。

作　者

2018 年 7 月

目　录

基　础　篇

系 统 篇

网 络 篇

开　发　篇

基 础 篇

第 1 章 Linux 概述

◇【本章学习目标】

本章主要对 Linux 做一个简单扼要的概述，让读者尽快进入 Linux 的新世界，以帮助读者学习本书的后续章节。通过对本章的学习，读者应该掌握以下主要内容：

⊙ 什么是 Linux；

⊙ Linux 的主要特性；

⊙ Linux 与 UNIX 的关系；

⊙ Linux 的内核版本；

⊙ 什么是自由软件文化。

1.1 初识 Linux

1.1.1 Linux 的发展史

Linux 是一套免费使用和自由传播的类 UNIX 操作系统。这个系统是由世界各地成千上万的程序员共同维护的，其目的是建立不受任何商业化软件的版权制约且在世界范围内可以自由使用的 UNIX 兼容产品。

与许多出众的思想和发明创造一样，Linux 并非出自专家之手，而是出自芬兰赫尔辛基大学的学生 Linus Torvalds 之手。最初受 Minix(由 Andrew Tannebaum 教授编写的一个小型的类 UNIX 操作系统)的启发，Linus Torvalds 开始了 Linux 雏形的设计，他设计的第一个原型版本 0.01 于 1991 年 8 月诞生。

Linus 的下一个举动引发了 Linux 历史上最重大的事件，Linus 将他的成果免费邮寄给了 Internet 的一个新闻组 comp.os.minix，这使得其他开发者有机会去研究他的工作，并且对 Linux 提出了许多修改的建议。

Linux 的第一个正式版本 0.02 于 1991 年 10 月发布。这个版本允许少数 GNU 程序(如 bash、gcc)运行。虽然该首推版本是受限的，但它逐渐吸引了世界上众多开发者的注意，这正是 Linux 不断发展的原因。

1994 年，Linux 的第一个标准版本 1.0 问世，这个版本在今天看来仍然是开发周期的起点。到写本书为止，Linux 的稳定版本是 4.16.4，正在开发的版本是 4.17。

现在，Linux 系统包含了完整的操作系统、文本编辑器、高级语言编译器等应用软件，还包括了 X Window 图形用户界面。如同我们广泛使用的 Windows 一样，Linux 已经演变为一个全能的操作系统，并在很多方面能与商业系统抗衡。

1.1.2 Linux 的特性

Linux 操作系统得到了非常迅猛的发展，这与 Linux 具有的良好特性是分不开的。简单地说，Linux 具有以下主要特性：

(1) 开放性。开放性指系统遵循世界标准规范，特别是遵循 OSI 标准和 POSIX 标准，使得硬件和软件能够基于标准进行兼容，方便地实现交互并吸收大量的免费共享软件。

(2) 多用户。多用户指系统资源可以被不同的用户同时使用，每个用户对自己的系统资源有特定的权限，互不影响。

(3) 多任务。多任务指计算机可同时执行多个程序，各个程序运行时相对独立。当然，这个特性并非指在Linux环境下应用程序并行执行，而是由于CPU的高速处理指令和Linux的进程调度让启动的程序看上去像并行执行。但事实上，CPU 仍然线性地执行指令，只是在进程调度时，时间的延迟很短，用户感觉不到。

(4) 良好的图形用户界面。Linux 除了包含标准的文字终端外，还增加了处理图形化应用程序的高效框架 X Window System。

(5) 独立的硬件支持。Linux 系统把所有的硬件设备都当做文件来处理，只要安装设备驱动程序，用户就可以像操纵文件一样来控制设备，而不必了解设备的存在形式。Linux 支持绝大部分能够连接到计算机的硬件设备。Linux 的这一特性主要取决于内核对设备的独立性。任何设备都可以通过与内核之间的专用接口进行独立访问，而且用户还可以通过修改内核源码的方式来使系统适应新的设备。

(6) 丰富的网络应用。Linux 为系统提供了完善而强大的网络通信和应用服务功能。Linux 除了本身拥有完善的内置网络外，还可以用来作为 Web 服务器、打印服务器、文件服务器、数据库服务器、邮件服务器、代理服务器、DHCP 和 DNS 服务器等。

(7) 可靠的系统安全性。Linux 采取了许多安全特性，包括对于设备和文件系统的读写控制、带保护的子系统、审计跟踪、核心授权等，为多用户环境提供了必要的安全保障。

(8) 良好的可移植性。Linux 是一种可移植的操作系统，能够在微型计算机、大型计算机等任何环境和平台上运行。它为不同平台和机器间准备有效的通信提供了手段，不需要另外增加特殊且昂贵的通信接口。

1.1.3 Linux 与 UNIX 的区别

Linux 是一种外观和性能与 UNIX 相同或比 UNIX 更好的操作系统，但 Linux 不源于任何版本的 UNIX 的源代码，并不是 UNIX，而是一个类似于 UNIX 的产品。Linux 产品成功地模仿了 UNIX 的系统和功能。具体来讲，Linux 是一套兼容于 System V 以及 BSD UNIX 的操作系统。对于 System V 来说，目前把软件程序源代码拿到 Linux 下重新编译之后就可以运行；而对于 BSD UNIX 来说，它的可执行文件可以直接在 Linux 环境下运行。

一般来说，Linux 是一个遵从 POSIX 规范的操作系统。POSIX 是可移植操作系统接口(Portable Operating System Interface of UNIX)的首字母缩写。POSIX 是基于 UNIX 的，这一标准意在期望获得源代码级的软件可移植性。换句话说，为一个 POSIX 兼容的操作系统编写的程序，应该可以在任何其他的 POSIX 操作系统上编译执行。POSIX 标准定义了操作系统应该为应用程序提供的接口：系统调用集。POSIX 是由 IEEE(美国电气及电子工程师学会)开发的，并由 ANSI(美国国家标准化协会)和 ISO(国际标准化组织)标准化。大多数操作系统都倾向于开发它们的变体版本与 POSIX 兼容。

Linux 受到广大计算机爱好者喜爱的另一个主要原因是，它实现了 UNIX 的全部特性，具有多任务、多用户的能力，任何使用 UNIX 操作系统或想要学习 UNIX 操作系统的人都可以从 Linux 中获益。

在网络管理能力和安全方面，使用过 Linux 的人都承认 Linux 与 UNIX 很相似。UNIX 是一个功能强大、性能全面的多用户、多任务操作系统，可以应用于从巨型计算机到普通 PC 等多种不同的平台，是应用面最广、影响力最大的操作系统。UNIX 系统一直被用做高端应用或服务器系统，因此拥有一套完善的网络管理机制和规则，Linux 沿用了这些出色的规则，使网络的可配置能力很强，为系统管理提供了极大的灵活性。

1.2　自由软件文化

1.2.1　自由软件的概念

David Wheeler 对自由软件有一个经典的定义。自由软件是这样一种程序：它们的发布协议给用户自由，用户可以任何目的运行程序、研究和修改程序，以及传播原始的或经过修改的程序(而不需要支付原开发者权利金)。

自由软件现在已经成为了一种国际现象，在短短几年里从少有人知变成了最新的热门词语。然而，人们对于什么真正构成了自由软件和这个新概念的影响还是缺少理解。为了更好地解释这个现象，我们来研究一下自由软件背后的理念。

1.2.2　FSF 的理念

自由软件基金会(Free Software Foundation，FSF)(见图 1-1)是一个致力于推广自由软件的美国民间非盈利性组织，于 1985 年 10 月由 Richard Stallman 建立，其主要工作是执行 GNU 计划，开发更多的自由软件。从其建立到 20 世纪 90 年代，自由软件基金会的基金主要用来雇用程序员不断发展自由软件。

FSF FREE SOFTWARE FOUNDATION

图 1-1　自由软件基金会标识

自由软件基金会认为，自由软件应保护用户的如下四大自由：

(1) 运行任何程序实现任何目的的自由。

(2) 程序如何工作并按个人需要修改的自由，能够获取源代码是其先决条件。

(3) 分发拷贝以便帮助身边其他人的自由。

(4) 改进程序并向公众发布的自由，以便让整个社群受益。

FSF 的理念核心是合作的自由。因为非自由软件限制人们合作的自由，所以 FSF 认为非自由软件是不道德的。FSF 也反对软件专利和除现有版权法以外的其他限制。所有这些都限制了以上列出的用户四大自由。

1.2.3 GNU与自由软件

1984年，Richard Stallman建立GNU(Gnu's Not UNIX)项目，目的是开发一个自由操作系统，其标识如图1-2所示。该操作系统可以像各种各样的应用程序变成公共程序一样，其工作变得很流行。几年来，GNU项目产生了大量的有用软件。虽然GNU的软件备受人们重视，但直到Linus Torvalds的加盟带来了操作系统内核并组合了存在的GNU软件，才使得在GNU下有了自己的自由操作系统Linux。

图1-2 GNU标识

GNU使用“free”来描述遵循GNU通用许可证的软件。在GNU语句中，它仅意味着自由，而不是免费。这并不是说GNU所谓的自由软件需要支付费用，而是对于Stallman所崇尚的自由主义来说，追求自由远比追求免费要高尚得多，GNU应该将自由主义放于首位。但是对于现实主义的“商人”来说，更愿意谈论实际的话题，认为自由和免费是等同的。

当可以自由地获取GNU软件的拷贝时，就有了以下自由：

(1) 为任何目的自由运行程序。

(2) 自由研究程序如何工作并按需要修改它。

(3) 自由重新发行。

(4) 自由地改进程序并向公众公开改进内容。

除了自由地使用软件去做任何事情外，也有限制，那就是可以不用它，但不能阻止任何其他人自由地使用。所有的自由和限制都是在GNU通用公众许可证中规定的。

值得注意的是，GNU的软件并不提供任何的保证。如果该软件出了问题，软件开发者并没有义务解决这个问题。但是，Linux文化氛围已经为这个问题提供了广泛的帮助。Internet上的专家们能帮助用户解决这些问题，或者可以通过访问Linux新闻组、论坛来了解其他人是如何处理这个问题的，同时可以询问解决问题的方法。

1.3 Linux发行版简介

1.3.1 Red Hat Linux

国内乃至全世界的Linux用户最耳熟能详的Linux发行版想必就是Red Hat Linux了，其标识如图1-3所示。Red Hat Linux最早由Bob Young和Marc Ewing在1995年创建。而公司在最近才开始真正步入盈利时代，这归功于收费的Red Hat Enterprise Linux(RHEL，Red Hat的企业版)。而正统的Red Hat Linux版本早已停止技术支持，最后一版是Red Hat 9。

图1-3 Red Hat Linux标识

目前 Red Hat Linux 分为两个系列：由 Red Hat Linux 公司提供收费技术支持和更新的 Red Hat Enterprise Linux，以及由社区开发的免费的 Fedora Core。适用于服务器的版本是 Red Hat Enterprise Linux，这是个收费的操作系统。

Red Hat 的优点：拥有数量庞大的用户，优秀的社区技术支持。

Red Hat 的缺点：多媒体支持不佳，停止更新。

Red Hat 的软件包管理系统：up2date(RPM)。

Red Hat 的下载：免费。

Red Hat 的官方主页：http://www.redhat.com。

1.3.2 Fedora Core

Fedora Core(FC)的前身就是 Red Hat Linux，其标识如图 1-4 所示。2003 年 9 月，红帽公司(Red Hat)突然宣布不再推出个人使用的发行套件，而专心发展商业版本(Red Hat Enterprise Linux)的桌面套件，同时宣布将原有的 Red Hat Linux 开发计划和 Fedora 计划整合成一个新的 Fedora Project。

图 1-4　Fedora Core 标识

Fedora Project 由红帽公司赞助，以 Red Hat Linux 9 为范本加以改进，原本的开发团队继续参与 Fedora 的开发计划，同时也鼓励开放原始码社群参与开发工作。Fedora Core 1 发布于 2003 年年末，而 FC 的定位便是桌面用户。FC 提供了最新的软件包，同时，它的版本更新周期也非常短，仅六个月，目前最新版本为 Fedora 7。

Fedora Core 的优点：拥有数量庞大的用户，优秀的社区技术支持，大量的技术创新。

Fedora Core 的缺点：多媒体性能一般。

Fedora Core 的软件包管理系统：yum(RPM)。

Fedora Core 的下载：免费。

Fedora Core 的官方主页：http://fedoraproject.org。

1.3.3 CentOS

CentOS 计划所推出的“社区企业操作系统”(Community Enterprise Operating System)是在 2003 年红帽公司决定不再提供免费的技术支持及产品认证之后的部分“红帽重建者”(Red Hat rebuilders)之一。

CentOS 和 White box Linux、Tao Linux、X/OS Linux 及 Scientific Linux 等都以红帽所发布的源代码原件重建 Red Hat Enterprise Linux 的翻版。

CentOS 社区将 Redhat 网站上的所有源代码下载下来，进行重新编译。重新编译后，由于 AS/ES/WS 是商业产品，因此必须将所有 Redhat 的 Logo 和标识改成自己的 CentOS 标识(见图 1-5)。所以我们说，CentOS 就是 Redhat 的 AS/ES/WS 的免费版本。使用 CentOS，可以获得和 AS/ES 相同的性能和感受。

图 1-5　CentOS 标识

CentOS 的优点：稳定、安全且免费的企业级 Linux 操作系统。

CentOS 的缺点：更新慢，不适合桌面应用。

CentOS 的软件包管理系统：yum(RPM)。

CentOS 的下载：免费。

CentOS 的官方主页：http://www.centos.org。

1.3.4 Slackware Linux

Slackware Linux 是由 Patrick Volkerding 开发的 GNU/Linux 发行版，其标识如图 1-6 所示。与很多其他的发行版不同，它坚持 KISS(Keep It Simple Stupid)的原则，就是说没有任何配置系统的图形界面工具。一开始，配置系统会有一些困难，但是更有经验的用户会喜欢这种方式的透明性和灵活性。

图 1-6 Slackware Linux 标识

Slackware Linux 的另一个突出的特性也符合 KISS 原则：Slackware Linux 没有如 RPM 之类的成熟的软件包管理器。Slackware Linux 的软件包都是通常的 tgz(tar/gzip)格式文件再加上安装脚本。tgz 对于有经验的用户来说，比 RPM 更为强大，并避免了 RPM 之类管理器的依赖性问题。Slackware Linux 还有一个众所周知的特性就是 BSD 风格的初始化脚本。Slackware Linux 对所有的运行级别和任务都用同一个脚本，而不是在不同的运行级中建立一堆脚本的链接。这样便可以让自己不必写新的脚本就能很容易地调整系统。

Slackware Linux 的优点：运行速度极快且稳定，还原了 Linux 的本来面目。

Slackware Linux 的缺点：更新慢，不支持中文，桌面应用支持差。

Slackware Linux 的软件包管理系统：无。

Slackware Linux 的下载：免费。

Slackware Linux 的官方主页：http://www.slackware.com。

1.3.5 SUSE Linux

SUSE Linux 是德国最著名的 Linux 发行版，在全世界范围中也享有较高的声誉，其标识如图 1-7 所示。SUSE Linux 自主开发的软件包管理系统 YaST 也大受好评。SUSE Linux 于 2003 年年末被 Novell 收购。

图 1-7 SUSE Linux 标识

SUSE Linux 之后的发布显得比较混乱，比如 9.0 版本是收费的，而 10.0 版本(也许由于各种压力)又免费发布。这使得一部分用户感到困惑，转而使用其他发行版本。但是，瑕不掩瑜，SUSE Linux 仍然是一个非常专业、优秀的发行版。

SUSE Linux 的优点：专业，易用的 YaST 软件包管理系统。

SUSE Linux 的缺点：FTP 发布通常要比零售版晚 1～3 个月。

SUSE Linux 的软件包管理系统：YaST(RPM)，第三方 APT(RPM)软件库。

SUSE Linux 的下载：是否免费取决于版本。

SUSE Linux 的官方主页：http://www.suse.com。

1.3.6　Mandriva Linux

Mandriva Linux 原名 Mandrake Linux，最早由 Gaël Duval 创建并在 1998 年 7 月发布，其标识如图 1-8 所示。刚开始普及 Linux 时，Mandrake Linux 非常流行。其实最早 Mandrake Linux 的开发者是基于 Red Hat Linux 进行开发的。Red Hat Linux 默认采用 GNOME 桌面系统，而 Mandrake Linux 将之改为 KDE。而由于当时的 Linux 普遍比较难安装，不适合第一次接触 Linux 的新手，所以 Mandrake Linux 还简化了安装系统，这也是当时 Mandrake Linux 在国内如此红火的原因之一。Mandrake Linux 在易用性方面的确是下了不少功夫，包括默认情况下的硬件检测等。

图 1-8　Mandriva Linux 标识

Mandrake Linux 的开发完全透明化，包括“cooker”。当系统有了新的测试版本后，便可以在 cooker 上找到。之前 Mandrake Linux 的新版本的发布速度很快，但从 9.0 之后开始减缓，估计是希望延长版本的生命力以确保稳定性和安全性。

Mandriva Linux 的优点：友好的操作界面，庞大的社区技术支持，NTFS 分区大小变更。

Mandriva Linux 的缺点：部分版本 bug 较多，最新版本只先发布给 Mandrake Linux 俱乐部的成员。

Mandriva Linux 的软件包管理系统：urpmi(RPM)。

Mandriva Linux 的下载：FTP 即时发布下载，ISO 在版本发布后数星期内提供。

Mandriva Linux 的官方主页：http://www.mandrivalinux.com。

1.3.7　Debian GNU/Linux

Debian GNU/Linux 最早由 Ian Murdock 于 1993 年创建，可以算是迄今为止最遵循 GNU 规范的 Linux 系统，其标识如图 1-9 所示。Debian GNU/Linux 系统分为三个版本分支(branch)：stable、testing 和 unstable。其中，unstable 为最新的测试版本，其中包括最新的软件包，但是也有相对较多的 bug，适合于桌面用户；testing 版本都经过 unstable 中的测试，相对较为稳定，也支持了不少新技术(比如 SMP 等)；而 stable 一般只用于服务器，上面的软件包大部分都比较过时，但是稳定性和安全性都非常高。

图 1-9　Debian GNU/Linux 标识

为何有如此多的用户痴迷于 Debian GNU/Linux 呢？apt-get/dpkg 是原因之一。dpkg 是 Debian GNU/Linux 系列特有的软件包管理工具，配合 apt-get，在 Debian GNU/Linux 上安装、升级、删除和管理软件变得异常容易。

Debian GNU/Linux 的优点：遵循 GNU 规范，100%免费，优秀的网络和社区资源，强大的 apt-get。

Debian GNU/Linux 的缺点：安装相对不易，stable 分支的软件极度过时。

Debian GNU/Linux 的软件包管理系统：apt(DEB)。

Debian GNU/Linux 的下载：免费。

Debian GNU/Linux 的官方主页：http://www.debian.org。

1.3.8 Ubuntu Linux

Ubuntu Linux 是一个相对较新的发行版，但是它的出现可能改变了许多潜在用户对Linux的看法，其标识如图1-10所示。也许从前人们会认为Linux难以安装、难以使用，但是Ubuntu Linux出现后，这些都成为了历史。Ubuntu Linux基于Debian GNU/Linux，所以这也就是说，Ubuntu Linux拥有Debian GNU/Linux的所有优点，包括apt-get。然而，不仅如此而已，Ubuntu Linux默认采用的GNOME桌面系统也将Ubuntu Linux的界面装饰得简易而不失华丽。

图 1-10 Ubuntu Linux 标识

Ubuntu Linux的安装非常人性化，只要按照提示一步一步进行即可，安装同Windows一样简便。并且，Ubuntu Linux被誉为是对硬件支持最好最全面的Linux发行版之一，许多在其他发行版上无法使用或者默认配置时无法使用的硬件，在Ubuntu Linux上都可以轻松搞定。并且，Ubuntu Linux采用自行加强的内核，在安全性方面更上一层楼。另外，Ubuntu Linux默认不能直接root登陆，必须从第一个创建的用户通过su或sudo来获取root权限(这也许不太方便，但无疑增加了安全性，避免用户由于粗心而损坏系统)。Ubuntu Linux的版本周期为六个月，弥补了Debian GNU/Linux更新缓慢的不足。

Ubuntu Linux 的优点：人气颇高的论坛提供优秀的资源和技术支持，固定的版本更新周期。

Ubuntu Linux 的缺点：还未建立成熟的商业模式。

Ubuntu Linux 的软件包管理系统：APT(DEB)。

Ubuntu Linux 的下载：免费。

Ubuntu Linux 的官方主页：http://www.ubuntu.com。

1.3.9 Gentoo Linux

Gentoo Linux 最初由Daniel Robbins(前Stampede Linux和FreeBSD的开发者之一)创建，其标识如图1-11所示。由于开发者对FreeBSD熟识，所以Gentoo拥有媲美FreeBSD的广受美誉的Ports系统——Portage(Ports和Portage都是用于在线更新软件的系统，类似于apt-get，但还是有很大不同)。Gentoo Linux的首个稳定版本发布于2002年。

图 1-11 Gentoo Linux 标识

Gentoo Linux 的出名是因为其高度的自定制性：因为它是一个基于源代码的(source-based)发行版。尽管安装时可以选择预先编译好的软件包，但是大部分使用Gentoo的用户都选择自己手动编译。这也是为什么Gentoo适合比较有Linux使用经验的老手使用的原因。但是要注意的是，由于编译软件需要消耗大量的时间，所以如果所有的软件都自己编译，并安装 GNOME 桌面系统等比较大的软件包，则可能需要几天时间才能编译完。

Gentoo Linux 的优点：高度的可定制性，完整的使用手册，媲美 Ports 的 Portage 系统。

Gentoo Linux 的缺点：编译耗时多，安装缓慢。

Gentoo Linux 的软件包管理系统：Portage(SRC)。

Gentoo Linux 的下载：免费。

Gentoo Linux 的官方主页：http://www.gentoo.org/。

1.3.10 中科红旗 Linux

中科红旗 Linux 是由北京中科红旗开发的一套 Linux 系统，对中文支持得很好，并且附带了丰富的应用程序，其标识如图 1-12 所示。新的 Desktop 5 版本从内核到各个模块进行了优化，在速度上有了很大的提升，功能也有所加强。同时，界面也有很大的提升，更加接近 Windows 的表现效果，如果不仔细查看，肯定会认为就是一个经过美化的 Windows。更重要的是，红旗 Linux 系列除了有一个界面与 Windows 类似的 Desktop 版外，还提供高端服务器操作系统、集群解决方案、嵌入式系统以及技术支持服务和培训等一系列 Linux 产品和服务，开创全新的计算体验，帮助企业增强其整体竞争力，提高个人工作效率，将用户业务价值和 Linux 的自由开放精神有力地结合在一起。

图 1-12 中科红旗 Linux 标识

中科红旗 Linux 的优点：安装使用简单，中文支持出色，商业化成熟。

中科红旗 Linux 的缺点：硬件驱动支持太少，内存占用高。

中科红旗 Linux 的软件包管理系统：RPM。

中科红旗 Linux 的下载：免费。

中科红旗 Linux 的官方主页：http://www.redflag-linux.com/。

1.4 Red Hat Linux 9

1.4.1 选用 Red Hat Linux

为了有别于 Linux 的其他版本，Linux 的每种发行版本都增加了一些特殊的特性。因为大多数 Linux 发行版中包含的很多高级特性都来源于已经制订的开放源代码项目，所以通常对某个现有的发行版本的增强就是使用户安装、配置和使用 Linux 操作系统更加容易。此外，因为完成相同的任务可以使用不同的软件包，所以一个发行版本可通过包含的软件包和特性来识别。

选择 Red Hat Linux 作为 Linux 的发行版本是明智的。许多计算机公司在它们的高端服务器硬件上提供 Red Hat Linux。许多高配置的文件客户将 Red Hat Linux 作为其主要的操作系统来支持业务。用户以及成千上万与用户一样的其他人都可以使用这样一种相同的操作系统来运行小型商务系统、管理家庭网络或个人 Web 服务器。

Red Hat Linux 具有以下特点。

(1) 软件包管理器：Red Hat 公司创造了打包 Linux 的 RPM 方法。使用 RPM 工具可以从光盘、硬盘、LAN、Internet 安装 Linux 软件，并且能够很容易地追踪软件包的安装和查看其内容。RPM 已经成为了打包 Linux 软件的事实标准。

(2) 容易安装：Red Hat Linux 安装过程提供的安装步骤简单明了。在安装过程中，Red Hat Linux 还帮助用户作了初始化设置。用户可以选择需要安装的软件包以及对硬盘分区，还能够通过配置显卡、用户、网络，使得图形界面就绪。

(3) 桌面环境：为了使用户能够更容易地使用 Linux，Red Hat Linux 中打包了 GNOME 和 KDE 桌面环境。GNOME 是默认安装的，包括了窗体和常用的应用软件；KDE 是另一种桌面管理器，包含了大量专业化的工具软件。不管是 GNOME 还是 KDE，Red Hat Linux 都有许多相似的图标和菜单，有助于对系统进行标准化。

(4) GUI 管理工具：Red Hat Linux 拥有一系列 GUI 工具，可提供图形化的界面，用来配置用户、硬件、网络、文件系统、服务等。这些 GUI 工具帮助用户创建烦琐的命令行和修改复杂的配置文件。

(5) 自动更新：Red Hat Linux 提供了自动更新软件包的功能，可以通过 Internet 更新系统的软件包和扩展系统的功能。

(6) 社区支持：Red Hat Linux 拥有一个全球化的技术社区，由成千上万位热衷于 Linux 的爱好者共同维护，帮助用户解决使用中遇到的各种问题。

1.4.2 Red Hat Linux 9 的新特性

在 Red Hat Linux 9 中，Red Hat 公司不再为每个服务提供多个低品质的版本，而是重新开始选择服务，然后对它们进行很好的集成、测试和支持。Red Hat Linux 9 内部最大的变化是采用了 NPTL(Native POSIX Threads Library，本地 POSIX 线程库)。线程库是位于内核之上的非常精简的一层，有助于用最小的开销换取最佳的性能。对于用户来说，使用 NPTL 的应用程序能够执行得更有效率。

虽然除了 NPTL 外，Red Hat Linux 9 并没有提供新的主要特性，但是在操作系统上运行用户业务，Red Hat Linux 9 是个非常不错的选择，因为其内部的组件都是经过严格测试并通过的可靠版本。比起其他的 Linux 发行版本，Red Hat Linux 9 的运行非常稳定，适合用于入门、进阶的教学。

1.5 课后习题与实验

1.5.1 课后习题

1. 什么是 Linux 操作系统？
2. 简述 Linux 的特点。
3. 描述 Linux 与 UNIX 的关系。

4. 简述自由软件文化的内容。

1.5.2　实验：了解 Linux

1. 实验目的

初步了解 Linux 操作系统。

2. 实验内容

检索关于 Linux 操作系统、自由软件文化等的资料并整理成文。

3. 完成实验报告

4. 思考题

(1) 简述 Linux 与 Windows 的异同点。

(2) 自由软件文化对于当今 IT 业有何重大影响？

(3) GNU 项目为 Linux 的发展做出了哪些突出贡献？

第2章 Red Hat Linux 9安装

◈【本章学习目标】

在读者对 Linux 有一个初步的认识后，本章讲解 Red Hat Linux 9 的安装步骤，为读者学习后续章节建立了一个实验环境。通过本章的学习，读者应该掌握以下内容：

⊙ 在图形界面下安装 Red Hat Linux 9；

⊙ Linux 的磁盘分区；

⊙ Linux 操作系统的启动和关闭。

2.1 安装Red Hat Linux 9

2.1.1 安装前的准备

1. Red Hat Linux 9 的硬件需求

安装 Red Hat Linux 9 所需的最低硬件要求如下：

(1) CPU。要求至少是 Pentium 系列的 CPU，在文本模式下要求 Pentium 200 及以上，在图形化模式下要求 Pentium Ⅱ 400 及以上。

(2) 硬盘空间。根据用户选择不同的安装方式，所需的硬盘空间也不尽相同。定制最小安装时，硬盘空间至少为 450 MB；安装服务器时，硬盘空间至少为 850 MB；安装个人桌面时，硬盘空间至少为 1.7 GB；安装工作站时，硬盘空间至少为 2.1 GB；定制全部安装时，硬盘空间至少为 5.0 GB。

(3) 内存。当以文本方式安装 Red Hat Linux 9 时，内存至少需要 64 MB；当以图形化方式安装时，内存至少需要 128 MB。

2. 硬件兼容性

在安装 Red Hat Linux 9 之前，需要检测计算机的硬件兼容性。如果系统是老式的，或者系统是自装的，此时硬件兼容性就显得特别重要。Red Hat Linux 9 应该与最近几年内厂家制作的系统内的多数硬件兼容。然而，硬件的技术规范几乎每天都在改变，因此很难保证硬件会百分之百地兼容。

硬件支持列表可在以下网址中查到：http://hardware.redhat.com/hcl。

3. 磁盘空间

在安装 Red Hat Linux 9 之前，应确定计算机上的磁盘空间足够大。

4. 安装类型

在安装 Red Hat Linux 9 之前，用户要确定使用以下哪一种安装类型：

(1) 个人桌面。如果是 Linux 世界的新手，并想尝试使用这个系统，那么个人桌面安装是最恰当的选择。该类安装会为用户的家用、便携电脑或桌面使用创建一种带有图形化环境的系统。

(2) 工作站。如果除了图形化桌面环境外，还需要软件开发工具，则工作站安装类型是最恰当的选择。

(3) 服务器。如果希望系统具有基于 Linux 服务器的功能，并且不想对系统配置做过多的定制工作，则服务器安装是最恰当的选择。

(4) 定制。定制安装在安装中给予用户最大的灵活性。可以选择引导装载程序，想要的软件包等。对于那些熟悉 Red Hat Linux 安装的用户以及那些恐怕失去完全灵活性的用户而言，定制安装是最恰当的选择。

(5) 升级。如果系统上已经在运行 Red Hat Linux 版本(6.2 或更高)，并且想快速地更新到最新的软件包和内核版本，那么升级安装是最恰当的选择。

2.1.2 选择安装界面

要从光盘安装 Red Hat Linux 9，首先要把计算机的引导程序设置为光盘启动，然后把 Red Hat Linux 9 的三张安装光盘中的第一张放入光驱，重新启动计算机，这时安装盘会自动引导计算机开始安装 Red Hat Linux 9，系统会询问采用哪种安装界面，如图 2-1 所示。

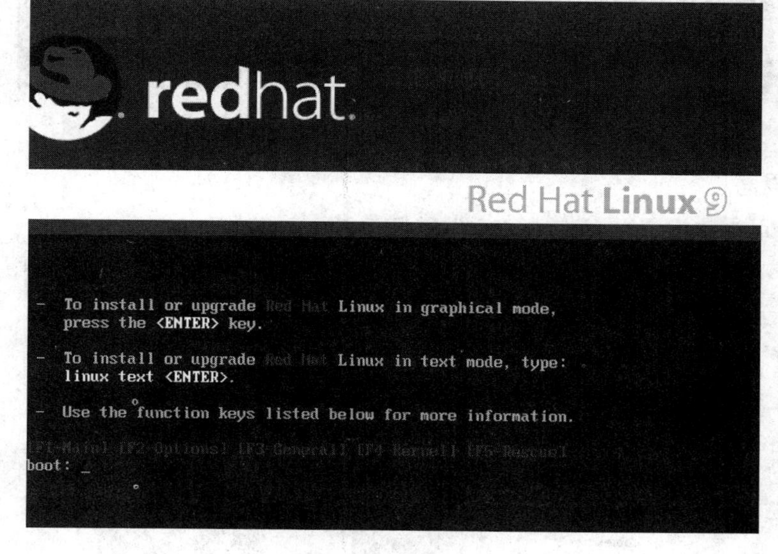

图 2-1 安装界面

对于一般用户来说，Red Hat Linux 9 的安装方式有图形和文本两种。现将这两种安装方式分别介绍如下：

(1) 图形方式。图形安装 Linux 比较直观、方便、简单，但是对系统内存的要求较高，否则安装速度很慢。如果选择该方式安装，则直接回车即可。

(2) 文本方式。文本安装 Linux 比较灵活，而且可以避免由于显卡问题而导致安装失败现象的发生，但过程比较麻烦。如果选择该方式安装，则需要在“boot:”后面输入“linux

text”，再按回车键即可。

2.1.3 开始安装

1. 测试光盘

选择安装方式(这里默认以图形方式安装)后，接下来就是测试光盘的画面，提示用户是否要测试光盘以保证安装过程的顺利进行，此时选择“OK”，则测试光盘，选择“Skip”，则跳过测试，如图 2-2 所示。

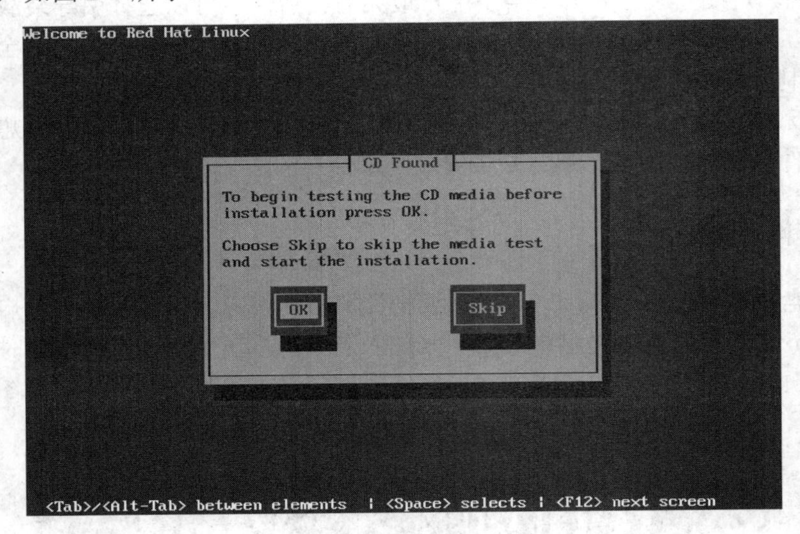

图 2-2 测试光盘

2. 欢迎界面

图 2-3 所示为欢迎界面，按“Next”继续安装。

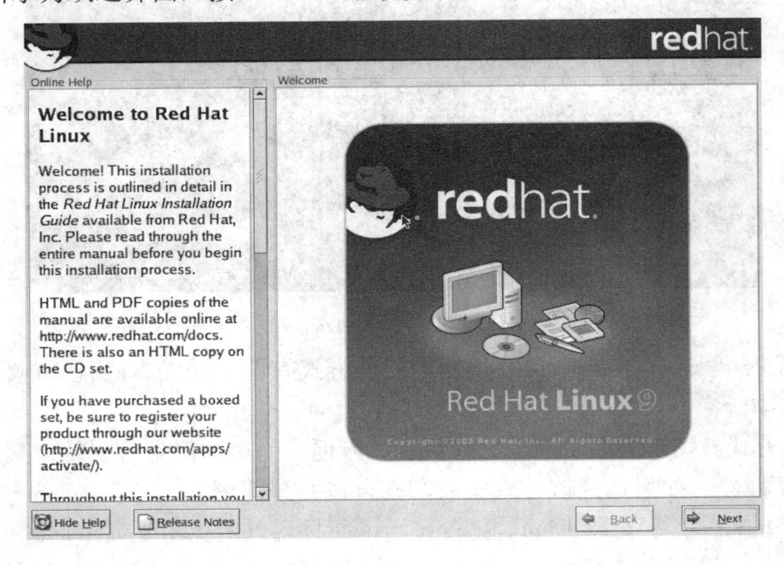

图 2-3 欢迎界面

3. 语言选择

欢迎界面之后就是语言选择，如图 2-4 所示，在这里使用鼠标来选择想在安装中使用的语言。当选定了恰当的语言后，点击“Next”按钮继续。

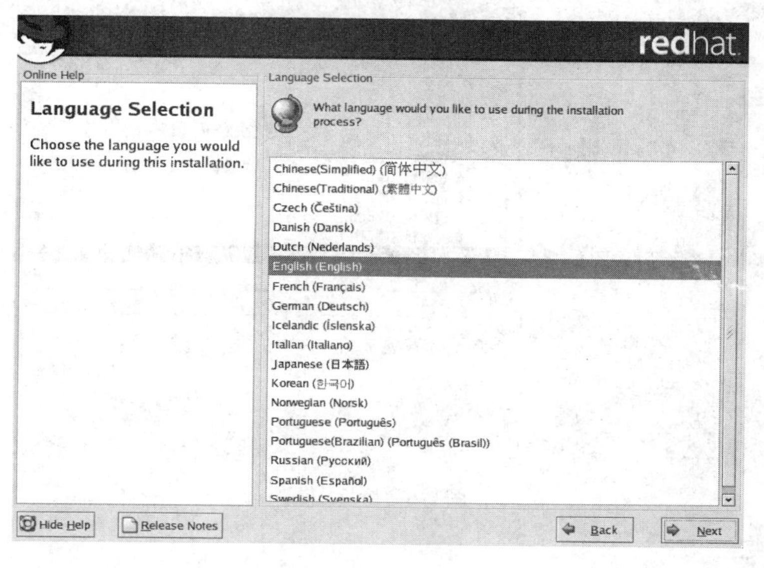

图 2-4　语言选择

4. 键盘配置

使用鼠标来选择本次安装和今后系统默认的键盘布局类型(例如，美国英语式)，如图 2-5 所示，选定后，点击“下一步”按钮继续。

图 2-5　键盘配置

5. 鼠标配置

为系统选择正确的鼠标类型，如图 2-6 所示。如果找不到确切的匹配，则选择与系统兼容的鼠标类型，点击“下一步”按钮继续。

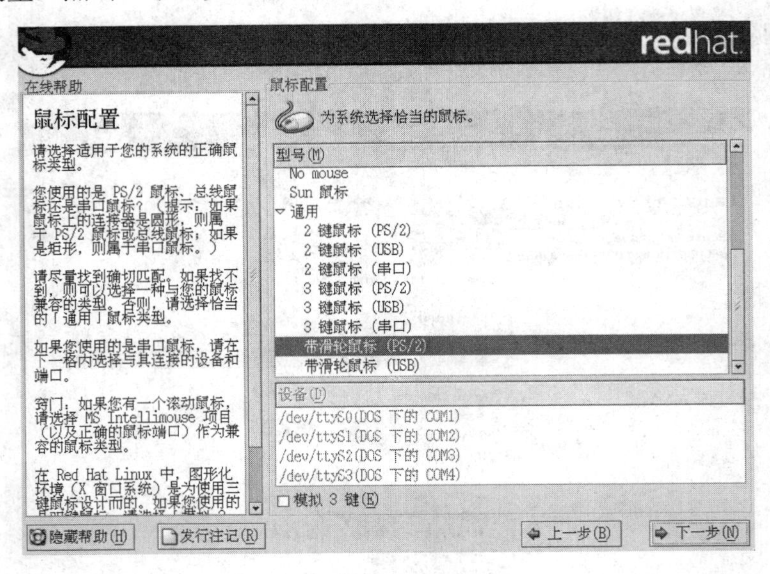

图 2-6 鼠标配置

6. 安装类型

选择要执行的安装类型，如图 2-7 所示。Red Hat Linux 9 允许选择最符合用户需要的安装类型，选项有个人桌面、工作站、服务器、定制。

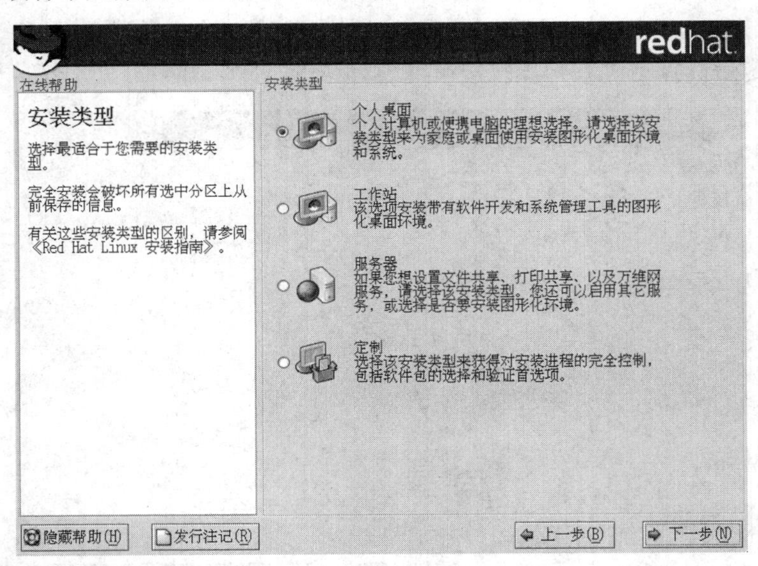

图 2-7 安装类型

2.1.4 磁盘分区

分区允许将硬盘驱动器分隔成独立的区域，每个区域都如同是一个单独的硬盘驱动器。如果运行不止一个操作系统，则分区将特别有用。如图 2-8 所示，可以选择自动分区，也可以选择用 Disk Druid 来手工分区。自动分区允许用户不必亲自为驱动器分区而执行安装。如果用户对在系统上分区信心不足，则建议不要选择手工分区，而是让安装程序自动分区。要手工分区，可选择 Disk Druid 手工分区工具。

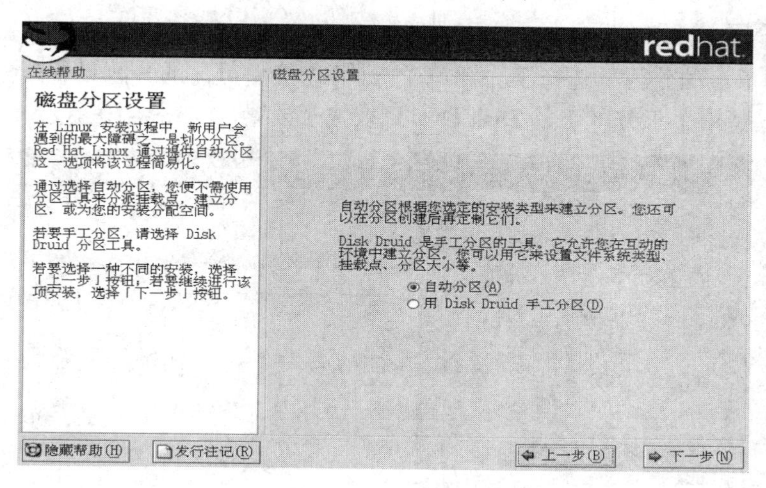

图 2-8 磁盘分区

1. 自动分区

自动分区在哪些数据要从系统中删除(若适用)这一方面允许用户有控制权。如图 2-9 所示，可供用户选择的选项有：

- 删除系统内所有的 Linux 分区——只删除 Linux 分区(在从前安装 Linux 时创建的分区)。这将不会影响硬盘驱动器上可能会有的其他分区。
- 删除系统内的所有分区——删除硬盘驱动器上的所有分区。
- 保存所有的分区，使用现有的空闲空间——保留当前的数据和分区，假设硬盘驱动器上有足够的可用空闲空间。

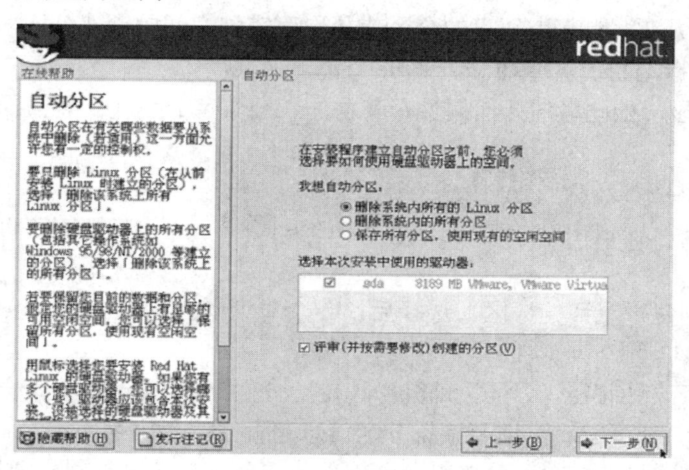

图 2-9 自动分区

使用鼠标来选择想安装 Red Hat Linux 的硬盘驱动器。如果有两个或两个以上硬盘驱动器，则应该选择包含本次安装的硬盘驱动器。没有被选择的硬盘驱动器及其中的数据将不会受到影响。

要评审并对自动分区创建的分区做一些必要的改变，可以选择“评审”选项。选择“评审”选项后，点击“下一步”按钮。

2. 手动分区、修改分区

如果选择了自动分区并选择了“评审”，则可以接受目前的分区设置(点击“下一步”按钮)，也可以使用手工分区工具 Disk Druid 来修改设置，如图 2-10 所示。

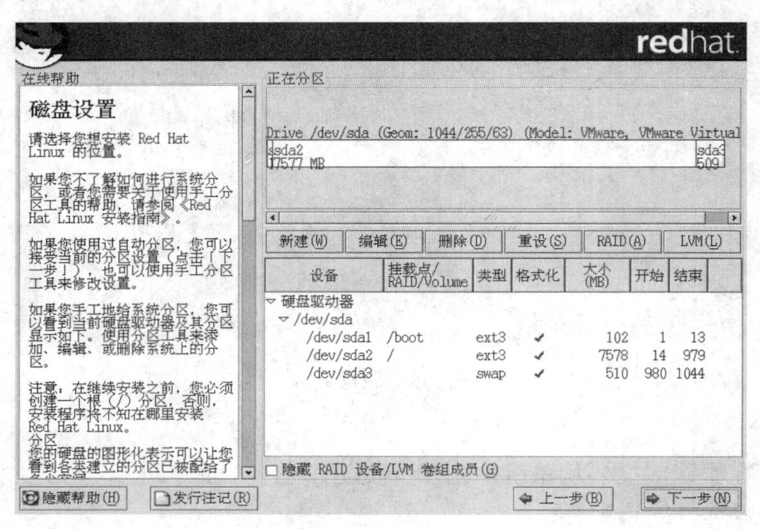

图 2-10 Disk Druid 手动分区

到了这一步，必须告诉安装程序要在哪里安装 Red Hat Linux 9。这是通过在将要安装 Red Hat Linux 9 的一个或多个磁盘分区上定义挂载点做到的。这时，可能还需要创建或(并)删除分区。

图 2-10 中提供了对硬盘的图形化表示。用户可单击鼠标来突出显示图形化表示中的某一字段，双击鼠标来编辑某个现存的分区或从现存空闲空间中创建分区。

- Driver：指定的硬盘驱动器，如/dev/hda。
- Geom：显示该硬盘的几何属性，其中的三个数字分别代表硬盘的柱面、磁头和扇区数量
- Model：显示该硬盘的型号。
- 在手动分区窗口中的一些按钮可用来改变某个分区的属性，还可用来创建 RAID 设备。
- 新建：创建一个新的分区。选择后，一个对话框会出现，其中包括的字段(如挂载点、大小)都必须填写。
- 编辑：修改目前在“分区”部分中选定的分区属性。选择后，一个对话框会出现，部分或者全部字段都可编辑，这要依据分区信息是否被写入磁盘而定。
- 删除：删除目前在“当前磁盘分区”部分中所选的分区，用户会被要求确认操作。
- 重设：把 Disk Druid 恢复到初始状态。如果用户重设分区，则所做的修改将会全部丢失。

- RAID：给部分或者全部磁盘提供冗余性。它仅对有使用 RAID 经验的用户适用。
- LVM：允许用户创建一个 LVM(Logic Volume Manager)逻辑卷。LVM 所扮演的角色用来表现基本物理存储空间的简单逻辑视图。LVM 管理单个物理磁盘或者磁盘上的单个分区。

在分区层次上的信息代表用户创建分区的标签，这些标签定义如下：

- 设备：显示分区的设备名。
- 挂载点/RAID/Volume：挂载点是文件卷在目录层次中存在的位置，文件卷在此位置上被挂载。如果某个分区存在，但还没有设立，那么需要为其定义挂载点。
- 类型：显示分区的文件系统格式，具体可参考表 2-1。
- 格式化：显示正创建的分区是否会被格式化。
- 大小(MB)：显示分区的大小。
- 开始：显示分区在硬盘上开始的柱面。
- 结束：显示分区在硬盘上结束的柱面。

表 2-1　Linux 文件系统类型

类 型	说　明
ext2	ext2 文件系统支持标准 UNIX 文件类型，还提供了分派长至 255 个字符文件名的能力，Red Hat Linux 7.2 之前的版本都默认使用 ext2
ext3	ext3 文件系统是基于 ext2 之上的，它有一个主要的优点是日志；使用日志的文件系统减少了崩溃后恢复文件系统所花费的时间；ext3 文件系统会被默认选定
LVM	创建一个或多个物理卷，允许创建一个 LVM 逻辑卷
software RAID	创建两个或多个软件 RAID 分区，允许创建一个 RAID 设备
交换分区	交换分区被用于支持虚拟内存，换句话说，系统处理的数据所需的内存不够，这些数据就会被写到交换分区上
vfat	vfat 文件系统是一个 Linux 文件系统，与 Microsoft Windows 的 FAT 文件系统的长文件名兼容

3. 添加分区

如果用户想要增加一个分区，则可在图 2-10 中单击“新建”按钮，此时打开一个如图 2-11 所示的对话框。

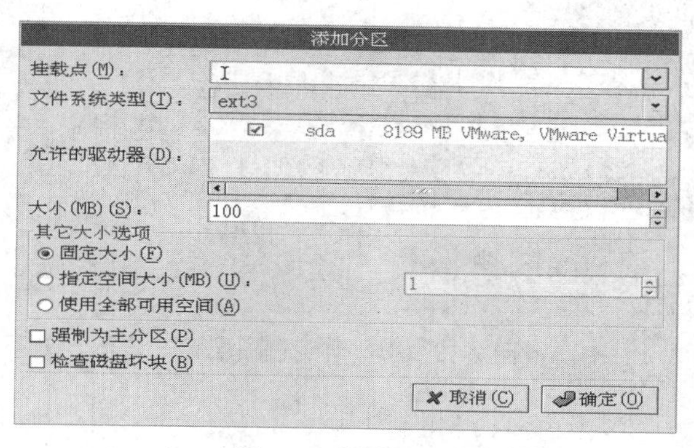

图 2-11　添加分区

图 2-11 中：

- 挂载点：输入分区的挂载点。譬如，如果这个分区是根分区，则输入“/”；如果是/boot 分区，则输入“/boot”；等等。还可以使用下拉菜单为系统选择正确的挂载点。
- 文件系统类型：使用下拉菜单，选择用于该分区的合适的文件系统。
- 允许的驱动器：包括在系统上安装的硬盘列表，如果一个硬盘被选中，那么在该硬盘上可以创建想要的分区。
- 大小(MB)：输入分区的大小(MB)。注意，该字段从 100 MB 开始，若不改变，则创建的分区将只有 100 MB。
- 其他大小选项：选择是否要将分区保留为固定大小，允许它“扩大”(使用硬盘驱动器上的可用空间)到某一程度，或允许它“扩大”到使用全部硬盘驱动器上可用的剩余空间。
- 强制为主分区：选择所创建的分区是否应为硬盘上的四个主分区之一。如果没有选择，则所创建的分区将会是一个逻辑分区。
- 检查磁盘坏块：检查磁盘坏块能够定位磁盘上的坏块，并将其列表以防今后被使用，从而帮助用户防止数据丢失。如果想在格式化每一个文件系统时检查磁盘坏块，则确定此选项为被选，当然，这会显著增加安装的总计时间。

在添加完毕后，还可通过“编辑”和“删除”按钮进一步对磁盘进行分区。如果分区结束，单击“下一步”按钮继续。

2.1.5 系统配置

1. 引导装载程序配置

磁盘分区完毕后就进入了引导装载程序的配置，如图 2-12 所示。默认情况下，引导装载程序被安装到第一块磁盘的 MBR(主引导记录)上，一般无需更改。

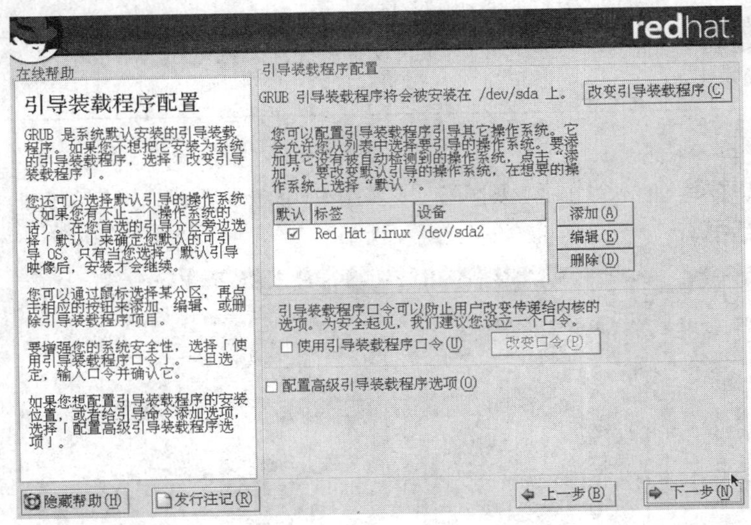

图 2-12 引导装载程序配置

2. 网络配置

如果没有网络设备，用户将看不到网络配置界面；如果有网络设备但还没有配置联网，那么现在可以进行网络配置，如图 2-13 所示。安装程序会自动检测到用户拥有的任何网络设备，并把它们显示在“网络设备”列表中。

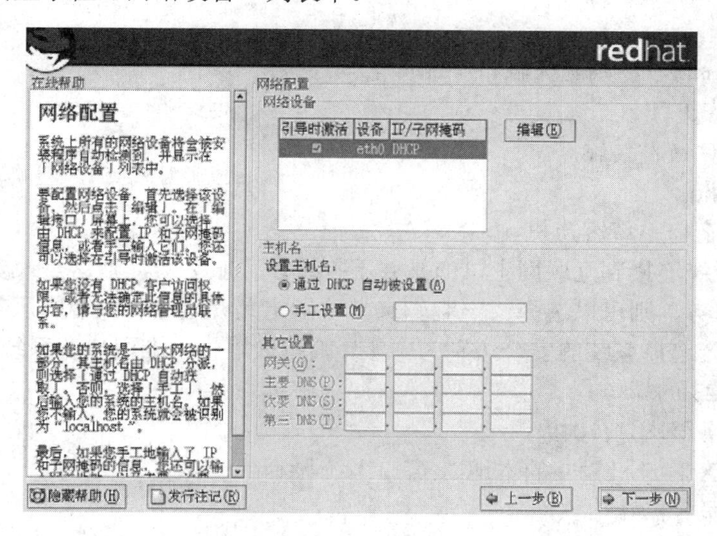

图 2-13　网络配置

选定网络设备后，点击“编辑”按钮。从弹出的“编辑接口”屏幕上，可以选择通过 DHCP 来配置网络设备的 IP 地址和子网掩码(若没有选择 DHCP，则手工配置)，可以选择在引导时激活该设备。如果选择了“引导时激活”，则网络接口就会在引导时被启动。如果没有 DHCP 客户的访问权，或者不能肯定这里该提供什么信息，则需要与网络管理员联系。

3. 防火墙配置

Red Hat Linux 9 为增加系统的安全性提供了防火墙保护，如图 2-14 所示。防火墙存在于计算机和网络之间，用来判定网络中的远程用户有权访问计算机上的哪些资源。一个正确配置的防火墙可以极大地增加系统的安全性。

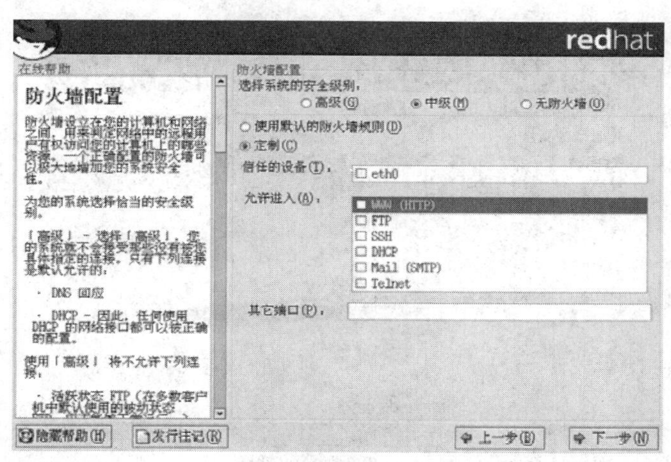

图 2-14　防火墙配置

(1) 高级。若选择系统的安全级别为高级，则系统将不会接受那些没有被用户具体指定的连接，只有以下连接是默认允许的：

- DNS 回应。
- DHCP。

如果选择“高级”，则防火墙将不允许下列连接：

- 活跃状态 FTP。
- IRC DCC 文件传输。
- RealAudio。
- 远程 X 窗口系统客户机。

如果要把系统连接到互联网上，但是并不打算运行服务器，则这是最安全的选择。如果需要额外的服务，则可以选择“定制”来具体指定允许通过防火墙的服务。

(2) 中级。若选择系统的安全级别为中级，则防火墙将不准用户的系统访问下列资源：

- 低于 1023 的端口。
- NFS 服务器端口(2049)。
- 为远程 X 客户机设立的本地 X 窗口系统显示。
- X 字体服务器端口。

如果想准许 RealAudio 之类资源的访问，但仍要堵塞到普通系统服务的访问，则选择“中级”。可以选择“定制”来允许具体指定的服务穿过防火墙。

(3) 无防火墙。无防火墙给予完全访问权并不做任何安全检查。安全检查是对某些服务的禁用。建议只有在一个可信任的网络(非互联网)中运行或者想稍后再进行详细的防火墙配置时才选此项。

建议使用“中级”防火墙，并且可以选择“信任的设备”和允许访问的服务，选择后单击“下一步”按钮继续。

4. 附加语言支持

Linux 系统支持多种语言，必须选择一种语言作为默认语言。安装结束后，系统将会使用默认语言。如果选择安装了其他语言，则可以在安装完后改变默认语言，如图 2-15 所示。

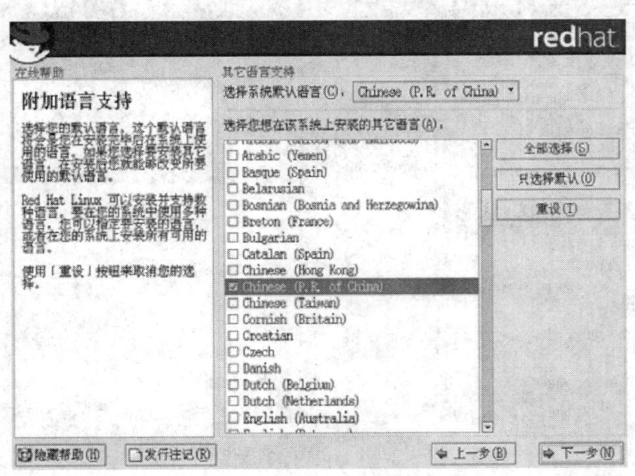

图 2-15　附加语言支持

5. 时区选择

可以通过选择计算机的物理位置，或者指定时区和通用协调时间(UTC)间的偏移来设置时区。需注意屏幕上端的两个标签，如图 2-16 所示。这里选择“亚洲/上海”，并单击“下一步”按钮继续。

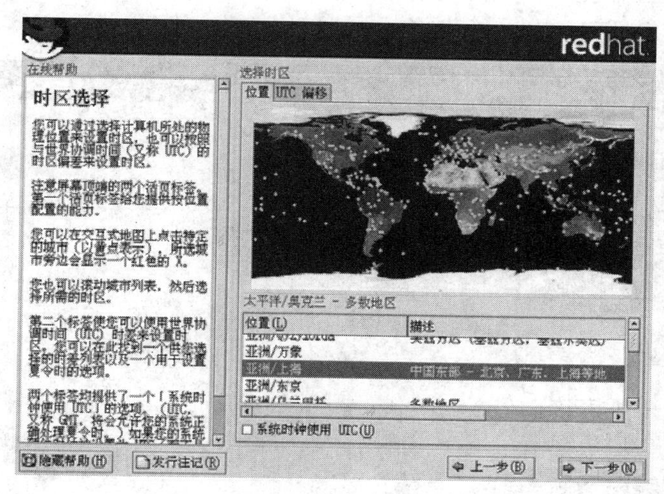

图 2-16　时区选择

6. 设置根口令

设置根账号及其口令是安装过程中最重要的步骤之一，如图 2-17 所示。根账号与用在 Windows NT 机器上的管理员账号类似。根账号被用来安装软件包，升级 RPM，以及执行多数系统维护工作。作为根用户登录可使用户对系统有完全的控制权。

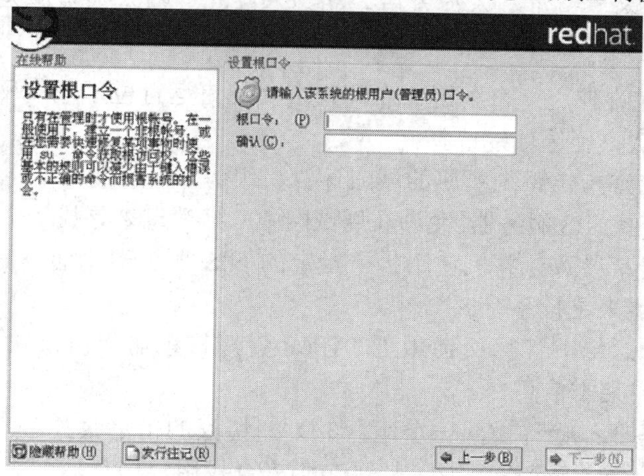

图 2-17　设置根口令

用户应该把根口令设置为可以记住但又不容易被别人猜到的组合，如用户的名字、电话号码、qwerty、password、root、123456 以及 anteater 都是典型的坏口令。好口令是混合使用的数字、大小写字母，并且不包含任何词典中的现成词汇，如 Aard387vark 或 420BMttNT。要记住，口令是区分大小写的。如果用户笔录下自己的口令，则需将其保存在一个安全的地方，然而，我们建议不要笔录任何创建的口令。

7. 验证配置

如果执行的是个人桌面、工作站、服务器安装，或不必设置网络口令的话，则可以跳过验证配置这一部分。除非是正在设置“NIS”验证，才会注意到只有“MD5”和“屏蔽”口令被选。推荐两者都使用，以便使系统尽可能安全，如图 2-18 所示。一般无需做更改，直接点击“下一步”即可。

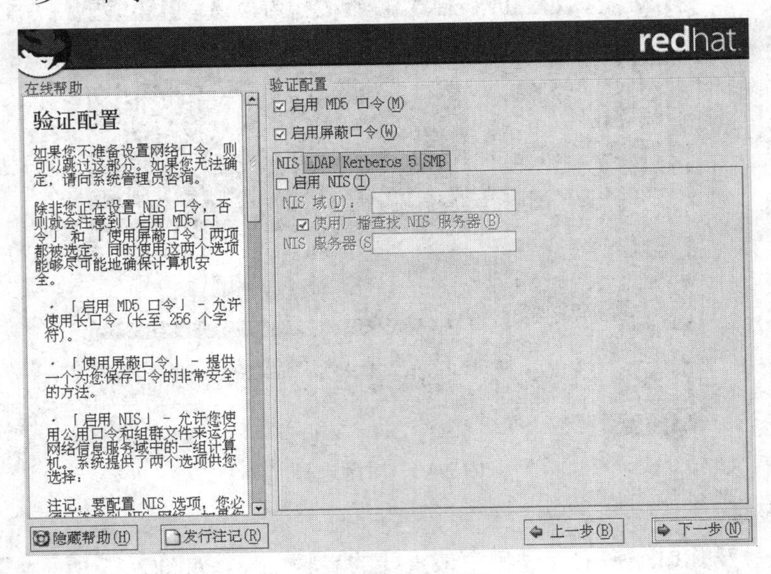

图 2-18 验证配置

• 启用 MD5 口令：允许使用长口令(长至 256 个字符)。

• 启用屏蔽口令：提供一个保存口令的安全方法，口令被存储在只能够被根用户读取的/etc/shadow 文件中。

• 启用 NIS：允许使用一个公用口令和组群文件来运行位于同一网络信息服务域内的一组计算机。可以从下列选项中选择：

(1) NIS 域：允许指定系统所属的域或计算机组。

(2) 使用广播查找 NIS 服务器：允许在局域网中广播消息来寻找一个可用的 NIS 服务器。

(3) NIS 服务器：导致计算机使用一个指定的 NIS 服务器，而不是在局域网中广播请求任何可用的服务器来主持系统。

• 启用 LDAP：告诉计算机使用 LDAP(轻量级目录访问协议)做部分或全部验证。LDAP 合并机构中的某类信息。

(1) LDAP 服务器：允许访问一个运行 LDAP 协议的指定服务器。

(2) LDAP 基准 DN：允许用识别名称(DN)来查找用户信息。

(3) 使用 TLS 查寻：该选项允许 LDAP 在验证前向 LDAP 服务器发送加密的用户名及口令。

• 启用 Kerberos：Kerberos 是提供网络验证服务的一种安全系统。

(1) 领域：该选项允许访问一个使用 Kerberos 的网络，这个网络可以由一个或多个服务器(又称 KDC)以及许多客户机组成。

(2) KDC：该选项允许访问密钥分发中心(KDC)。KDC 是一个分配 Kerberos 门票的机器。

(3) 管理服务器：该选项允许访问一个运行 kadmind 的服务器。

• 启用 SMB：用来设置 PAM 以便使用 SMB 服务器来验证用户。必须在此提供以下两项信息：

(1) SMB 服务器：指定工作站为了验证所要连接的 SMB 服务器。

(2) SMB 工作组：指定配置的 SMB 服务器所在的工作组。

8. 选择软件包组

到了这一步，在所有软件包被安装之前将不必进行任何操作，如图 2-19 所示。安装的快慢与所选择的软件包数量和计算机性能有关，安装完成后，会出现创建引导盘的对话框。

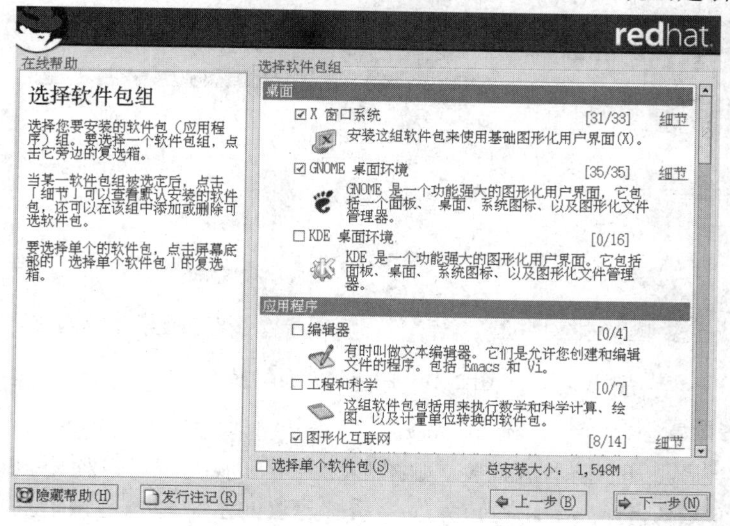

图 2-19　选择软件包组

9. 创建引导盘

要创建引导盘的话，插入一张空白的、已格式化的磁盘，然后单击“下一步”按钮，如图 2-20 所示。

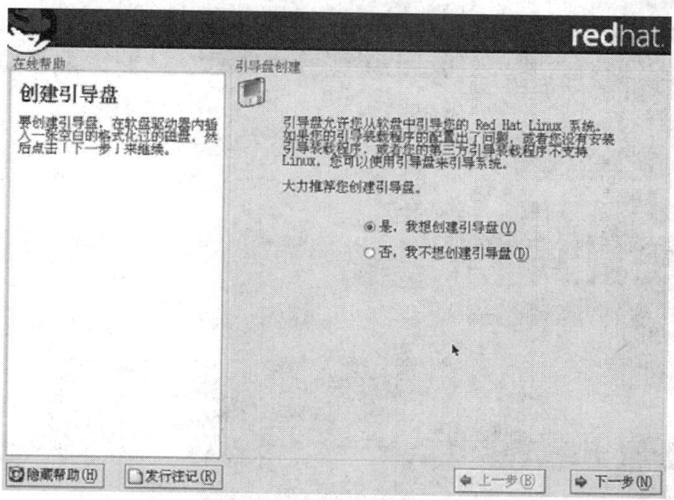

图 2-20　创建引导盘

10. 图形化界面配置

安装程序将会列出一个视频卡列表，以供选择。系统自动检测显卡的类型，如图 2-21 所示。如果系统检测不正确，则可以自行选择，否则直接单击“下一步”按钮即可。

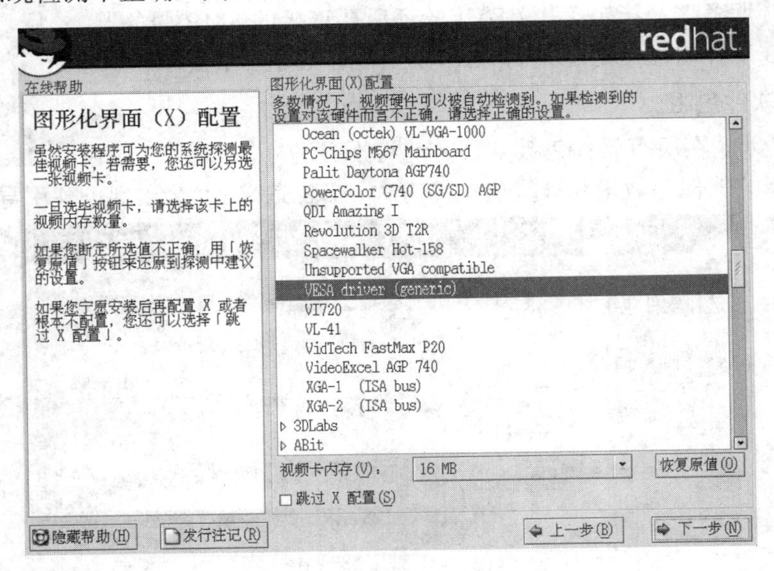

图 2-21 图形化界面配置

11. 显示器配置

安装程序会提供一个显示器列表，如图 2-22 所示。我们既可以使用自动检测到的显示器，也可以在列表中选择一个。安装程序为系统建议的水平和垂直频率范围也显示在列表之下。如果断定所选的显示器或频率数值不正确，则可以单击“恢复原值”按钮来返回到建议的设置中。当配置完毕后，单击“下一步”按钮。

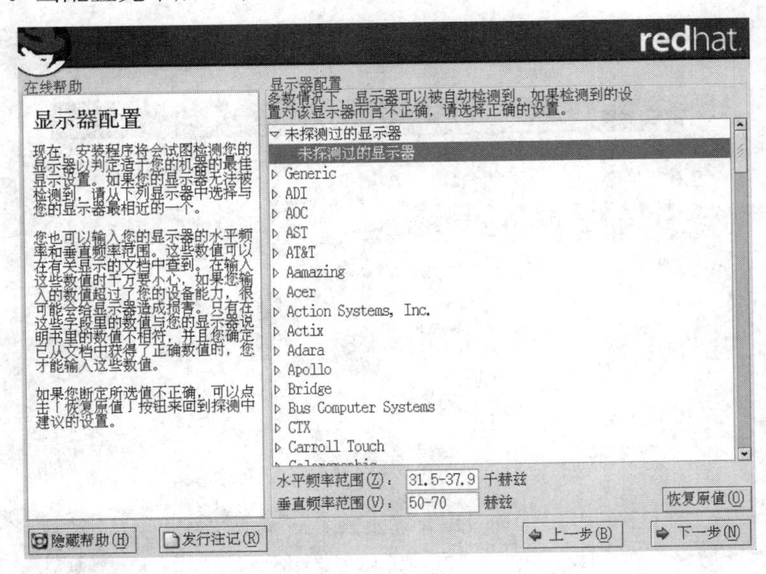

图 2-22 显示器配置

12. 定制图形化配置

这一步主要为 X Window 界面选择正确的色彩深度和分辨率。如果执行的是定制或服务器安装，则还可以在安装结束后将系统在文本环境或图形环境中进行引导，如图 2-23 所示。

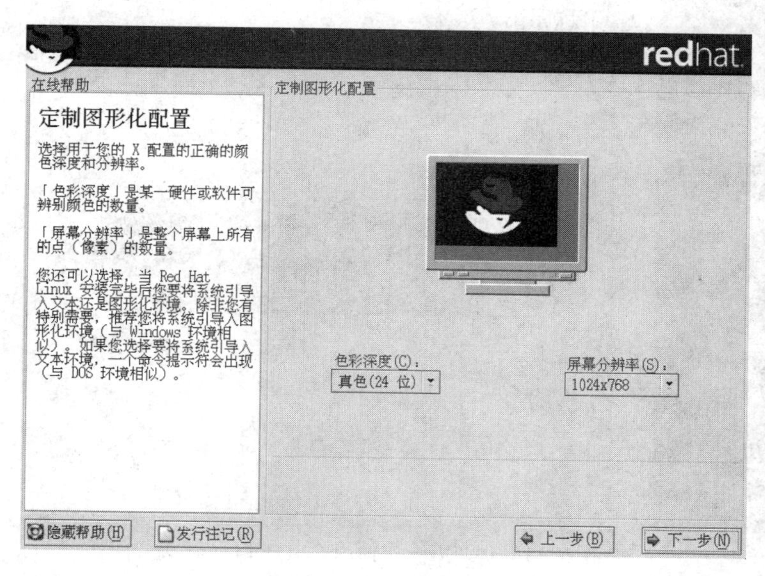

图 2-23　定制图形化界面

2.1.6 安装完成

1. 祝贺系统安装完成

安装完成后会显示“祝贺您”的界面，如图 2-24 所示。单击“下一步”按钮后，系统会重新引导，如果光驱内的光盘在重新引导时没有被自动弹出，则要记得取出光盘。

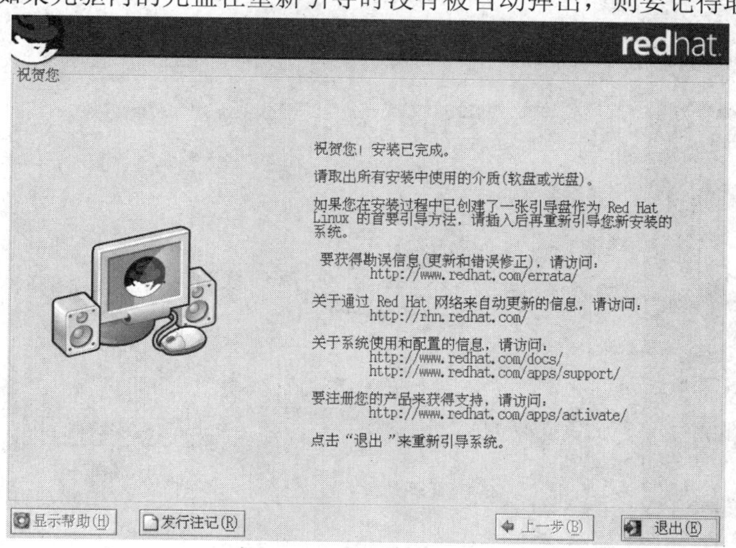

图 2-24　安装完毕

2. 欢迎第一次使用 Red Hat Linux 9

在重新引导系统进入 Red Hat Linux 9 后，会出现第一次使用 Red Hat Linux 9 的配置界面，如图 2-25 所示，单击“前进”按钮继续。

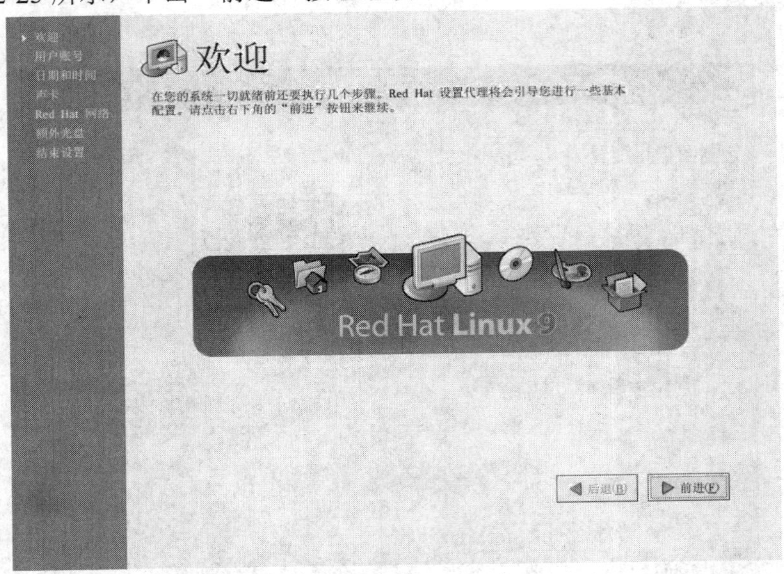

图 2-25　欢迎第一次使用 Red Hat Linux 9

3. 创建用户账号

在这里需要建立一个进行常规操作的个人用户账号，如图 2-26 所示。在使用 Linux 时，建议进行非管理的日常操作时使用个人账号，而在必要的情况下才提升权限为超级用户 root 账号，这也许不太方便，但无疑增加了安全性，避免用户由于粗心而损坏系统。

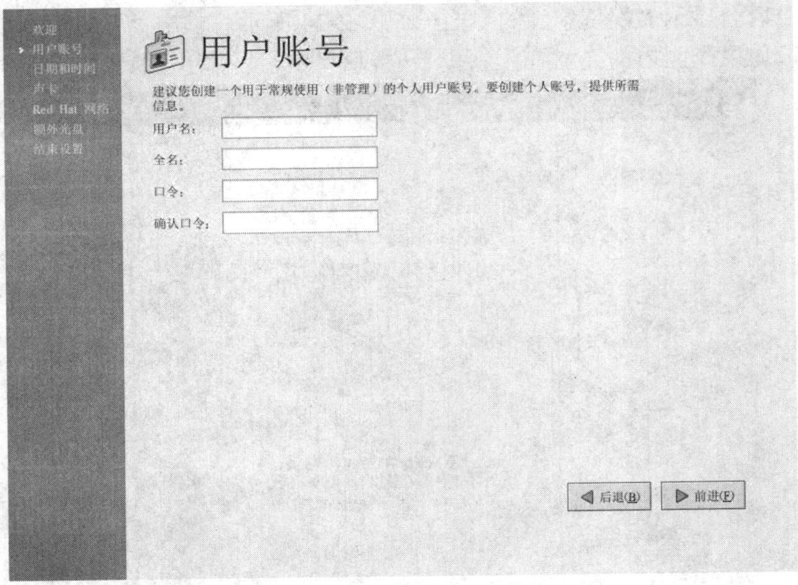

图 2-26　创建用户账号

4. 日期与时间

创建用户账号完毕后，进入配置日期和时间的界面，如图 2-27 所示。通常情况下，无需修改，系统会自动设置。特别注意的是，这里可以启动网络时间协议 NTP，选择好网络同步服务器之后，可以让系统与所选用的 Internet 上的服务器同步时间，以保证个人计算机上的时钟保持精确计时。

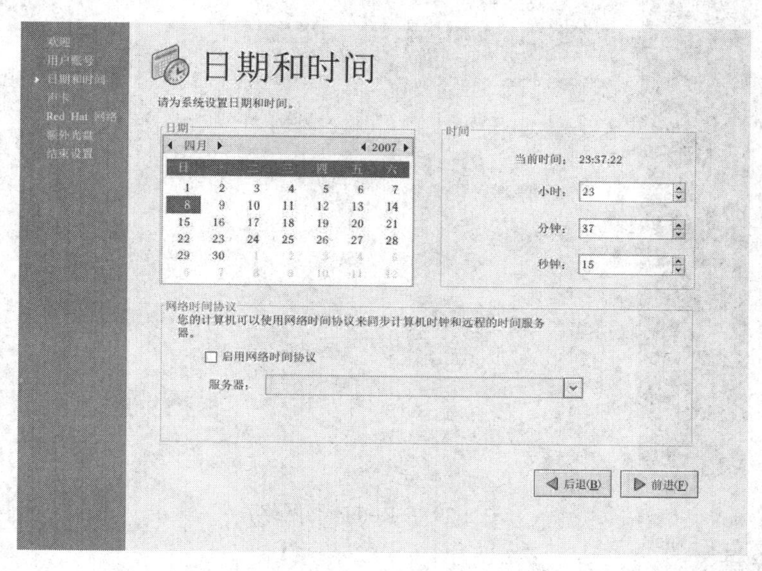

图 2-27　日期和时间

5. 声卡

系统会自动检测计算机上的声卡，并配置好。在如图 2-28 所示的界面下，可以单击“播放测试声音”来检测声卡的配置是否正确。

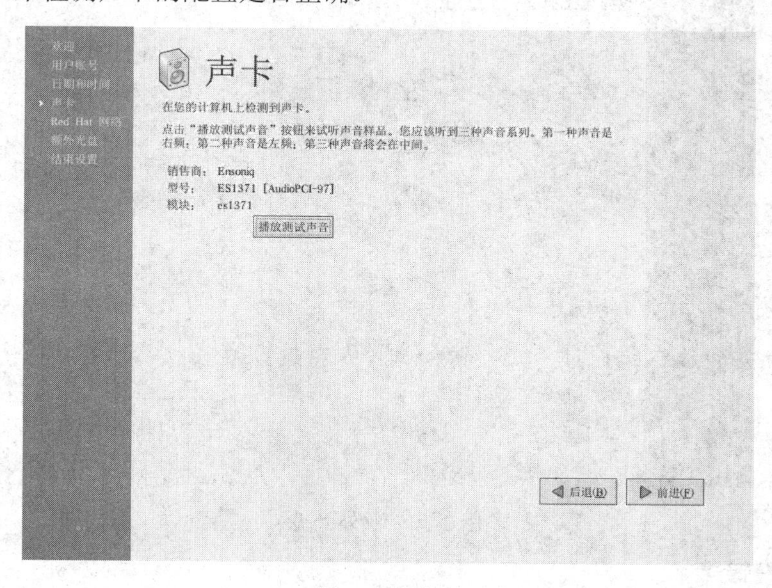

图 2-28　声卡

6. Red Hat 网络

如图 2-29 所示，注册 Red Hat 网络后，可以免费试用 Red Hat 网络的服务，包括升级最新的软件包、接收安全补丁和更新系统。

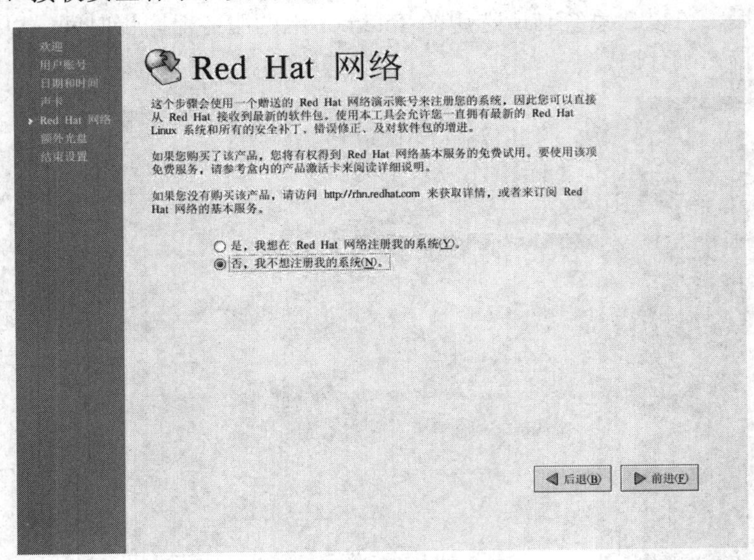

图 2-29 Red Hat 网络

7. 额外光盘

在如图 2-30 所示的界面下，如果拥有任何列出的光盘，则可以单击恰当的按钮来安装光盘上的软件包。

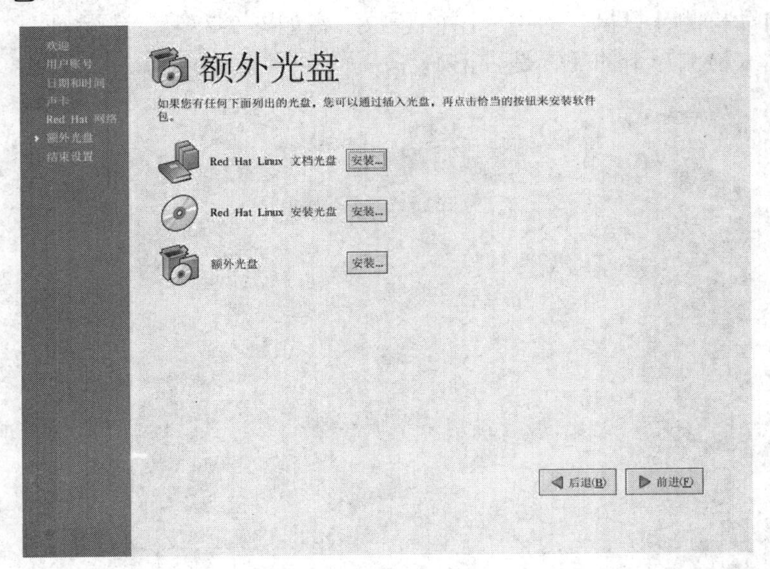

图 2-30 额外光盘

8. 结束设置

如图 2-31 所示，单击“前进”按钮结束设置。

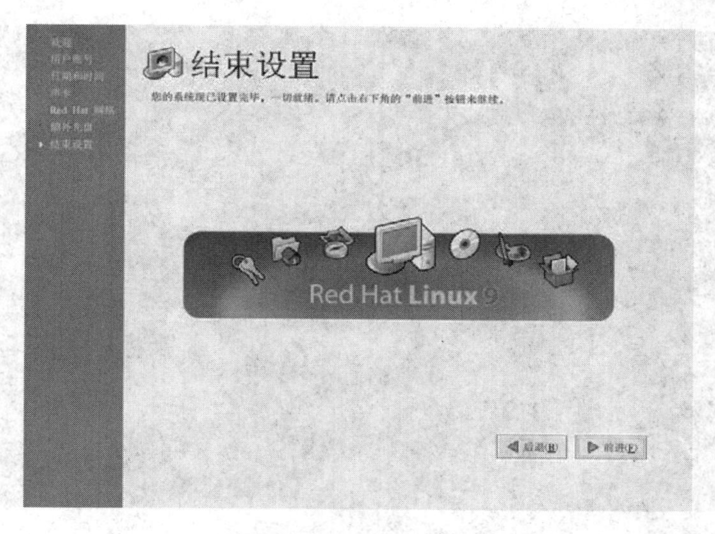

图 2-31　结束设置

2.2　系统的登录与关闭

2.2.1　登录系统

使用 Red Hat Linux 9 的前提条件就是登录。登录实际上是系统的一个验证过程。如果键入了错误的用户名和密码，就不会被允许进入系统。

Linux 系统有普通用户和超级用户之分，普通用户的名字是任意的，而超级用户的用户名是“root”，而且 Linux 系统是严格区分大小写的。

在如图 2-32 所示的对话框中输入用户名和密码后，按回车键进入 Red Hat Linux 9 的图形化界面，如图 2-33 所示。

图 2-32　登录界面

图 2-33 Red Hat Linux 9 的图形化界面

2.2.2 注销与关机

如果想切换用户登录、关闭计算机或者重新启动，则可依次选择“主菜单—注销”命令，打开如图 2-34 所示的对话框，然后单击“确定”按钮。如果想保存桌面配置或者还在运行的程序，则选中“保存当前设置”复选框。需要注意的是，在切断计算机电源之前一定要先关闭 Red Hat Linux 9，绝不能不执行关机进程就切断电源，否则会导致未存盘的数据丢失或者系统损坏。

图 2-34 注销、关机、重新启动

2.3 引导管理器概述

2.3.1 GRUB

1. 引导管理器及 GRUB 简介

系统启动引导管理器是在计算机启动后运行的第一个程序，它是用来负责加载、传输控制到操作系统的内核，一旦把内核挂载，则系统引导管理器的任务就算完成，系统引导的其他部分，比如系统的初始化及启动过程则完全由内核来控制完成。在 X86 架构的机器里，Linux、BSD 或其他 UNIX 类的操作系统中，GRUB、LILO 是主流。在 Red Hat Linux 9 中使用 GRUB 作为默认的启动引导器。

2. GRUB 的启动

Red Hat Linux 9 安装完毕后，直接从硬盘引导就可以进入 GRUB 的启动菜单，如图 2-35 所示。在该界面下，可以进入 Linux 系统，还可以编辑 GRUB 启动参数以及进入 GRUB 命令行模式，命令选项如表 2-2 所示。

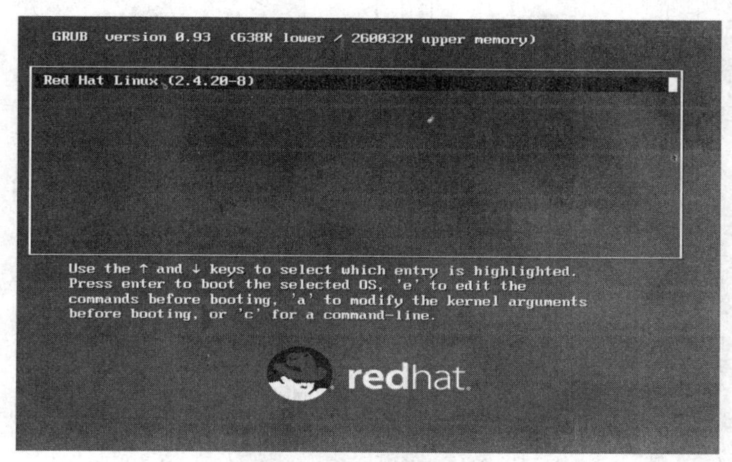

图 2-35　GRUB 启动界面

表 2-2　GRUB 启动菜单操作

操作	说　明
方向键	在启动菜单间移动
Enter	选择当前的菜单项启动
E	编辑当前的启动命令
A	修改内核的启动参数
C	进入 GRUB 命令行模式

3. GRUB 的配置文件

GRUB 的配置文件默认为/boot/grub/grub.conf，在 GRUB 成功安装到硬盘引导扇区

(MBR)后，只要编辑该文件就可实现对 GRUB 的配置，无需修改 MBR。GRUB 配置文件的内容及说明如图 2-36 所示。

```
# grub.conf generated by anaconda
#
# Note that you do not have to rerun grub after making changes to this file
# NOTICE:   You have a /boot partition.   This means that
#           all kernel and initrd paths are relative to /boot/, eg.
#           root (hd0,0)
#           kernel /vmlinuz-version ro root=/dev/sda2
#           initrd /initrd-version.img
#boot=/dev/sda
#GRUB 的默认启动项
default=0
#菜单的启动延时
timeout=10
#启动界面图像文件的路径全名
splashimage=(hd0,0)/grub/splash.xpm.gz
#启动菜单项名称
title Red Hat Linux (2.4.20-8)
#GRUB 根设备，即 Linux 内核所在分区
root (hd0,0)
#Linux 内核文件及内核启动参数
kernel /vmlinuz-2.4.20-8 ro root=LABEL=/ hdc=ide-scsi
#Linux 启动镜像文件
initrd /initrd-2.4.20-8.img
```

图 2-36　GRUB 配置文件的内容及说明

2.3.2　LILO

Linux Loader(LILO)是所有 Linux 发行版的标准组成部分，曾经是 Linux 下首选的引导管理器，但随着 GRUB 的推出并成为现在几乎所有 Linux 发行版的默认引导管理器，LILO 正逐步退出历史舞台。然而，作为一个较老的 Linux 引导加载程序，随着时间的推移，LILO 始终能够充当一个可用的现代引导加载程序。

与 GRUB 相比较，LILO 没有交互式命令界面，不支持网络引导。但是，LILO 也具有其特色。它可以将关于引导操作系统的物理信息存储在 MBR 中，如果修改了 LILO 配置文件(/etc/lilo.conf)，则必须将 LILO 第一阶段引导加载程序重写到 MBR。相对于 GRUB，错误配置就可以导致系统无法引导，LILO 的这个特点显得更具安全性。另外，LILO 更为轻量化，所以在一些特殊的系统环境下，LILO 比 GRUB 更高效。这些就是 LILO 在 GRUB 几乎统治 X86 架构下 Linux 引导管理器的今天还能不断发展的原因。

2.4　课后习题与实验

2.4.1　课后习题

1. Redhat Linux 9 的默认安装是(　　)。

A. 占用的硬盘空间最少　　B. 没有 X Window 图形系统

C. 无 KDE 桌面环境　　D. 适合于对 Linux 系统比较陌生的用户

2. 关于安装方式说法错误的是(　　)。

A. 图形安装模式耗费的系统资源比较少，字符方式耗费的系统资源较多

B. 字符方式速度也比图形方式略快

C. 图形安装方式易于使用

D. 如果安装程序无法启动图形安装程序，即使用户选择图形安装，也会自动地转入字符安装方式

3. 当选择要安装的软件包时(　　)。

A. 可以选择单个软件包或包组，但是没有更进一步的选择

B. 可以选择单个软件包或包组，如果选择后者，则可以通过选择“细节”进一步选择

C. 安装程序不检查安装需要的磁盘空间

D. 即使磁盘空间不够，安装程序也不会提示

4. 逻辑分区建立在(　　)上。

A. 从分区　　B. 扩展分区　　C. 主分区　　D. 第二分区

5. 在 Windows 与 Linux 双系统中，如果要让 GRUB 引导，则 GRUB 应该放在(　　)。

A. MBR　　B. /

C. root 分区的首扇区　　D. /GRUB

6. 若一台计算机的内存为 128M，则交换分区的推荐大小是(　　)。

A. 64 MB　　B. 128 MB　　C. 256 MB　　D. 512 MB

7. Linux 对于硬件的要求是什么？是否一定要很高的配置才能安装 Linux？

8. Linux 安装规范中有两个分区一定要有，是哪两个？

9. 交换分区的作用是什么？

2.4.2　实验：Red Hat Linux 9 安装

1. 实验目的

(1) 熟悉和掌握 Red Hat Linux 9 服务器的安装与配置。

(2) 掌握 GRUB 的配置。

2. 实验内容

(1) 安装与配置 Red Hat Linux 9。

(2) 查看 GRUB 配置文件。

3. 实验步骤

(1) 开始安装，按“Enter”键进入图形界面安装模式。

(2) 点击“NEXT”。

(3) 在“语言选择”窗口下，选择 Chinese(Simplified)(简体中文)。

(4) 在“键盘布局选择”窗口下，选择 U.S.English。

(5) 在“鼠标选择”窗口下，选择 2 键鼠标(PS/2)。

(6) 在“选择安装类型”窗口下，选择“定制”。

(7) 在“选择磁盘分区设置”窗口下，选择用 Disk Druid 手工分区(D)。

(8) 在“磁盘设置”窗口下，选择新建，跳出“添加分区”窗口时，选择 ext3 文件系统类型，挂载点是/boot，大小为 100 M；接着选择添加交换分区(SWAP 文件系统类型，无挂载点，大小为内存的两倍)；最后添加根分区(ext3 文件系统类型，挂载点是/，大小为剩余的全部磁盘空间)。

(9) 在“系统引导程序配置”窗口下，选择其中一个操作系统作为默认。

(10) 在“网络配置”窗口下，选择编辑，接着输入网卡的 IP 地址、子网掩码、网关地址和 DNS 服务器地址等。

(11) 在“防火墙配置”窗口下，选择默认。

(12) 在“时区选择”窗口下，选择亚洲/上海。

(13) 在“管理员口令”窗口下，输入口令，注意要记住该口令。

(14) 在“验证配置”窗口下，选择启用 MDS 5 口令和启用屏蔽口令，默认即可。

(15) 在“选择软件包组”窗口下，根据要求选择想要安装的组件。

(16) 在“安装软件包”窗口下，开始格式化文件系统并安装系统软件包，在安装过程中会要求插入安装光盘。

(17) 在“创建启动盘”窗口下，选择安装或不安装。

(18) 在“安装完成重启”窗口下，选择退出。

(19) Linux 系统在第一次启动时，会要求创建普通用户，配置时间、声卡等。

(20) 结束第一次配置后，系统安装完毕。

(21) 利用 root 用户登录系统，进入图形化界面。

(22) 练习图形界面与字符界面的切换。

(23) 练习在字符界面及图形界面下不同的系统终端(tty)间的切换。

(24) 查看 GRUB 配置文件内容，在终端下输入#cat /boot/grub/grub.conf。

4. 完成实验报告

5. 思考题

(1) Red Hat Linux 9 一共有哪几种安装方式？选择其中一种安装方式并选择安装新的 Linux 系统后有几种安装类型可以选择？它们都用于哪种环境？

(2) 尝试使用文本模式安装 Red Hat Linux 9，对比与图形界面的区别。

第 3 章　Linux 常用命令

◈【本章学习目标】

本章主要介绍一些常用的命令，这些命令范围几乎覆盖了日常进行的所有操作。建议初学者在使用这些命令时不妨自己加以归纳和总结，这样不仅有利于加深记忆而且有利于知识的积累。通过对本章的学习，读者应该掌握以下主要内容：

⊙ 熟练掌握 Linux 的常用命令。

3.1　浏 览 命 令

3.1.1　列表命令 ls

功能说明：列出目录内容。

语法：

　　ls[参数] [文件或目录...]

补充说明：执行 ls 指令可列出目录的内容，包括文件和子目录的名称。

常用参数：如表 3-1 所示。

表 3-1　ls 命令的常用选项

选项	说　明
-l	使用详细格式列表，每列仅显示一个文件或目录名称
-a	所有文件和目录
-C	以从上至下，从左到右的直行方式显示文件和目录名称
-h	用“K”、“M”、“G”来显示文件和目录的大小，需配合-l 使用
-n	以用户识别码和群组识别码替代其名称
-r	反向排序
-R	递归处理，将指定目录下的所有文件及子目录一并处理
-s	显示文件和目录的大小，以区块为单位
-S	用文件和目录的大小排序
-t	用文件和目录的更改时间排序
-u	以最后存取的时间排序，显示文件和目录
-v	文件和目录的名称列表以版本进行排序
-x	以从左到右，由上至下的横列方式显示文件和目录名称
-X	以文件和目录的最后一个扩展名排序

〖示例 3.1〗

```
#列出当前目录文件
[root@localhost juju]#ls
8139                 httpd-2.2.4.tar.gz          patch-2.6.21.4.bz2
easyubuntu.sh        install-wqy                 php-4.4.7.tar.gz
ex1.c                linux-2.6.21.4.tar.bz2      proj

#以文件大小排列当前目录下的文件并显示
[root@localhost juju]#ls -Ss
total 97416
43040 linux-2.6.21.4.tar.bz2    28 patch-2.6.21.4.bz2    4 8139
6232 httpd-2.2.4.tar.gz          4 proj                  4 install-wqy
 5508 php-4.4.7.tar.gz           4 easyubuntu.sh         4 ex1.c

#列出/home/juju 目录下的详细清单
[root@localhost nick]#ls -hl /home/juju
total 96M
-rwx------    1 root    root     696 Jun   8 20:24 8139
-rwx------    1 root    root    3.6K Jun   8 20:24 easyubuntu.sh
-rwx------    1 root    root     339 Jun   8 20:24 ex1.c
-rwx------    1 root    root    6.1M Jun   8 20:24 httpd-2.2.4.tar.gz
-rwx------    1 root    root     443 Jun   8 20:24 install-wqy
-rwx------    1 root    root     42M Jun   8 20:25 linux-2.6.21.4.tar.bz2
-rwx------    1 root    root     24K Jun   8 20:25 patch-2.6.21.4.bz2
-rwx------    1 root    root    5.4M Jun   8 20:25 php-4.4.7.tar.gz
drwxr-xr-x    4 root    root    4.0K Jun   8 20:46 proj
```

3.1.2 显示当前目录命令 pwd

功能说明：显示工作目录。

语法：

pwd

补充说明：执行 pwd 指令可立刻得知目前所在的工作目录的绝对路径名称。

〖示例 3.2〗

```
#显示当前目录
[root@localhost juju]#pwd
/home/juju
```

3.1.3　切换当前目录命令 cd

功能说明：切换目录。

语法：

cd[目的目录]

补充说明：cd 指令可让用户在不同的目录间切换，但该用户必须拥有足够的权限进入目的目录。

〖示例 3.3〗

```
#切换到/home/nick 目录
[root@localhost juju]#cd /home/nick
[root@localhost nick]#
```

3.1.4　显示状态信息命令 stat

功能说明：显示文件或目录的状态信息。

语法：

stat[文件或目录]

〖示例 3.4〗

```
#显示当前目录状态
[root@localhost juju]#stat juju
File: '/home/juju'
Size: 4096          Blocks: 8          IO Block: 4096     Directory
Device: 802h/2050d  Inode: 794742      Links: 2
Access: (0755/drwxr-xr-x)  Uid: ( 0/ root)   Gid: ( 0/ root)
Access: 2007-06-08 20:41:08.000000000 + 0800
Modify: 2007-06-08 20:26:00.000000000 + 0800
Change: 2007-06-08 20:26:00.000000000 + 0800

#显示文件 linux-2.6.21.4.tar.bz2 状态
[root@localhost juju]#stat linux-2.6.21.4.tar.bz2
File: 'linux-2.6.21.4.tar.bz2'
Size: 44021491      Blocks: 86080      IO Block: 4096     Regular File
Device: 802h/2050d  Inode: 794750      Links: 1
Access: (0700/-rwx------)  Uid: ( 0/ root)   Gid: ( 0/ root)
Access: 2007-06-08 20:24:57.000000000 +0800
Modify: 2007-06-08 20:25:11.000000000 +0800
Change: 2007-06-08 20:25:11.000000000 +0800
```

3.2 文件和目录基本命令

3.2.1 复制命令 cp

功能说明：复制文件或目录。

语法：

cp[参数] [源文件或目录] [目标文件或目录]

补充说明：cp 指令用在复制文件或目录，如果同时指定两个以上的文件或目录，且最后的目的地是一个已经存在的目录，则它会把前面指定的所有文件或目录复制到该目录中。若同时指定多个文件或目录，而最后的目的地并非是一个已存在的目录，则会出现错误信息。

常用参数：如表 3-2 所示。

表 3-2 cp 命令的常用选项

选项	说 明
-a	此参数的效果和同时指定“-dpR”参数相同
-d	当复制符号连接时，把目标文件或目录也建立为符号连接，并指向与源文件或目录连接的原始文件或目录
-f	强行复制文件或目录，不论目标文件或目录是否已存在
-i	覆盖既有文件之前先询问用户
-l	对源文件建立硬连接，而非复制文件
-p	保留源文件或目录的属性
-R 或-r	递归处理，将指定目录下的所有文件与子目录一并处理
-s	对源文件建立符号连接，而非复制文件
-v	显示指令执行过程
-x	复制的文件或目录存放的文件系统，必须与 cp 指令执行时所处的文件系统相同，否则不予复制

〖示例 3.5〗

```
#递归复制/home/nick/proj 目录下的所有文件到当前目录，并且保留一切属性
[root@localhost juju]#cp -av /home/nick/proj /home/juju
'/home/nick/proj' -> '/home/tmp/proj'
'/home/nick/proj/ex1' -> '/home/tmp/proj/ex1'
'/home/nick/proj/ex1/getinfo.c' -> '/home/tmp/proj/ex1/getinfo.c'
'/home/nick/proj/ex1/setsys.c' -> '/home/tmp/proj/ex1/setsys.c'
'/home/nick/proj/ex2' -> '/home/tmp/proj/ex2'
'/home/nick/proj/ex2/server.c' -> '/home/tmp/proj/ex2/server.c'
```

```
'/home/nick/proj/ex2/client.c' -> '/home/tmp/proj/ex2/client.c'
'/home/nick/proj/ex2/a.out' -> '/home/tmp/proj/ex2/a.out'
```

3.2.2　删除命令 rm

功能说明：删除文件或目录。

语法：

rm[参数] [文件或目录...]

补充说明：执行 rm 指令可删除文件或目录，如果要删除目录，则必须加上参数“-r”，否则预设仅会删除文件。

常用参数：如表 3-3 所示。

表 3-3　rm 命令的常用选项

选项	说　　明
-d	删除目录
-f	强制删除文件或目录
-i	删除既有文件或目录之前先询问用户
-R 或-r	递归处理，将指定目录下的所有文件及子目录一并处理
-v	显示指令执行过程

〖示例 3.6〗

```
#递归删除/home/tmp 目录下的所有文件和目录
[root@localhost juju]#rm -dfrv /home/tmp
removed '/home/tmp/proj/ex1/getinfo.c'
removed '/home/tmp/proj/ex1/setsys.c'
removed directory: '/home/tmp/proj/ex1'
removed '/home/tmp/proj/ex2/server.c'
removed '/home/tmp/proj/ex2/client.c'
removed '/home/tmp/proj/ex2/a.out'
removed directory: '/home/tmp/proj/ex2'
removed directory: '/home/tmp/proj'
removed directory: '/home/tmp'
```

3.2.3　移动命令 mv

功能说明：移动或更名现有的文件或目录。

语法：

mv[参数] [源文件或目录] [目标文件或目录]

常用参数：如表 3-4 所示。

表 3-4 mv 命令的常用选项

选项	说 明
-b	若需覆盖文件，则覆盖前先行备份
-f	若目标文件或目录与现有的文件或目录重复，则直接覆盖现有的文件或目录
-i	覆盖前先行询问用户
-u	在移动或更改文件名时，若目标文件已存在，且其文件日期比源文件新，则不覆盖目标文件
-v	执行时显示详细的信息

〖示例 3.7〗

```
#将目录下的 ex1.c 更名为 ex1.c.bak
[root@localhost juju]#mv -v ex1.c ex1.c.bak
'ex1.c' -> `ex1.c.bak'
#将 ex1.c.bak 移动至 /home/juju/bak 目录下，并备份同名文件
[root@localhost juju]#mv -bv ex1.c.bak /home/juju/bak
'ex1.c.bak' -> '/home/juju/bak/ex1.c.bak' (backup: '/home/juju/bak/ex1.c.bak~')
```

3.2.4 创建目录命令 mkdir

功能说明：建立目录。

语法：

mkdir[参数] [目录名称]

补充说明：mkdir 可建立目录并同时设置目录的权限。

常用参数：如表 3-5 所示。

表 3-5 mkdir 命令的常用选项

选项	说 明
-m <属性>	建立目录时同时设置目录的权限
-p	若所要建立目录的上层目录尚未建立，就会一并建立上层目录
-v	执行时显示详细的信息

〖示例 3.8〗

```
#在当前目录下建立 proj 目录
[root@localhost juju]#mkdir -v proj
mkdir: created directory 'proj'
```

3.2.5 删除目录命令 rmdir

功能说明：删除目录。

语法：

rmdir[参数] [目录...]

补充说明：只能删除空目录。

常用参数：如表3-6所示。

表3-6 rmdir命令的常用选项

参数	说 明
-p	删除指定目录后，若该目录的上层目录已变成空目录，则将其一并删除
--ignore-fail-on-non-empty	忽略非空目录的错误信息
-v	显示指令执行过程

〖示例3.9〗

```
#删除proj目录
[root@localhost juju]#rmdir -v proj
rmdir: removing directory, proj
```

3.2.6 改变时间戳命令 touch

功能说明：改变文件或目录时间，或生成空文件。

语法：

touch[参数] [文件或目录...]

补充说明：使用touch指令可更改文件或目录的日期时间，包括存取时间和更改时间。除了改变时间戳的主要功能外，touch命令还可以用来生成空文件。

常用参数：如表3-7所示。

表3-7 touch命令的常用选项

选项	说 明
-a	只更改存取时间
-c	不建立任何文件
-d	使用指定的日期时间，而非现在的时间
-m	只更改变动时间
-r <参考文件或目录>	把指定文件或目录的日期时间，统统设成和参考文件或目录的日期时间相同

〖示例3.10〗

```
#将easyubuntu.sh文件的存取和变更时间改为当前时间Jun 8 22:10
[root@localhost juju]#ls -l easyubuntu.sh
-rwx------    1 root     root          3.6K Jun   8 20:24 easyubuntu.sh
[root@localhost juju]#touch -am -d "Jun 8 22:10" easyubuntu.sh
[root@localhost juju]#ls -l easyubuntu.sh
```

```
-rwx------    1 root    root        3.6K Jun   8 22:10 easyubuntu.sh
#生成文件名为 test 的空文件
[root@localhost juju]#touch test
```

3.2.7 链接命令 ln

功能说明：链接文件或目录。

语法：

ln[参数] [源文件或目录] [目标文件或目录]

补充说明：

(1) 硬链接：源文件名和链接文件名都指向相同的物理地址，目录不能够有硬链接，文件在磁盘中只有一个复制，可以节省硬盘空间，由于删除文件要在同一个索引节点属于唯一的链接时才能成功，因此可以防止不必要的误删除。

(2) 软链接(符号链接)：Linux 特殊文件的一种，作为一个文件，它的资料是它所链接的文件的路径名，类似于硬件方式，可以删除原始文件而链接文件仍然存在。

ln 指令用在链接文件或目录，如果同时指定两个以上的文件或目录，且最后的目的地是一个已经存在的目录，则会把前面指定的所有文件或目录复制到该目录中。若同时指定多个文件或目录，且最后的目的地并非是一个已存在的目录，则会出现错误信息。

常用参数：如表 3-8 所示。

表 3-8 ln 命令的常用选项

选项	说 明
-b	删除、覆盖目标文件之前的备份
-d	建立目录的硬链接
-f	强行建立文件或目录的链接，不论文件或目录是否存在
-i	覆盖既有文件之前先询问用户
-n	把符号链接的目的目录视为一般文件
-s	对源文件建立符号链接，而非硬链接
-v	显示指令执行过程

〖示例 3.11〗

```
#建立指向当前目录下 ex1.c 的软链接到 ex1.c.soft
[root@localhost juju]#ln -s ex1.c ex1.c.soft
[root@localhost juju]#ls -l ex1.c.soft
lrwxrwxrwx    1 root    root        5 Jun   8 22:59   ex1.c.soft -> ex1.c
```

3.2.8 通配符介绍

1. 基本的通配符介绍

- “?”可替代单个字符。

- “*”可替代任意字符。
- “[charset]”可替代 charset 集中的任何单个字符。

对最后一条做些解释，[cChH] 通配符便可替代 c 或 h 字符的大小写形式。通配符集还能描述介于字符对之间的所有字符。如“[a-z]”就可以代替任意小写字母，而[a-zA-Z]则可替代任意字母。

与 DOS 相比，UNIX 的通配符机制要比 DOS 好得多。在 DOS 中，任何在“*”之后，在“.”之后的字符均被忽略，所以下面的指令将不能得到我们想象的结果。

```
del *d.*
```

在 DOS 中，用户只能用此命令删除当前目录下的所有文件，除非系统要求不这样做。而在 UNIX 系统中，“*”可替代包括 0 在内的任意数字的字符，但一行中的其余特征也仍需匹配，因此“*d.*”可匹配 vsftpd.conf、smbd.new 甚至 d.tmp，但不能和 named 匹配，因为后者不含“.”。这非常巧妙，可大大方便用户，而“*d”则可匹配以上所有的词条，包括 named。

2. 在一条指令中用多个通配符

如：

```
rm ab?out?t*
```

该命令可以删除一系列临时性的输出文件，如 ab.out.tmp1、ab.out.tmp2 等。

3. 利用通配符使指令更灵活

UNIX 可将有一定关系的文件看做是集合的一部分，用户可以用该集合去匹配。所以，如果需要删除 file1.tmp、file2.tmp、…、file9.tmp，则只需键入：rm file[0-9].tmp。

该技巧的用处在于可以删除一系列命名相关的文件。如果每天都要为一个非常重要的数据库做一个“dump”报告，则把文件存入 dump.jun[1-9]。

该“dump”报告包括如下一系列文件：

```
dump.jun1
dump.jun2
dump.jun3
dump.jun4
```

再让我们假设因为每个文件的容量都在 100 M 左右，所以磁盘空间很快会被占满，因此需要每隔几天删去一些老的文件，只留下最近的几个文件。为此，键入：rm –i du*[1-2]。这条指令将删去那些以“du”开头并以“1”或“2”结尾的文件。

3.3 文件阅读命令

3.3.1 显示文件内容命令 cat

功能说明：显示文件内容。

语法：

cat[参数] [文件名]

常用参数：如表 3-9 所示。

表 3-9 cat 命令的常用选项

选项	说 明
-n	由 1 开始对所有输出的行数编号
-b	和-n 相似，只不过对于空白行不编号
-s	当遇到有连续两行以上的空白行，就代换为一行的空白行

〖示例 3.12〗

```
#显示当前目录下 hello.c 文件内容，并显示行号
[root@localhost juju]#cat –n hello.c
     1    #include <stdio.h>
     2
     3    int main()
     4    {
     5            printf("hello, world!\n");
     6            return 0;
     7    }
```

3.4.3 显示文件部分内容命令 head/tail

功能说明：显示文件的部分内容。

语法：

head/tail[参数] [文件名]

补充说明：

(1) head：显示文件从头开始的内容，默认为前 10 行。

(2) tail：显示文件从末尾开始的内容，默认为最后 10 行。

常用参数：如表 3-10 所示。

表 3-10 ead/tail 命令的常用选项

选项	说 明
-c <size>	输出内容以容量计算，单位：b 表示 512 字节，k 表示千字节，M 表示兆字节
-n <line>	输出内容以行计算，代替默认的 10 行

〖示例 3.13〗

```
#显示 hello.c 的头 5 行
[root@localhost juju]#head -n 5 hello.c
#include <stdio.h>

int main()
```

```
#显示 hello.c 的头 5 行
[root@localhost juju]#head -n 5 hello.c
#include <stdio.h>

int main()
{
        printf("hello, world!\n");

#显示 hello.c 的最后 4 行
[root@localhost juju]#tail -n 4 hello.c
{
        printf("hello, world!\n");
        return 0;
}
```

3.4.3　逐页显示命令 more/less

功能说明：逐页显示文件的内容。

语法：

　　more/less [文件名]

补充说明：more/less 均为逐页显示文件内容的命令，其中 less 命令更为强大，它可以通过方向键逐行显示内容。在使用 more/less 的过程中，随时都可以输入"q"来终止命令。

〖示例 3.14〗

```
#逐页显示 vsftpd.conf 的内容
[root@localhost root]#more /etc/vsftpd.conf
# Example config file /etc/vsftpd.conf
#
# The default compiled in settings are fairly paranoid. This sample file
# loosens things up a bit, to make the ftp daemon more usable.
⋮
--More -(20%)
```

3.4　压缩和备份命令

3.4.1　压缩命令(1) gzip

功能说明：压缩成.gz 文件。

语法：

gzip[参数] [文件或目录…] [目标压缩文件]

常用参数：如表 3-11 所示。

表 3-11 gzip 命令的常用选项

选项	说 明
-d	解开压缩文件
-f	强行压缩文件，不理会文件名称或硬连接是否存在以及该文件是否为符号连接
-l	列出压缩文件的相关信息
-r	递归处理，将指定目录下的所有文件及子目录一并处理
-v	显示指令执行过程
-best	最高的压缩效果，执行效果较慢
-fast	最快的执行效果，压缩效果较小

〖示例 3.15〗

```
#将 ex1.c 文件以最快速度压缩
[root@localhost juju]#gzip -fast ex1.c; ls ex1.c*
ex1.c.gz    //压缩完后会删除源文件

#将压缩文件 ex1.c.gz 解压缩
[root@localhost juju]#gzip -d ex1.c.gz
```

3.4.2 压缩命令(2) bzip2

功能说明：.bz2 文件的压缩程序。

语法：

bzip2[参数] [文件或目录…]

补充说明：bzip2 采用新的压缩算法，压缩效果比传统的 LZ77/LZ78 压缩算法来得好。若没有加上任何参数，bzip2 压缩完文件后会产生.bz2 的压缩文件，并删除原始的文件。

常用参数：如表 3-12 所示。

表 3-12 bzip2 命令的常用选项

选项	说 明
-d	执行解压缩
-f	若输出文件存在，则覆盖现有文件
-k	压缩后保留源文件
-z	强制执行压缩
--repetitive-best	若文件中有重复出现的资料时，则可利用此参数提高压缩效果
--repetitive-fast	若文件中有重复出现的资料时，则可利用此参数加快执行速度

〖示例 3.16〗

```
#将 ex1.c 文件压缩，并保留源文件
[root@localhost juju]#bzip2 -k ex1.c
[root@localhost juju]#ls ex1.c*
ex1.c        ex1.c.bz2

#将压缩文件 ex1.c.bz2 解压缩
[root@localhost juju]#bzip2 -d ex1.c.bz2
```

3.4.3　备份命令 tar

功能说明：备份文件。

语法：

tar[参数] [文件或目录…]

补充说明：tar 是用来建立、还原备份文件的工具程序，它可以加入、解开备份文件内的文件。

常用参数：如表 3-13 所示。

表 3-13　tar 命令的常用选项

选项	说　明
-c	建立新的备份文件
-d	对比备份文件内和文件系统上的文件的差异
-f <filename>	指定备份文件
-h	不建立符号链接，直接复制该链接所指向的原始文件
-j	通过 bzip2 指令处理备份文件
-k	解开备份文件时，不覆盖已有的文件
-l	复制的文件或目录存放的文件系统，必须与 tar 指令执行时所处的文件系统相同，否则不予复制
-L <capacity>	设置存放媒体的容量，单位以 1024 Bytes 计算
-p	用原来的文件权限还原文件
-r	新增文件到已存在的备份文件的结尾部分
-t	列出备份文件的内容
-v	显示指令执行过程
-w	遭遇问题时先询问用户
-x	从备份文件中还原文件
-z	通过 gzip 指令处理备份文件
--backup	移除文件前先进行备份

续表

选项	说　明
--delete	从备份文件中删除指定的文件
--no-recursion	不做递归处理，也就是指定目录下的所有文件及子目录不予处理
--recursive-unlink	解开压缩文件还原目录之前，先解除整个目录下所有文件的链接
--remove-files	文件加入备份文件后，就将其删除
--totals	备份文件建立后，列出文件大小

〖示例 3.17〗

```
#解压目录下的 http-2.2.4.tar.gz
[root@localhost juju]#tar –zxvf http-2.2.4.tar.gz
httpd-2.2.4/
httpd-2.2.4/configure.in
⋮
httpd-2.2.4/config.layout
httpd-2.2.4/INSTALL

#备份 proj 目录
[root@localhost juju]#tar –chvf proj.bak.tar proj
proj/
proj/ex1/
proj/ex1/getinfo.c
⋮
proj/ex2/a.out
[root@localhost juju]#ls proj.bak*
proj.bak.tar
```

3.5 系统信息命令

3.5.1 显示以前的命令 history

功能说明：显示之前使用的文件。

语法：

history [参数]

常用参数：如表 3-14 所示。

表 3-14 history 命令的常用选项

选项	说　明
<num>	显示最后 n 行的历史命令
-c	清除历史命令列表
-w <filename>	将历史命令列表写入文件

〖示例 3.18〗

```
#显示最后 5 行的历史记录
[root@localhost juju]#history 5
1149    tar –chvf proj.bak.tar proj > /mnt/hgfs/share/tar
1150    ls proj*
1151    man history
1152    history > /mnt/hgfs/share/history
1153    history 5

#清除历史记录列表
[root@localhost juju]#history –c
[root@localhost juju]#history
1153 history
```

3.5.2 显示时间命令 date

功能说明：显示或设置系统时间与日期。

语法：

date[-d<字符串>] [-u][+%H%I… %t]；

date[-s <字符串>] [-u][+MMDDhhmmCCYYss]

补充说明：第一种语法可用来显示系统日期或时间，以%为开头的参数为格式参数，可指定日期或时间的显示格式。第二种语法可用来设置系统日期与时间。只有管理员才有设置日期与时间的权限。若不加任何参数，data 会显示目前的日期与时间。

常用参数：如表 3-15 所示。

表 3-15 date 命令的常用选项

选项	说　明
%H	小时(以 00～23 来表示)
%I	小时(以 01～12 来表示)
%K	小时(以 0～23 来表示)
%l	小时(以 0～12 来表示)
%M	分钟(以 00～59 来表示)
%P	AM 或 PM

续表

选项	说 明
%r	时间(含时分秒，小时以 12 小时 AM/PM 来表示)
%s	总秒数，起算时间为 1970-01-01 00:00:00UTC
%S	秒(以本地的惯用法来表示)
%T	时间(含时分秒，小时以 24 小时制来表示)
%X	时间(以本地的惯用法来表示)
%Z	时区
%a	星期的缩写
%A	星期的完整名称
%b	月份英文名的缩写
%B	月份的完整英文名称
%c	日期与时间只输入 date 指令也会显示同样的结果
%d	日期(以 01～31 来表示)
%D	日期(含年月日)
%j	该年中的第几天
%m	月份(以 01～12 来表示)
%U	该年中的周数
%w	该周的天数，0 代表周日，1 代表周一，以此类推
%x	日期(以本地的惯用法来表示)
%y	年份(以 00～99 来表示)
%Y	年份(以四位数来表示)
%n	在显示时，插入新的一行
%t	在显示时，插入 Tab
MM	月份(必要)
DD	日期(必要)
hh	小时(必要)
mm	分钟(必要)
CC	年份的前两位数(选择性)
YY	年份的后两位数(选择性)
ss	秒(选择性)
-d <字符串>	显示字符串所指的日期与时间字符串前后必须加上双引号
-s <字符串>	根据字符串来设置日期与时间字符串前后必须加上双引号
-u	显示 GMT

〖示例 3.19〗

```
#按“时：分：秒 AM/PM 月份天数年份”显示当前时间
[root@localhost juju]#date –du +%r%B%d%Y
03:15:45 AMJune092007

#修改当前时间为 6 月 10 日 12:00
[root@localhost juju]#date –su +06101200
[root@localhost juju]#date
Sat Jun     9 00:00:08 CST 2007
```

3.5.3　显示月历命令 cal

功能说明：显示月历。

语法：

cal [参数] [[month] year]

常用参数：如表 3-16 所示。

表 3-16　cal 命令的常用选项

选项	说　　明
-1	显示 1 个月的月历
-3	显示上个月/这个月/下个月的月历
-s	以周日作为星期的开始
-m	以周一作为星期的开始
-y	显示今年的月历
<month>	显示某月
<year>	显示某年

〖示例 3.20〗

```
#显示 2006 年 6 月的月历，以周一为星期的开始
[root@localhost juju]#cal –m 06 2006
      June 2006
Mo Tu We Th Fr Sa Su
             1  2  3  4
 5  6  7  8  9 10 11
12 13 14 15 16 17 18
19 20 21 22 23 24 25
26 27 28 29 30
```

3.5.4 登录命令 login

功能说明：登入系统。

语法：

login

补充说明：login 指令让用户登入系统，亦可通过它的功能随时更换登入身份。

〖示例 3.21〗

```
#以 nick 身份登入系统
[root@localhost root]#login
Red Hat Linux release 9 (Shrike)
Kernel 2.4.20-8 on an i686

localhost login: nick
Password:
```

3.5.5 注销命令 logout

功能说明：注销当前用户。

语法：

logout

补充说明：logout 指令让用户退出系统，其功能和 login 指令相互对应。

〖示例 3.22〗

```
#注销当前用户 root
[root@localhost juju]#logout
Red Hat Linux release 9 (Shrike)
Kernel 2.4.20-8 on an i686

localhost login:
Password:
```

3.5.6 重启系统命令 reboot

功能说明：重新开机。

语法：

reboot[参数]

补充说明：执行 reboot 指令可让系统停止运作，并重新开机。

常用参数：如表 3-17 所示。

表 3-17　reboot 命令的常用选项

选项	说　明
-f	强制重新开机
-n	重开机之前不检查是否有未结束的程序
-w	仅做测试，并不真的将系统重启，只会把重启的数据写入/var/log/wtmp 记录文件

〖示例 3.23〗

```
#重启系统
[root@localhost root]#reboot
```

3.5.7　关闭系统命令 shutdown

功能说明：系统关机指令。

语法：

shutdown[参数] [time] [warnings]

补充说明：shutdown 指令可以关闭所有程序，并依用户的需要，进行重新开机或关机的动作。

常用参数：如表 3-18 所示。

表 3-18　shutdown 命令的常用选项

选项	说　明
-c	中断关机的指令
-f	重新启动时不执行 fsck
-F	重新启动时执行 fsck
-h	将系统关机
-k	只是送出信息给所有用户，但不会实际关机
-r	shutdown 之后重新启动
-t <intervals>	送出警告信息和删除信息之间要延迟多少秒
<time>	设置多久时间后执行 shutdown 指令
<warnings>	要传送给所有登入用户的信息

〖示例 3.24〗

```
#立即关闭电脑
[root@localhost root]#shutdown -h now

#在 12：00 重启电脑，并提示信息
[root@localhost root]#shutdown -rF 12:00 -t 10 "reboot at 12:00"
```

3.6 查询与统计命令

3.6.1 查询命令 find

功能说明：查找文件或目录。

语法：

find[文件或目录…] [参数]

补充说明：find 指令用于查找符合条件的文件。任何位于参数之前的字符串都将被视为欲查找的目录。

常用参数：如表 3-19 所示。

另外，linux 还有其他查找文件或目录的命令，如 locate、whereis、which 等。其中 locate 不搜索具体目录，而是查找 /var/lib/slocate 目录里 slocate.db 数据库文件中的内容，查找速度更快。Whereis 用于程序名的搜索，which 则在 PATH 变量指定的路径中，搜索某个系统命令的位置，并且返回第一个搜索结果。

表 3-19 find 命令的常用选项

选项	说 明
-amin<分钟>	查找在指定时间曾被存取过的文件或目录，单位以分钟计算
-anewer<参考文件或目录>	查找其存取时间较指定文件或目录的存取时间更接近现在的文件或目录
-atime<24 小时数>	查找在指定时间曾被存取过的文件或目录，单位以 24 小时计算
-cmin<分钟>	查找在指定时间之时被更改的文件或目录
-cnewer<参考文件或目录>	查找其更改时间较指定文件或目录的更改时间更接近现在的文件或目录
-ctime<24 小时数>	查找在指定时间之时被更改的文件或目录，单位以 24 小时计算
-daystart	从本日开始计算时间
-depth	从指定目录下最深层的子目录开始查找
-fls<列表文件>	此参数的效果和指定“-ls”参数类似，但会把结果保存为指定的列表文件
-follow	排除符号链接
-fstype<文件系统类型>	只寻找该文件系统类型下的文件或目录
-gid<群组识别码>	查找符合指定的群组识别码的文件或目录
-group<群组名称>	查找符合指定的群组名称的文件或目录
-inum<inode 编号>	查找符合指定的 inode 编号的文件或目录

续表

选项	说　明
-links<连接数目>	查找符合指定的硬链接数目的文件或目录
-iname<范本样式>	指定字符串作为寻找符号链接的范本样式
-maxdepth<目录层级>	设置最大目录层级
-mindepth<目录层级>	设置最小目录层级
-mmin<分钟>	查找在指定时间曾被更改过的文件或目录，单位以分钟计算
-mount	此参数的效果和指定“-xdev”相同
-mtime<24 小时数>	查找在指定时间曾被更改过的文件或目录，单位以 24 小时计算
-name<范本样式>	指定字符串作为寻找文件或目录的范本样式
-newer<参考文件或目录>	查找其更改时间较指定文件或目录的更改时间更接近现在的文件或目录
-nogroup	找出不属于本地主机群组识别码的文件或目录
-noleaf	不去考虑目录至少需拥有两个硬链接存在
-nouser	找出不属于本地主机用户识别码的文件或目录
-path<范本样式>	指定字符串作为寻找目录的范本样式
-perm<权限数值>	查找符合指定的权限数值的文件或目录
-prune	不寻找字符串作为寻找文件或目录的范本样式
-regex<范本样式>	指定字符串作为寻找文件或目录的范本样式
-size<文件大小>	查找符合指定的文件大小的文件
-type<文件类型>	只寻找符合指定的文件类型的文件
-uid<用户识别码>	查找符合指定的用户识别码的文件或目录
-used<日数>	查找文件或目录被更改之后在指定时间曾被存取过的文件或目录，单位以日计算
-user<拥有者名称>	查找符合指定的拥有者名称的文件或目录
-xdev	将范围局限在先行的文件系统中
-xtype<文件类型>	此参数的效果和指定“-type”参数类似，差别在于它针对符号链接检查

〖示例 3.25〗

```
#在/home 中查.txt 文件并显示
[root@localhost juju]#find/home -name "*.txt" -print


#查长度大于 1Mb 的文件

```

```
[root@localhost juju]#find . –size +1000000c –print

#查 1 天之内被存取过的文件
[root@localhost juju]#find /home -atime -1

#在/mnt 下查找名称为 readme.txt 且文件系统类型为 vfat 的文件
[root@localhost juju]#find /mnt -name readme.txt -ftype vfat

#查询当天修改的文件
[root@localhost juju]#find ./ -mtime -1 –type f
```

3.6.2 模式搜索命令 grep

功能说明：查找文件里符合条件的字符串。

语法：

grep[参数] [表达式] [文件或目录…]。

补充说明：grep 指令用于查找内容包含指定的范本样式的文件，如果发现某文件的内容符合所指定的范本样式，则预设 grep 指令会把含有范本样式的那一列显示出来。若不指定任何文件名称，或是所给予的文件名为“-”，则 grep 指令会从标准输入设备读取数据。

常用参数：如表 3-20 所示。

表 3-20 grep 命令的常用选项

选项	说 明
-a	不要忽略二进制的数据
-c	计算符合范本样式的列数
-d <进行动作>	当指定要查找的是目录而非文件时，必须使用这项参数，否则 grep 指令将回报信息并停止动作
-e <范本样式>	指定字符串作为查找文件内容的范本样式
-E	将范本样式为延伸的普通表示法来使用
-f <范本文件>	指定范本文件，其内容含有一个或多个范本样式，让 grep 查找符合范本条件的文件内容，格式为每列一个范本样式
-F	将范本样式视为固定字符串的列表
-G	将范本样式视为普通的表示法来使用
-h	在显示符合范本样式的那一列之前，不标示该列所属的文件名称
-H	在显示符合范本样式的那一列之前，标示该列所属的文件名称
-i	忽略字符大小写的差别
-l	列出文件内容符合指定的范本样式的文件名称
-L	列出文件内容不符合指定的范本样式的文件名称

续表

选项	说　明
-r	此参数的效果和指定“-drecurse”参数相同
-s	不显示错误信息
-v	反转查找
-w	只显示全字符合的列
-x	只显示全列符合的列

〖示例 3.26〗

```
#在/etc/group 中查找“root”
[root@localhost root]#grep'root'/etc/group
root:x:0:root
bin:x:1:root,bin,daemon
daemon:x:2:root,bin,daemon
sys:x:3:root,bin,adm
adm:x:4:root,adm,daemon
disk:x:6:root
wheel:x:10:root

#在/etc/group 中查找以“root”开始的行
[root@localhost root]#grep'^root'/etc/group
root:x:0:root

#在/etc/group 中查找末尾不包含“daemon”的行
[root@localhost root]#grep-iv'daemon'/etc/group
root:x:0:root
sys:x:3:root,bin,adm
⋮
nick:x:500:
juju:x:501:
```

3.6.3　正则表达式

目前，正则表达式(Regular Expression)已经在很多软件中得到广泛的应用，包括类UNIX、Windows 等操作系统，PHP、C#、Java 等开发环境，以及很多的应用软件中都可以看到正则表达式的影子。

正则表达式的使用，可以通过简单的办法来实现强大的功能。为了简单有效而又不失强大，造成了正则表达式代码的阅读难度较大，学习起来也不是很容易，所以需要付出一些努力才行，而在入门之后参照一定的参考，使用起来还是比较简单有效的。

1. 正则表达式的历史

正则表达式的“祖先”可以一直上溯至对人类神经系统如何工作的早期研究。Warren McCulloch 和 Walter Pitts 这两位神经生理学家研究出一种数学方式来描述这些神经网络。

1956 年，一位叫 Stephen Kleene 的数学家在 McCulloch 和 Pitts 早期工作的基础上，发表了一篇标题为“神经网事件的表示法”的论文，引入了正则表达式的概念。正则表达式就是用来描述他称为“正则集的代数”的表达式，因此采用“正则表达式”这个术语。

随后发现，可以将这一工作应用于使用 Ken Thompson 的计算搜索算法的一些早期研究，Ken Thompson 是 UNIX 的主要发明人。正则表达式的第一个实际应用程序就是 UNIX 中的 QED 编辑器。

从那时起直至现在正则表达式都是基于文本的编辑器和搜索工具中的一个重要部分。

2. 正则表达式定义

正则表达式描述了一种字符串匹配的模式，可以用来检查一个串是否含有某种子串，将匹配的子串做替换或者从某个串中取出符合某个条件的子串等。

列目录时，ls *.txt 中的*.txt 就不是一个正则表达式，因为这里的“*”与正则表达式的“*”的含义是不同的。

正则表达式是由普通字符(例如字符 a～z)以及特殊字符(称为元字符)组成的文字模式。正则表达式作为一个模板，将某个字符模式与所搜索的字符串进行匹配。

3. 普通字符

普通字符由所有那些未显式指定为元字符的打印和非打印字符组成，这包括所有的大写和小写字母字符、所有数字、所有标点符号以及一些符号。

4. 非打印字符

非打印字符具体介绍如下。

\cx：匹配由 x 指明的控制字符。例如，\cM 匹配一个 Ctrl + M 或回车符。x 的值必须为 A～Z 或 a～z 之一，否则，将 c 视为一个原义的'c'字符。

\f：匹配一个换页符，等价于 \x0c 和 \cL。

\n：匹配一个换行符，等价于 \x0a 和 \cJ。

\r：匹配一个回车符，等价于 \x0d 和 \cM。

\s：匹配任何空白字符，包括空格、制表符、换页符等，等价于[\f\n\r\t\v]。

\S：匹配任何非空白字符，等价于 [^\f\n\r\t\v]。

\t：匹配一个制表符，等价于 \x09 和 \cI。

\v：匹配一个垂直制表符，等价于 \x0b 和\cK。

5. 特殊字符

所谓特殊字符，就是一些有特殊含义的字符，如上面说的“*.txt”中的“*”，简单来说就是表示任何字符串的意思。如果要查找文件名中有“*”的文件，则需要对“*”进行转义，即在其前加一个“\”，即 ls *.txt。正则表达式有以下特殊字符：

$：匹配输入字符串的结尾位置，要匹配“$”字符本身，需使用“\$”。

()：标记一个子表达式的开始和结束位置，要匹配这些字符，需使用“\(”和“\)”。

：匹配前面的子表达式零次或多次，要匹配“”字符，需使用“*”。

+：匹配前面的子表达式一次或多次，要匹配“+”字符，需使用“\+”。

.：匹配除换行符“\n”之外的任何单字符，要匹配“.”，需使用“\.”。

[：标记一个中括号表达式的开始，要匹配“[”，需使用“\[”。

?：匹配前面的子表达式零次或一次，或指明一个非贪婪限定符，要匹配“?”字符，需使用“\?”。

\：将下一个字符标记为或特殊字符、或原义字符、或向后引用、或八进制转义符。

^：匹配输入字符串的开始位置，除非在方括号表达式中使用，此时它表示不接受该字符集合。要匹配“^”字符本身，需使用“\^”。

{：标记限定符表达式的开始。要匹配“{”，需使用“\{”。

|：指明两项之间的一个选择。要匹配“|”，需使用“\|”。

构造正则表达式的方法和创建数学表达式的方法一样，也就是用多种元字符与操作符将小的表达式结合在一起来创建更大的表达式。正则表达式的组件可以是单个的字符、字符集合、字符范围、字符间的选择或者所有这些组件的任意组合。

6. 限定符

限定符用来指定正则表达式的一个给定组件必须要出现多少次才能满足匹配，有“*”、“+”、“?”、“{n}”、“{n,}”、“{n,m}”共 6 种。

“*”、“+”和“?”限定符都是贪婪的，因为它们会尽可能多地匹配文字，只有在它们的后面加上一个“?”，才可以实现非贪婪或最小匹配。

正则表达式的限定符包括：

*：匹配前面的子表达式零次或多次，等价于“{0,}”。

+：匹配前面的子表达式一次或多次，等价于“{1,}”。

?：匹配前面的子表达式零次或一次，等价于“{0,1}”。

{n}：n 是一个非负整数，匹配确定的 n 次。

{n,}：n 是一个非负整数，至少匹配 n 次。

{n,m}：m 和 n 均为非负整数，其中 n <= m，最少匹配 n 次且最多匹配 m 次。注意，在逗号和两个数之间不能有空格。

7. 定位符

定位符用来描述字符串或单词的边界，“^”和“$”分别指字符串的开始与结束，“\b”描述单词的前边界或后边界，“\B”表示非单词边界。不能对定位符使用限定符。

8. 选择项

用圆括号将所有选择项括起来，相邻的选择项之间用“|”分隔。但用圆括号会有一个副作用，即相关的匹配会被缓存，此时可用“?:”放在第一个选项前来消除这种副作用。

其中，“?:”是非捕获元之一，还有两个非捕获元是“?=”和“?!”，这两个还有更多的含义，前者为正向预查，在任何开始匹配圆括号内的正则表达式模式的位置来匹配搜索字符串；后者为负向预查，在任何开始不匹配该正则表达式模式的位置来匹配搜索字符串。

9. 后向引用

对一个正则表达式模式或部分模式两边添加圆括号，将导致相关匹配存储到一个临时缓冲区中，所捕获的每个子匹配都按照在正则表达式模式中从左至右所遇到的内容存储。存储子匹配的缓冲区编号从 1 开始，连续编号直至最大 99 个子表达式。每个缓冲区都可以使用“\n”访问，其中 n 为一个标识特定缓冲区的一位或两位十进制数。可以使用非捕获元字符“?:”、“?=”或“?!”来忽略对相关匹配的保存。

10. 一些常用的正则表达式

匹配中文字符的正则表达式：

```
[\u4e00-\u9fa5]
```

匹配双字节字符(包括汉字)：

```
[^\x00-\xff]
```

匹配空行的正则表达式：

```
\n[\s| ]*\r
```

匹配 HTML 标记的正则表达式：

```
/<(.*)>.*<\/\1>|<(.*) \/>/
```

匹配首尾空格的正则表达式：

```
(^\s*)|(\s*$)
```

匹配 E-mail 地址的正则表达式：

```
\w+([-+.]\w+)*@\w+([-.]\w+)*\.\w+([-.]\w+)*
```

匹配网址 URL 的正则表达式：

```
http://([\w-]+\.)+[\w-]+(/[\w- ./?%&=]*)?
```

3.7 其他命令

3.7.1 清屏命令 clear

功能说明：清空屏幕。

语法：

```
clear
```

〖示例 3.27〗

```
#清屏
[root@localhost juju]#clear
```

3.7.2 查询帮助手册命令 man

功能说明：查询命令的详细说明。

语法：

　　man [命令]

〖示例 3.28〗

```
#查询 grep 命令的说明
[root@localhost juju]#man grep
#屏幕显示 grep 帮助文档，按“q”键可退出
```

3.7.3　软件包管理命令 rpm

功能说明：管理软件包。

语法：

　　rpm [参数]

补充说明：rpm 原本是 Red Hat Linux 发行版专门用来管理 Linux 各项套件的程序，由于它遵循 GPL 规则且功能强大方便，因而广受欢迎，逐渐受到其他发行版的采用。RPM 套件管理方式的出现，让 Linux 易于安装、升级，从而间接提升了 Linux 的适用度。

常用参数：如表 3-21 所示。

表 3-21　rpm 命令的常用选项

选项	说　明
-a	查询所有安装包
-c	只列出组态配置文件，本参数需配合“-l”参数使用
-d	只列出文本文件，本参数需配合“-l”参数使用
-e <安装包>	删除指定的安装包
-f <文件>	查询拥有指定文件的安装包
-h	安装包安装时列出标记
-i	显示安装包的相关信息
-i <安装包>	安装指定的安装包
-l	显示安装包的文件列表
-p <安装包>	查询指定的 RPM 安装包
-q	使用查询模式
-R	显示安装包的关联性信息
-s	显示文件状态，本参数需配合“-l”参数使用
-U <安装包>	升级指定的安装包
-v	显示指令执行过程
-vv	详细显示指令执行过程，便于排错

〖示例 3.29〗

```
#安装 httpd-2.2.4.rpm
[root@localhost root]#rpm -ivh httpd-2.2.4.rpm
#屏幕显示 httpd-2.2.4 的安装过程

#更新当前系统中的 httpd
[root@localhost root]#rpm -Uvh httpd-2.2.4.rpm

#查询当前系统中的所有安装包
[root@localhost root]#rpm -qa

#卸载 http-2.2.4
[root@localhost root]#rpm -e http-2.2.4
```

3.7.4 重定向与管道命令

UNIX 下使用标准输入 stdin 和标准输出 stdout 来表示每个命令的输入和输出，还使用一个标准错误输出 stderr 用于输出错误信息。这三个标准输入输出系统缺省是与控制终端设备相联系在一起的。因此，在标准情况下，每个命令通常从它的控制终端中获取输入，将输出打印到控制终端的屏幕上。

但是也可以重新定义程序的输入 stdin 和输出 stdout，将它们重新定向。最基本的用法是将它们重新定义到一个文件上去，从一个文件获取输入，输出到另外的文件中等。这种输入输出重定向带来了极大的灵活性，可以将输出结果记录下来，也可以将程序所需要的输入使用文件提前准备就绪，这样一来多次执行就不需要重新输入。

“>”标记表示输出结果将随后指向的文件的内容覆盖；“>>”标记表示输出结果采用添加的方式，将结果附加在文件后面，而不是简单地将原有文件重新覆盖。

更为灵活的方式是将输入输出和一个执行命令联系起来，而不是一个固定的文件。如：

```
[root@localhost juju]#ls -l | grep "root"
```

上面的命令，将“ls -l”的输出作为了 grep 模式查询的输入，意味着在“ls -l”的结果中查询“root”字符串，这种方式称为管道。UNIX 提供了很多功能强大的小命令，但使用管道将这些命令组合起来，就形成了非常强大的工具组合，能完成非常复杂的工作。

3.8 课后习题与实验

3.8.1 课后习题

1. Linux 命令的基本格式是什么？
2. 链接分为________________。

3. 在 Linux 系统中，压缩文件后生成后缀为.gz 文件的命令是________________。

4. 可以在标准输出上显示整年日历的命令及参数是____________________。

5. 进行字符串查找，使用_____________命令。

6. 使用__________，每次匹配若干个字符。

7. Linux 有三个查看文件的命令，若希望在查看文件内容过程中可以通过光标的上下移动来查看文件内容，则应使用_______________命令。

8. 关闭 Linux 系统(不重新启动)可使用命令______________________。

9. 在实际操作中，想了解命令 rpm 的用法，可以键入_________________得到帮助。

10. 在当天的 1:30 让系统自动关机，可使用______________________________。

11. 将/home/nick 改名成/home/juju，可键入________________________________。

12. 假如需要找出/etc/my.conf 文件属于哪个包(package)，可以执行________________。

13. 显示一个文件最后几行的命令是__________________。

14. 在 Linux 下，____________________命令用于删除当前目录下所有文件及子目录。

15. 在系统文档中找到关于 print 的说明，可使用_________________________。

16. ___________________命令及其参数用来只更新已经安装过的 rpm 软件包。

17. ___________________命令及其参数可将当前目录下的所有文件备份为 home.tar。

18. ___________________命令及其参数可以解压缩 tar 文件。

19. 在 gzip 命令中，- d 的作用是_____________________。

20. 移动所有以数字开头的文件到/home/nick 目录下，应使用命令____________________________________。

21. 分页显示/etc 目录下所有文件的详细信息，应使用命令_______________________。

3.8.2　实验：Linux 常用命令

1. 实验目的

(1) 掌握 Linux 常用命令的使用方法。

(2) 熟悉 Linux 操作环境。

2. 实验内容

练习使用 Linux 常用命令。

3. 实验步骤

(1) 启动计算机，利用 root 用户登录到系统，进入字符提示界面。

(2) 用 pwd 命令查看当前所在的目录。

(3) 用 ls 命令列出此目录下的文件和目录。

(4) 用-a 选项列出此目录下包括隐藏文件在内的所有文件和目录。

(5) 用 man 命令查看 ls 命令的使用手册。

(6) 在当前目录下，创建目录 lesson。

(7) 利用 ls 命令列出文件和目录，确认 lesson 目录创建成功。

(8) 进入 lesson 目录，查看当前目录。

(9) 利用 touch 命令，在当前目录创建一个新的空文件 abc。

(10) 利用 cp 命令复制系统文件/etc/fstab 到当前目录下。

(11) 复制文件 fstab 到一个新文件 fstab.bak，作为备份。

(12) 列出当前目录下的所有文件的详细信息，注意比较每个文件的长度和创建时间的不同。

(13) 用 less 命令分屏查看文件 fstab 的内容，注意练习 less 命令的各个子命令，例如 b、p、q 等并对 ext3 关键字查找。

(14) 用 grep 命令在文件中对关键字 ext3 进行查询，并与上面的结果比较。

(15) 给文件 fstab 创建一个软链接 fstab.lns 和一个硬链接 fstab.lnh。

(16) 显示文件 fstab 及其链接的详细信息。

(17) 删除用户主目录下的 fstab，显示文件 fstab.lns 与 fstab.lnh 的详细信息，比较文件 fstab.lnh 的链接数的变化。

(18) 用 cat 命令查看文件 fstab.lnh 的内容，看看有什么结果。

(19) 用 cat 命令查看文件 fstab.lns 的内容，看看有什么结果。

(20) 删除以 f 开头且文件名中包含 ln 的所有文件，显示当前目录下的文件列表，回到上层目录。

(21) 用 tar 命令把目录 lesson 打包。

(22) 用 gzip 命令把打好的包进行压缩。

(23) 把文件 lesson.tar.gz 改名为 backup.tar.gz。

(24) 显示当前目录下的文件和目录列表，确认重命名成功。

(25) 把文件 backup.tar.gz 移动到 lesson 目录下。

(26) 显示当前目录下的文件和目录列表，确认移动成功。

(27) 进入 lesson 目录，显示目录中的文件列表。

(28) 把文件 backup.tar.gz 解包。

(29) 显示当前目录下的文件和目录列表，复制 lesson 目录为 lessonbak 目录作为备份。

(30) 查找 root 用户自己主目录下的所有名为 abc 的文件。

(31) 删除 lesson 子目录下的所有文件。

(32) 利用 rmdir 命令删除空子目录 lesson。

(33) 回到上层目录，利用 rm 命令删除目录 lesson 和其下所有文件。

4. 完成实验报告

5. 思考题

(1) find 与 grep 命令各用于何种场合？

(2) 如何把两个文件合并成一个文件？

(3) 理解重定向与管道命令在 Linux 命令操作中的角色。

(4) 举例如何利用通配符和正则表达式对文件进行快速查找？

第 4 章　Linux 文本编辑

◈【本章学习目标】

本章主要介绍 Linux 系统下的文字编辑，使读者能学会如何在 Linux 环境下编辑文档，为日后学习 Linux 下的系统配置打好基础。通过对本章的学习，读者应该掌握以下主要内容：

⊙ 使用 VI 进行文档编辑；

⊙ 在图形界面下使用 gedit 进行文档编辑。

4.1　文本编辑器 VI

4.1.1　VI 简介

VI 是 Linux 世界里最常用的全屏编辑器，所有的 Linux 系统都提供该文本编辑器，而最新的 Linux 发行版则提供了 VI 的加强版 —— VIM，它与 VI 完全兼容。VI 的原意是 “Visual Interface”，用户键入的内容会立即显示出来。而且其强大的编辑功能可以同任何一种最新的编辑器相媲美。它在 Linux 上的地位就像 Edit 在 DOS 上一样。它可以执行输入、输出、删除、查找、替换、块操作等众多文本操作，而且用户可以根据需要对其进行定制，这是其他编辑器所没有的。VI 并不是一个排版程序，不像 Word、WPS 一样可以对字体、段落、格式等其他属性进行编排，它只是一个文字编辑程序。

VI 有三种工作模式：一般模式、插入模式和命令模式，如图 4-1 所示。

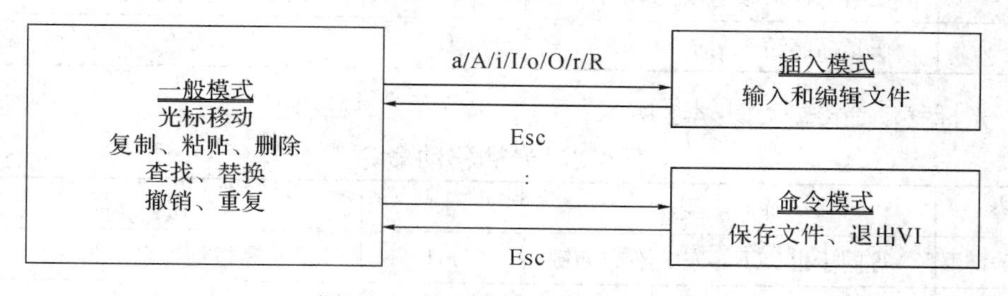

图 4-1　VI 三种模式的相互关系

一般模式：启动 VI 后就会进入一般模式。这种模式允许用户使用光标移动、复制、粘贴、删除、查找与替换等编辑命令，或者切换到其他的模式，用户键入的命令并不会在屏幕上显示出来。

插入模式：在一般模式下键入 “a/A/i/I/r/R/o/O”，则进入插入模式。在这种模式下，可以从当前光标所在的位置向文件中插入正文。这时从键盘输入的任何字符(除 Esc 外)都被插入到正在编辑的缓冲区中，当作该文件的正文。所以，进入插入模式后输入的可见字符都会在屏幕上显示出来，编辑命令也不再起作用，仅仅作为普通字母出现。

命令模式：在一般模式下键入“：”，则进入命令模式。可以在这种模式下进行保存、退出等命令。进入命令模式后，输入的命令会在屏幕的最后一行显示出来。

4.1.2 VI 的操作流程

在系统提示符下键入命令“vi filename”，VI 即可自动载入所要编辑的文件或者是新建一个名为“filename”的文件。如：

```
[root@localhost root]#vi filename
```

启动 VI 后，屏幕上就会出现 VI 的执行界面。可以看到光标“_”停在屏幕的左上角，每一行开头都有一个“~”符号，表示该行为空。屏幕的最后一行是状态行，显示了当前正在编辑的文件名。如果编辑的是一个新文件，则还会显示“[New File]”；如果编辑的是存在的文件，那么将显示这个文件的行数、字符个数。

在一般模式下键入“a/A/i/I/r/R/o/O”，则进入插入模式，屏幕左下角显示“-INSERT-”或“-REPLACE-”提示信息。在该模式下，用户完成对于文件的录入。之后，用户还需要键入“Esc”切换回一般模式进行随后的操作。

文件编辑完成返回一般模式后，用户可以输入“：”进入命令模式。在此模式下，输入“wq”进行保存和退出 VI 的操作。

4.1.3 VI 中的基本命令

(1) 输入命令，如表 4-1 所示。

表 4-1 输入命令

命令	作 用	命令	作 用
a	在光标后输入文本	I	在当前行开始输入文本
A	在当前行末尾输入文本	o	在当前行后输入新一行
i	在光标前输入文本	O	在当前行前输入新一行

(2) 光标移动命令，如表 4-2 所示。

表 4-2 光标移动命令

命令	作 用	命令	作 用
k/j/h/l	等同于上、下、左、右方向键	nH	将光标移到屏幕的第 n 行
Ctrl + b	向上移动一页	L	将光标移到屏幕的最下行
Ctrl + f	向下移动一页	nL	将光标移到屏幕的倒数第 n 行
Ctrl + u	向上移动半页	0	左移光标到本行的开头
Ctrl + d	向下移动半页	$	右移光标到本行的末尾
H	将光标移到屏幕的最上行		

(3) 复制、粘贴、删除命令，如表 4-3 所示。

表 4-3　复制、粘贴、删除命令

命令	作　用	命令	作　用
yw	复制光标所在单词	x	删除光标所在字符
y$	复制光标至行尾的字符	dw	删除光标所在单词
yy	复制光标所在当前行	d$	删除光标至行尾的字符
p	粘贴到光标后	dd	删除光标所在当前行
P	粘贴到光标前		

(4) 查询和替换命令，如表 4-4 所示。

表 4-4　查找和替换命令

命令	作　用	命令	作　用
/abc	向后查询字符串“abc”	R	替换字符序列
?abc	向前查询字符串“abc”	cw	替换光标所在单词
n	查找下一个	cb	替换光标所在前一个字符
N	反向查找下一个	c$	替换光标至行尾的字符
r	替换光标所在字符	cc	替换光标所在当前行

(5) 撤销和重复命令，如表 4-5 所示。

表 4-5　撤销和重复命令

命令	说　明	命令	说　明
u	撤销上次的操作	.	重复最后一条修改命令
U	恢复对光标所在行的改变		

(6) 命令模式，如表 4-6 所示。

表 4-6　命令模式

命令	说　明	命令	说　明
:q	不保存退出	:w! filename	强制性存入 filename 中
:q!	不保存强制退出	:wq	保存退出
:w	保存编辑	:set	设置或浏览当前的系统参数
:w filename	存入文件 filename 中	:X	对所编辑的文件进行简单加密

4.1.4　设置 VI 环境

VI 编辑器的行为可以通过设置环境参数来定义，并且有许多种方法可以进行设置。最直接的方法是使用 VI 的“set”命令进行设置，也可以将“set”命令缩写成“se”。要在同一行设置许多选项，用“se”命令并用空格分隔选项即可。以“set”方式进行设置时，VI 必须处于命令模式，使用这种方式的用户可以设置任意选项，但是选项的改变是临时的，并且只在用户的当前编辑会话中有效，当用户退出 VI 时，设置会被丢弃。

以下是一些 VI 中常用的环境参数，如表 4-7 所示。

表 4-7　VI 中常用的环境参数

选项	缩写	功　能
autoindent	ai	将光标所在行自动缩进
ignorecase	ic	在搜索选项下忽略大小写
magic	—	在搜索时允许使用特殊字符
report	—	显示最后一个命令作用的行数
number	nu	显示行号
scroll	—	设定屏幕显示翻滚的行数
shiftwidth	sw	设定缩进的空格数
showmode	smd	显示 VI 的编辑模式

(1) autoindent：该选项将用户键入的每行进行缩进，对于使用 C 等其他结构化程序设计语言编写程序时十分有用。在当前行的制表符后使用 Ctrl + D 可减少一级缩进，每执行一次 Ctrl + D，会增加一个由 shiftwidth 选项指定的数值。开启本功能，则输入“:set autoindent”；关闭本功能，则输入“:set noai”。本选项的默认值为“noai”。

(2) ignorecase：VI 编辑器默认提供大小写敏感的搜索。要使 VI 忽略大小写，则键入“:set ignorecase”；要返回大小写敏感状态，则键入“:set noignorecase”。

(3) magic：在搜索时，某些符号(如方括号[])有特殊的含义。当用户将这个选项置为 nomagic 时，这些符号便不再有特殊含义。

(4) report：VI 编辑器默认不会对用户的编辑工作给予任何反馈。如果希望在屏幕上显示自己编辑的反馈信息，则可以使用该选项，其参数设定为发生变化的最小行数。例如，要将 report 设置为 2 行时有效，则键入“:set report=2”。

(5) number：VI 编辑器一般情况下不显示行号。显示行号可以使用户对自己编辑的文件的大小和正在编辑文件的哪一部分等心里有数。若要显示行号，则键入“:set number”；如不希望显示行号，则键入“:set nonumber”。

(6) scroll：该选项用于设定用户在使用 Ctrl + D 时希望滚动的行数。例如，想使屏幕滚动 5 行，则键入“:set scroll=5”。

(7) shiftwidth：该选项设定在自动缩进时，使用 Ctrl + D 时的空格数。默认设置为“sw=8”。例如，若要把设置改为 10，则键入“:set sw=10”。

(8) showmode：该选项用来设定显示反馈来告知用户当前处于插入模式还是命令模式。默认设置是打开的。要关闭该选项，可键入“:set noshowmode”。

用户还可以通过将选项的设置保存在“.exrc”文件中(以“.”开头的文件被称为隐藏文件)，来将 VI 的环境参数设置成永久的，而无需在每次使用 VI 时重新设置。

当用户打开 VI 编辑器时，会自动查看用户当前工作目录中的“.exrc”文件，并根据在文件中找到的内容设置编辑环境。如果 VI 没有在当前目录中发现“.exrc”文件，则它将查找用户的主目录，并根据发现的“.exrc”文件设置环境。如果 VI 没有查找到任何“.exrc”

文件，则对选项设置默认值。

以下举一个具体的“.exrc”文件的例子，如图 4-2 所示。

```
set report=4
set autoindent
set number
set ic
set sw=4
set scroll=5
```

图 4-2　.exrc 文件

4.1.5　VIM 简介

VIM 是一个类似于 VI 的文本编辑器，不过在 VI 的基础上增加了很多新的特性，普遍被推崇为类 VI 编辑器中最好的一个。现在的 Linux 发布版中均包含了 VIM，并且用它来替代原来的 VI。一般情况下，系统并不一定为用户安装了一个完整的 VIM。比如，在 Red Hat(以及后来的 Fedora Core)的发布版中，VIM 被拆成了四个包：vim-common(公用部分)、vim-minimal(最小安装)、vim-enhanced(除 X Window 支持外的完整安装)和 vim-X11(X Window 图形界面支持)。最小安装并不能完整展示 VIM 的优点，通常只是作为 VI 的替代品出现的，缺少很多重要的特性。因此，想要领略 VIM 的风采，就需要重新安装 VIM 的完整版。

VIM 的特性概括如下：

(1) 内部使用 UTF-8 编码，可以处理各种语言编码的文件。

(2) 不管是文本界面还是图形界面的 VIM，都支持鼠标。

(3) 模式行功能，支持在文件中记录代码风格设定。

(4) 除了有一个无名寄存器外，VIM 还有许多命名的寄存器。

(5) 支持单词的自动完成。

(6) 使用 tags 文件进行关键字跳转。

(7) 通过自带的快速修订窗口来支持 make 和 grep 的执行。

(8) 在处理定宽的文本方面具有特殊的支持能力。

4.2　图形文本编辑器 gedit

4.2.1　gedit 简介

gedit 是 Linux 系统下的一个图形化文本编辑器，几乎被所有的 Linux 发行版包含在内，相当于 Windows 下的记事本。它可以打开、编辑并保存纯文本文件，还可以从其他图形化桌面程序中剪切和粘贴文本，创建新的文本文件，以及打印文件。gedit 有一个清晰而又通俗易懂的界面，它使用活页标签，因此可以不必打开多个 gedit 窗口而同时打开多个文件。

通过点击“菜单—附件—文本编辑器”启动 gedit；还可以在 Shell 提示下键入“gedit”来启动 gedit，界面如图 4-3 所示。

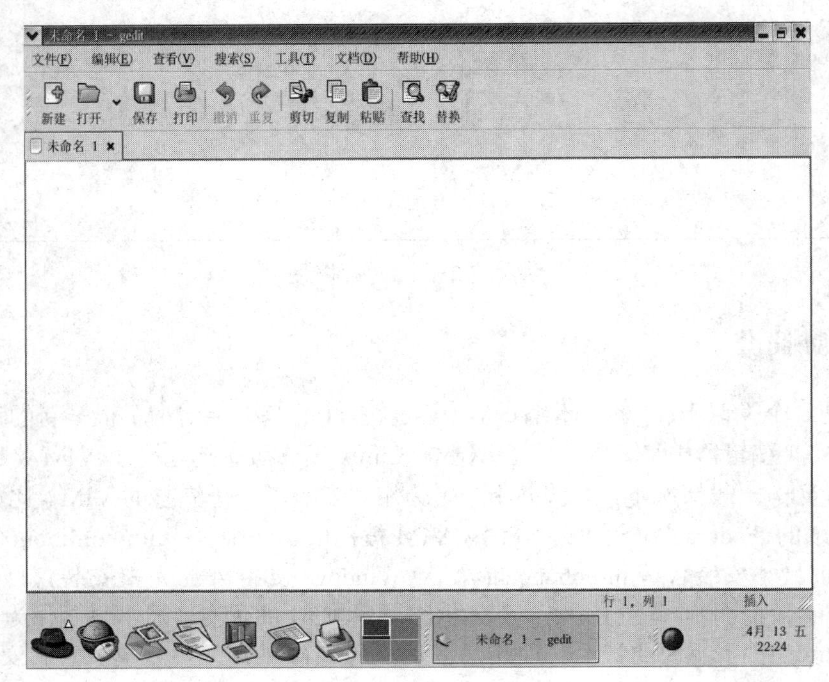

图 4-3 gedit 运行界面

4.2.2 gedit 基本操作

1. 窗口说明

菜单栏：包含在 gedit 中处理文件所需的所有命令。

工具栏：包含可以从菜单栏访问的命令的子集。

显示区域：该区域包含正在编辑的文件的文本。

输出窗口：显示 Shell 命令插件和比较文件插件返回的输出。

状态栏：显示关于当前 gedit 活动的信息和关于菜单项的上下文信息。

2. 快捷键

Ctrl + Z：撤销　　Ctrl + C：复制　　Ctrl + V：粘贴

Ctrl + T：缩进　　Ctrl + Q：退出　　Ctrl + S：保存

Ctrl + R：替换

3. 小技巧

(1) 打开多个文件：要从命令行打开多个文件，可键入命令[root@localhost root]#gedit file1.txt file2.txt file3.txt，然后按下回车键。

(2) 将命令输出输送到文件中：例如，要将 ls 命令的输出输送到一个文本文件中，可

键入[root@localhost root]#ls | gedit，然后按下回车键。此时，ls 命令的输出就会显示在 gedit 窗口的一个新文件中。

(3) 更改突出显示模式以适用文件编写：选择查看→突出显示模式→标记语言→HTML，即可以彩色模式查看 html 文件。

(4) 善用插件：

① 文档统计信息：计算当前文件中的行数、单词数、字符数及字节数。

② 缩进行：对选定的行进行缩进，或从选定的行删除缩进。

③ 插入日期/时间：在文件中插入当前日期和时间。

④ Shell：命令在输出窗口中显示 Shell 命令的文本输出。

⑤ 排序：对选定的文本进行排序。

4.3　课后习题与实验

4.3.1　课后习题

1. 简述 VI 的三种工作模式。
2. 如何根据实际情况退出 VI？
3. 在 VI 编辑器下，光标移动的方式有哪些？
4. 在 VI 中复制一行文字并粘贴的命令是____________________。
5. 进入 VI 后，希望光标停留在第 5 行，命令是____________________。
6. 需要将所有的字符串 s1 替换成 s2，命令是______________________。
7. 将文件中的某一行恢复成编辑前的状态，命令是______________________。
8. 将当前目录下文件的详细信息输出至 gedit 进行编辑，在终端下输入的命令为______________________________。

4.3.2　实验：用 VI 进行文本编辑

1. 实验目的

学习 VI 的常用命令。

2. 实验内容

用 VI 完成对文本文件的编辑与修改。

3. 实验步骤

(1) 打开 VI，新建名为 linux 的文本文件。

(2) 输入以下文本(Linus 于 1991 年在 comp.os.minix 新闻组发表的消息)。

```
Hello everybody out there using minix-
I'm doing a (free) operating system(just a bobby, won't be big and professional like gnu)for 386(486) AT
clones. This has been brewing since april, and is starting to get ready.
```

```
I'd like any feedback on things people like/dislike in minix.
as my OS resembles it somewhat(same physical layout of the file-system(due to practical reasons) among other things)
I've currently ported bash(1.08) and gcc(1.40), and things seem to work. This implies that I'll get something practical within a few months, and I'd like to know what features most people would want.
Any suggestions are welcome, but I won't promise I'll implement them :-)
Linus (torvalds@kruuna.helsinki.fi)
PS. Yes - it's free of any minix code, and it has multithreaded fs.
It is NOT portable (use 386 task switching etc)
and it probably never will support anything other than AT-hard disk,
as that's all I have :-)
```

(3) 从如上内容的基础上总结 VI 的启动、存盘、文本输入、现有文件的打开、光标移动、复制/剪切、查找/替换等命令。

4. 完成实验报告

5. 思考题

(1) 尝试编写一个合适的 VI 环境配置文件。

(2) 写出下述操作的 VI 指令：

同时打开两个文件 file1 和 file2，水平分割放置；在 file1 文件中查找包含 test 字符的行；复制有 test 字符的一行到 file2 的末尾。

第 5 章　Linux 桌面环境

◇【本章学习目标】

本章主要介绍与 Windows、OS/2 系统上的窗口环境相类似的 Linux 和 UNIX 系统使用的图形窗口系统 X Window，以及基于 X Window 的桌面环境 GNOME 与 KDE。通过对本章的学习，读者应该掌握以下主要内容：

⊙ X Window 系统与其配置；
⊙ 桌面环境和窗口管理器；
⊙ GNOME 环境的使用；
⊙ KDE 环境的使用。

5.1　X Window 系统介绍

5.5.1　X Window 系统概述

X Window 使用户能够更方便地使用 Linux。现在，操作系统的易用性越来越受到重视，没有人愿意选择一个不方便的图形界面系统。如果说 UNIX 很长时间都是纯粹的字符界面，操作起来需要复杂的命令，这是因为当时人们别无选择，并且 UNIX 其他方面的优点也掩盖了这个缺点。因此，当 Microsoft 公司推出了低端服务器 Windows NT，就以其方便应用以及出色的网络性能获得了广泛的支持，占领了大部分网络操作系统市场。Windows 系列操作系统的出色之处就在于完美的图形操作界面。

随着 Linux 的发展，它也有了自已的图形界面，这就是 XFree86，其标识如图 5-1 所示。XFree86 的前身是麻省理工学院(MIT)推出的应用于 UNIX 的图形用户界面 X11，这是个强大而且可扩展的系统。XFree86 是移植到 Linux 系统上的 X11 系统，它与其他的图形界面不同，它的图形界面能够在异型机网络上运行图形应用程序，而其他图形界面的操作系统却不行。它还是一个功能强大的服务器 / 客户端系统，可在网络上运行和共享程序。

图 5-1　Xfree86 标识

Linux 是后起之秀，所以支持 X Window 的应用程序远不如支持 Windows 的多，这也是 X Window 尚不如 Windows 流行的原因之一。当然，随着 Linux 的发展，支持 X Window 的应用程序也将越来越多。

5.1.2　与 Windows 系统的比较

从上面对 X Window 系统的介绍可以看到，X Window 与 Microsoft Windows 非常相似，

但实际上两者有本质的区别。

Microsoft Windows 是完整的操作系统，具有从内核到 Shell 再到窗口环境的一切，而 X Window 只是操作系统的一个窗口环境，属于应用程序。这就决定了 X Window 与 Microsoft Windows 之间存在本质的差别。

当然，作为桌面应用，X Window 与 Microsoft Windows 还是存在很多相似之处的：两者都提供图形界面，都可以处理多个窗口；它们都允许用户通过键盘和简单字符以外的方式完成信息交互；用户可以利用键盘和鼠标，建立级联菜单、窗体、窗口和对话框的界面；在屏幕的底部是个任务栏，列有当前已运行的程序的图标；可以使用一系列快捷键进行操作，例如，使用 Alt+Tab 键进行窗口切换，使用 Alt + F4 键关闭当前窗口等。

5.1.3 桌面环境介绍

1. GNOME

GNOME 是 The GNU Network Object Model Environment 的缩写，意思是 GNU 网络对象模型环境，其标识如图 5-2 所示。1997 年 8 月，GNU GNOME 计划正式启动，之后经过大约一年的发展，在整个世界范围内估计有两百名程序员参与了这个计划的开发工作。最初召集开发者的通告通过多个讨论组规划了 GNOME 计划。GNOME 计划的目标是完全基于自由软件，构造一个功能完善、操作简单以及界面友好的桌面环境，而不必面对毫无生气的文本环境。GNOME 是 GNU 计划的一部分，同时也是 Open Source(开放源码)运动一个重要的组成部分，GNOME 以 GTK+ 作为 GUI 图形开发工具包开发了许多小工具和大量的应用软件，GNOME 努力以真正自由的 GTK 作底层去实现与 KDE 相同的功能，并努力超越 KDE。

图 5-2 GNOME 标识

严格来说，GNOME 不仅仅是一个简单的窗口管理器，它为用户提供了一个功能强大、界面友好的桌面操作环境，GNOME 包括一个面板、桌面以及一系列标准的桌面工具和很多功能强大的应用软件，这些应用软件包括：文件管理器 GMC、能和 PhotoShop 相媲美的 GNU 图像处理软件 GIMP、电子表格处理软件 Gnumeric、字处理软件 AbiWord 和电子表格软件 Gnumeric 等。现在开放源码的 StarOffice 办公套装已经融入 GNOME 中，成为其办公软件套装的核心部分。此外，GNOME 也提供传统的应用软件，像邮件阅读器、MP3 播放器以及简单的编辑器等。这些应用软件大大提高了 Linux 系统的可操作性，并且 GNOME 支持鼠标拖放机制，以最大限度实现与其他应用程序的交互性操作。

虽然 GNOME 是一个独立运行的桌面环境，并不需要其他窗口管理器来控制应用程序以及其他交互式操作，但 GNOME 可以和其他窗口管理器协作使用，使用户感觉到这些窗口管理器能更好地融入桌面，发挥它们最大的功能。GNOME 默认的窗口管理器是 Enlightenment。由于 GNOME + Enlightenment 将占用很大的资源，而且 GNOME 和 Enlightenment 之间有很多相同的功能，因此最近推出的 GNOME 默认窗口管理器是 Sawfish(也就是以前的 Sawmill)。

2. KDE

1996 年 10 月，LyX(所见即所得的 LaTeX 文字处理器)的开发者 Matthias Ettrich 发起

KDE 计划，KDE 计划包括定义标准的拖放机制、统一的应用程序框架结构等，现在分布于全世界的软件工程师通过网络合作编写和维护 KDE。

KDE 是新一代透明的网络桌面环境，其标识如图 5-3 所示。它的目标是为 UNIX 工作站提供一个类似于 Mac OS 或者 Windows 9x/NT 的简单、易用的操作环境，它由一个窗口管理器、文件管理器、面板、控制中心以及其他软件组成，它已经发展成为一个成熟的桌面操作环境。KDE 拥有大量的为 UNIX 工作站开发的应用软件，KFM(类似于 IE4.0 的浏览器)、办公套件 KOffice 包括 KPresenter(类似 PowerPoint)、KIllustrator(类似 CorelDraw 或 Illustrator)、KOrganizer(PIM 软件)等重量级软件，还有我们平时常用的应用软件，以及与 Windows 的“控制面板”类似的系统管理工具。更体贴用户的是，他们还推出了大量 GUI 设定软件来帮助用户设置 UNIX/Linux 上的服务器(如 Samba、电源管理等)。

图 5-3　KDE 标识

KDE 2.0 是 KDE 下一代功能强大、模块化的桌面环境。KDE 小组几乎重新设计了 KDE 2.0 的代码，使得 KDE 2.0 更加直观、强大以及友好，它使 Linux 用户享受到标准兼容性和大量新技术带来的快乐，如全功能的网络浏览器和网络管理器 Konqueror，综合的办公套件 Koffice。同时，KDE 2.0 也增强了可用性，如 KDE 扩展的桌面主题功能、配置功能以及新的 KDE 帮助中心。KDE 2.0 同样也为开发者提供了功能强大的新工具——来自 KPart 的 KDE 组件对象技术，来自 KIO 用于开发自由或者专有软件的 KDE 透明网络 I/O(输入/输出)体系结构。KOpernicus 包括核心 KDE 库文件、核心桌面环境、最初发布的 KOffice 套装以及其他标准 KDE 软件包附带的 100 多个应用软件。

3. Xfce

Xfce 是一个运行在各类 UNIX 下的轻量级桌面环境，它类似于商业图形环境 CDE，其标识如图 5-4 所示，它的作者是 Olivier Fourdan。多年以前，Olivier Fourdan 试图寻找一个快速、友好、高效的 Linux 桌面，于是 Xfce 就这样诞生了。Xfce 最先是基于 XForms 三维图形库的，随后又开发了一些后续版本。如今，Olivier Fourdan 将其工作转移到 GNOME 的核心工具 GTK+ 上。

图 5-4　Xfce 标识

Xfce 最主要的特色是容易配置，整个过程都可以使用鼠标来完成，而不需要修改配置文件的代码。最新版本的 Xfce 还支持鼠标拖放、系统任务管理、多字节在内的多国语言以及其他特征。

Xfce 桌面环境包括一个叫 XFwm 的窗口管理器、主面板、文件管理器、背景管理器、声音管理器以及 GNOME 兼容模块等。Xfce 的窗口管理器(XFwm)、页面管理器(XFpager)、文件管理器(XFtree)和 GNOME 模块一样基于早期程序员的工作，其他人贡献了一些补丁程序。

5.1.4 窗口管理器介绍

1. Enlightenment

Enlightenment 是一个功能强大的窗口管理器，其标识如图 5-5 所示，它的目标是使用户轻而易举地配置所见即所得的桌面图形界面。现在，Enlightenment的界面已经相当豪华，它拥有像 AfterStep 一样的可视化时钟以及其他浮华的界面效果，用户可以任意选择边框和动感的声音效果，还有最有吸引力的是由于它开放的设计思想，每一个用户可以根据自己的爱好，任意地配置窗口的边框、菜单以及屏幕上其他各个部分，而不需要接触源代码，也不需要编译任何程序。

图 5-5 Enlightenment 标识

Enlightenment的目标是成为桌面外壳(Desktop Shell)，这意味着用Enlightenment可以轻松地管理用户的应用软件窗口、启动应用软件以及文件。但是目前 Enlightenment 的功能还不是很完善，还有很多的功能要增加，因此，现在运行的应用软件还很原始，许多东西还要自己手工配置。随着Enlightenment功能的进一步完善，Enlightenment将自动检测和配置应用软件，以及启动它们，同时它提供了GUI界面使用户能够方便地编辑应用软件菜单。

虽然 Enlightenment 现在已经支持鼠标对文件图标的拖拉操作，但它的文件管理器功能还不是很强大，它的目标是提供Amiga/Mac OS那样功能强大的文件管理器。用户可以根据自己的爱好定制界面，改进的拖放机制，使用户在拖拉一个文件到另一个地方时，可以执行其他任何命令。

Enlightenment提供了一个功能强大的图形环境，加入的applet(小应用软件)API(应用程序接口)提供了类似 GNOME applet 和 Afterstep/WindowMaker Dock 应用软件的功能，能够和GNOME无缝隙地结合。如果用过早期的GNOME，就会发现Enlightenment是GNOME默认的窗口管理器，事实上Enlightenment只有和GNOME一起使用才能完全发挥它的功能。

2. Window Maker

Window Maker是一个计划为GNUStep应用软件提供额外综合支持的X11窗口管理器，其标识如图5-6所示，它尽力模拟一流的NeXTSTEP图形用户界面。相对于NeXTSTEP图形用户界面，Window Maker运行速度更快，拥有更多的功能，更易于配置和使用。

图 5-6 Window Marker 标识

或许很多人看到 Window Maker 的图片时，认为它和AfterStep很相似，不过当使用过Window Maker之后，会发现它确实是一个非常优秀的窗口管理器。它除了提供常见的与窗口管理器类似的功能之外，还拥有很多有特色的功能，如支持 XPM、PNG、JPEG、TIFF、GIF 以及 PPM 图标；支持多国语言；最有特色的是用户可以在不重新启动 X Window 的情况下，修改 Window Maker的菜单、界面颜色以及字体。

3. AfterStep

AfterStep是一个基于NEXT操作系统的NeXTSTEP而开发的窗口管理器，其标识如图 5-7 所示。AfterStep 最初起源于由 BoYang 所创的BowMan窗口管理器，AfterStep开发者们由最初简单的模仿到力图改进、完善它的功能，决定改变 BowMan 的名称，于是AfterStep计划诞生了。AfterStep的界面和NeXTSTEP有很多相似之

图 5-7 AfterStep 标识

处，但是值得注意的是，AfterStep 为了满足不同用户的需要做了大量的改进，NeXTSTEP 的界面没有给人一种非常舒适的感觉，所以 AfterStep 吸取了 NeXTSTEP 界面的优点，增加了很多有用的特征。

如果说 KDE 和 GNOME 的操作界面和 Win9x 有很多相似的话，那么 AfterStep 给用户一种全新的感觉。刚接触 AfterStep 的时候，用户可能会问怎么 AfterStep 没有像 Win9x 那样的开始菜单，其实，只要在桌面点击鼠标左键(也可以设置成右键)就会弹出菜单条。当最小化窗口时，AfterStep 会产生令用户感觉充满活力的动画效果；而且由于 AfterStep 的开放性，用户可以根据个人爱好通过修改配置文件任意定制菜单条。虽然它的功能不是很强大，但是它的设计风格非常有特色，而且窗口也相当漂亮，像 Win98 一样可以更换 AfterStep 的桌面主题，这样会使 AfterStep 绚烂多彩。如果用户的计算机内存不是很大，而且又对浮华的图形界面以及生动的音效情有独钟，那么 AfterStep 是很好的选择。

4. FVWM

FVWM(Fill_in_the_blank_with_whatever_f_word_you_like_at_the_time Virtual Window Manager)是一个仅仅拥有最基本框架的窗口管理器，它是罗伯特·纳辛在最早的 twm 窗口管理器的基础上开发的，其标识如图 5-8 所示。FVWM 像其他所有窗口管理器一样，当用户在桌面上点击鼠标时，将会弹出一个类似于 Windows 中开始菜单一样的菜单条，让用户选择想启动的程序，当然也可以通过一个叫 GoodStuff 的可定制控制条启动相应程序。

图 5-8　FVWM 标识

FVWM 主要针对内存比较少的计算机用户，它提供了三维外观(类似于 Motif 的 mwm)、一个简单的虚拟桌面。虽然它没有提供像其他最新窗口管理器那样华丽的界面和强大的功能，但是对于那些性能比较差的计算机来说，FVWM 是一个理想的选择。

5. FVWM95

FVWM95 以及 FVWM2 都是 FVWM 的升级版本，FVWM95 是在 FVWM2 的基础之上开发的，它们都拥有和微软 Windows 类似的开始菜单，因此，很多人对 FVMW95 以及 FVWM2 这样的设计思想不屑一顾，当他们谈到 FVMW95 以及 FVWM2 这一特色时通常会说："要是想让我们的计算机拥有一个类似 Win9x 的界面，那还不如继续使用微软的 Win9x，何必安装 Linux 呢？"然而，对于那些刚从微软的 Windows 操作系统转向 Linux 的新用户来说，FVMW95 以及 FVWM2 将提供用户非常熟悉的界面。FVMW95 是 Red Hat Linux 4.x 和 5.x 默认的窗口管理器，其标识如图 5-9 所示。用户可以通过修改 FVMW95 的配置文件来改变 FVMW95 开始菜单的内容，但是遗憾的是 FVMW95 不支持 Windows 用户所熟悉的拖放功能。

图 5-9　FVMW95 标识

6. IceWM

IceWM(ICE Window Manager)是一个建立在全新构架之上的窗口管理器，其标识如图 5-10 所示，它没有利用其他任何窗口管理器的代码。IceWM 的目标是为 X11 窗口系统提供

图 5-10　IceWM 标识

一个小巧、快速以及熟悉的窗口管理器。同时能够兼容 mwm 窗口管理器的大多数应用程序，模拟 Motif、OS/2 Warp 4、OS/2 Warp 3 和 Win 95 界面以及加入更多实用的功能，使 Linux 初级用户能够很快地熟悉 Linux 操作系统。当然，IceWM 的最终目标并不是尽力模拟 FVWM 以及其他窗口管理器。

IceWM 提供了很多默认的桌面主题，包括开放软件基金会的图形接口(OpenMotif)、GTK、OS/2 Warp (3 和 4)以及 Windows(95 和 3.1)外观界面，而且它对桌面主题的支持相当灵活，用户可以通过安装相应的桌面主题适当地模仿 Mac、RiscOS、Enlightenment、AfterStep 以及 Window Maker 窗口管理器的界面。IceWM 为用户提供了最大限度的可配置性，包括任务栏小程序、高级电源管理(APM)、CPU、网络以及邮件状态消息和时钟。另外，IceWM 还提供了两个图形界面的配置工具 IcePref 和 IceWMConf。

5.1.5 桌面环境与窗口管理器

严格来说，窗口管理器和桌面环境是有区别的。

窗口管理器(Window Manager)，如 Enlightenment、FVWM 等，是一个可以控制 X Window 环境中窗口属性的软件。简单地说，窗口管理器管理窗口的外观形式、桌面菜单、图标、虚拟桌面以及按钮样式等一切显示在屏幕上的样式。

桌面环境(Desktop Environments)，如 GNOME、KDE、XFce 等，是指桌面图形环境，它的主要目标是为 Linux/UNIX 操作系统提供一个更加完善的界面以及大量各类整合工具和应用程序，其简单易用性吸引着大量的新用户。窗口管理器仅是桌面环境下的一个重要的组件，一个桌面环境可以去调用系统内的多个不同的窗口管理器。

5.2 GNOME 桌面环境

5.2.1 GNOME 面板

GNOME 面板(Panel)是 GNOME 操作界面的核心。用户可以通过它启动应用软件、运行程序和访问桌面区域。用户可以把 GNOME 的面板看成是一个可以在桌面上使用的工具。

GNOME 面板上的内容可以很丰富，一般包括主菜单、程序启动器、工作区切换器、窗口列表、通知区域、插件小程序等，如图 5-11 所示。

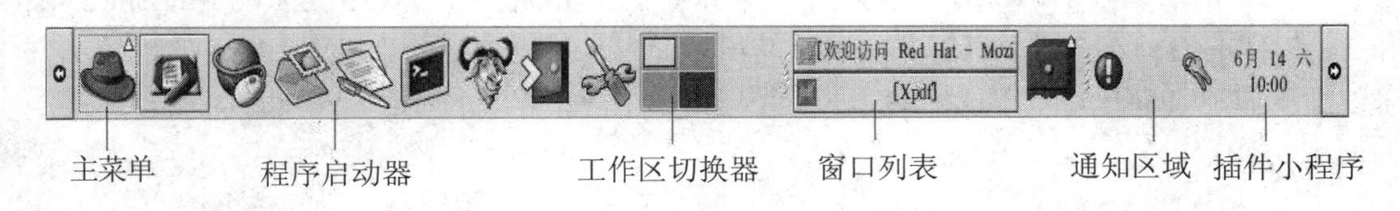

图 5-11 GNOME 面板

1. 主菜单

主菜单是系统中所有应用程序的起点。

2. 程序启动器

程序启动器是 Linux 应用程序的启动链接，如同 Windows 中的快捷方式。

3. 工作区切换器

工作区切换器把每个工作区(或桌面)都显示为一个小方块，然后在上面显示运行着的应用程序。

4. 窗口列表

窗口列表里显示任意虚拟桌面上运行的应用程序名称的小程序。

5. 通知区域

Red Hat 网络更新通知工具是通知区域的一部分。它提供了一种简捷的系统更新方式，确保系统时刻使用 Red Hat 的最新勘误和错误修正来更新。

6. 插件小程序

插件小程序(Applets)是完成特定任务的小程序。GNOME 中有很多十分有用并且非常有趣的插件小程序，如电子邮件检查器、时钟日历、CPU 和内存负荷情况查看器等。

5.2.2 GNOME 桌面

1. 初始桌面

初始桌面包括主目录(/home/[user name])文件夹、“从这里开始”和“回收站”，如图 5-12 所示。

图 5-12 GNOME 桌面

主目录文件夹是用户默认文件目录，打开它可以进行文件操作；“从这里开始”中包含绝大部分的程序启动器以及系统设置首选项，用户可以运行相应程序或者对系统进行相应设置；“回收站”和 Windows 下的回收站很相似，是删除文件的临时存放处，可以通过单击鼠标右键，选择“清空回收站”命令删除回收站中的文件，也可以还原其中的文件，只要将回收站中的文件移回到原来的目录就可以。

2. 拖放操作

1) 程序启动器的拖放

程序启动器是用户面对最多的项目，它可以通过主菜单直接拖放到桌面上，也可以通过面板直接拖放。拖放的方法是：按住鼠标左键不放，移动鼠标到桌面，放开鼠标左键，就可以将相应的程序启动器拖放到桌面。

2) 文件的拖放

在大多数情况下，用户通常只是想在桌面上另外创建一个访问文件或者文件夹的途径，并不需要把它从原来的目录移出来。这通过创建链接的方法来实现。创建链接可以有以下两种方法。

方法 1：在文件管理器中选中该项目，单击鼠标右键，选择“创建链接”命令，则在文件管理器的窗口中出现一个图标，名字是“到…的链接”，并且带有一个小箭头符号。只要将该图标拖放到移动桌面，就可以建立到该项目的链接。

方法 2：选中该项目，按住鼠标中键(三键鼠标的滚轮键)，拖动到桌面，当放开鼠标中键时，会弹出“移动到此处”、“复制到此处”、“在此处创建链接”等命令，选择“在此处创建链接”命令，就可以在桌面创建该项目的链接。

3. 桌面菜单

在桌面空白处右击鼠标，会弹出桌面菜单，菜单中包括以下命令：

新建窗口：新建窗口打开的目录在 /home/[user name]。

新建文件夹：在桌面上出现新文件夹，实际建在.gnome-desktop 目录下。

新建启动器：可以将新的应用程序启动器放在桌面上。选择该命令时将打开“程序启动器”对话框，可以指定应用程序及其属性。

新建终端：启动新的 GNOME 终端窗口，自动来到 /home/[user name]目录下。

脚本|打开脚本文件夹：运行当前的脚本文件。

按名称清理：自动排列桌面上的图标。

剪切文件|复制文件|粘贴文件：都是对 .gnome-desktop 目录下的文件进行操作。

磁盘 | 软驱：挂载或者卸载软驱。

磁盘 | 光驱：挂载或者卸载光驱。

使用默认背景：恢复到 GNOME 默认的背景。

改变桌面背景：弹出“背景首选项”对话框，可以进行桌面背景设置。

5.3 KDE 桌面环境

5.3.1 KDE 面板

KDE 的面板由主菜单按钮、程序启动器、桌面选择器、任务条、通知区域、小程序等组成。图 5-13 所示为 KDE 面板，其内容可分为小程序、应用程序按钮、特殊程序按钮和扩展四大类。用户可以对这四类元素进行自由组合。

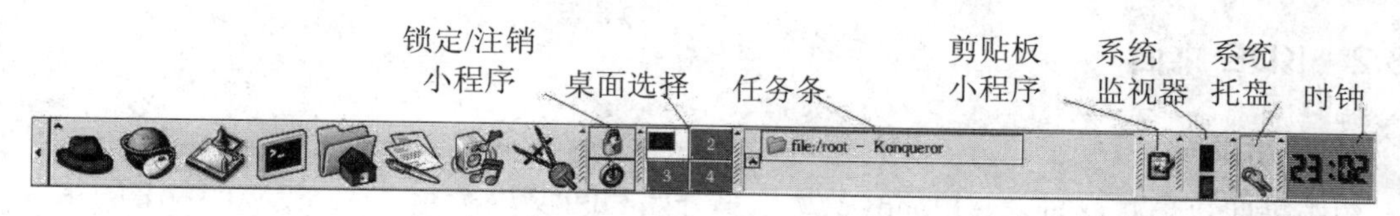

图 5-13 KDE 面板

KDE 控制面板如图 5-14 所示。以下是 KDE 面板控制模块的设置：

(1) KDE 面板设置控制模块。

KDE 面板设置控制模块是对 KDE 面板进行管理、设置的主要工具。

(2) 改变 KDE 面板的布局和大小。

KDE 面板也和 GNOME 一样，可以放在屏幕的任何位置。KDE 面板的大小设置包括长度和高度的设置。长度可以是整个屏幕的任意百分比，高度有极小、小、正常、大和自定义五种，其中自定义可以将面板按像素来设置大小。面板大小改变后，面板上的图标也相应改变大小。

(3) 隐藏 KDE 面板及添加隐藏按钮。

KDE 面板的隐藏设置在 KDE 面板控制模块的“隐藏”选项卡中。选择“自动隐藏”单选按钮，并设置自动隐藏的时间，这样 KDE 面板就在该设置的时间后自动隐藏。选中“显示左边的隐藏按钮”复选框，则在面板的左面出现隐藏按钮小箭头，右边隐藏按钮的显示设置也一样。当然，可以将左、右两边的隐藏按钮都显示出来。

(4) 淡化小程序面板把手。

用户可能觉得面板上的各个小把手看起来很不舒服，这里介绍怎样淡化这些小把手。打开“改变符号”对话框，单击“高级选项”按钮，出现“高级选项”对话框。选中“淡化小程序面板把手”复选框，单击“确定”按钮。这样在更新后的面板上就看不到原来的小把手了。

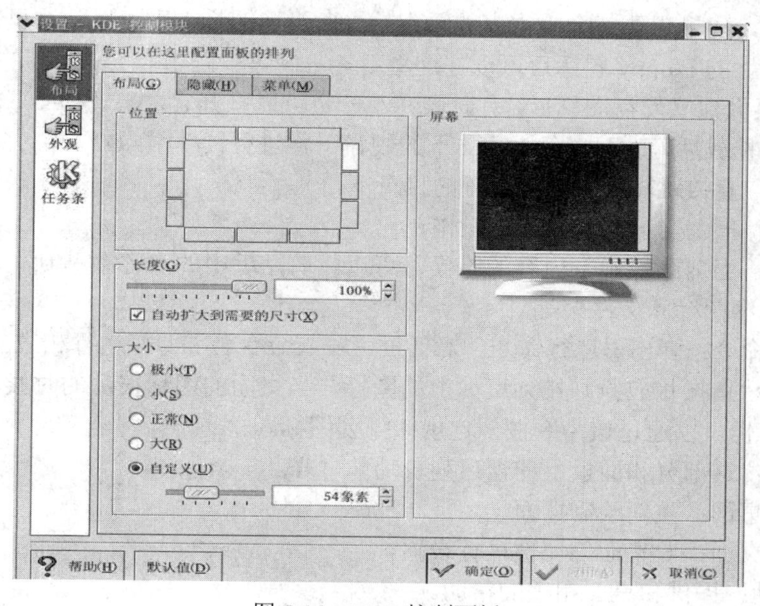

图 5-14 KDE 控制面板

5.3.2 KDE 桌面

1. 初始桌面

初始桌面包括起点目录、Floppy、从这里开始和回收站。

2. 拖放操作

显然，仅仅一个初始桌面很难满足快捷、方便的要求，用户希望能建立更多的程序快捷图标，下面我们来建立一个丰富的桌面。

丰富桌面的主要手段还是针对桌面的拖放操作。拖放操作的来源分为菜单、面板和文件夹。三者的操作方法是一样的，都是先找到该程序图标，再拖放到桌面上。和 GNOME 不同的是，GNOME 的拖放默认是移动操作，要是想把该程序图标的复制或者链接拖放到桌面上来，还要先建立复制或链接，再拖放到桌面。KDE 的桌面拖放就简单得多，在拖放中放下鼠标左键时，会弹出一个确认菜单。选择“复制到当前位置”命令，则将该程序图标复制到桌面；选择“移动到当前位置”命令，则将该程序图标从原来的地方，可能是菜单、面板或者文件夹移动到桌面；选择“链接到当前位置”命令，则在桌面上建立一个该程序的链接图标，针对桌面的拖放，一般都是为了建立该程序的链接图标；选择“取消”命令，则取消当前的拖放操作。

3. 桌面菜单

桌面菜单具体介绍如下：

(1) 新建：在“新建”子菜单中可以选择新建目录、html 文件、文本文件、CD/DVD-ROM 设备、软驱设备、硬盘、应用程序链接和到 URL 的链接。建目录和文件的方法与在 GNOME 下的一样，不再介绍。

CD/DVD-ROM 设备一般在放入光盘的同时会出现在桌面上，当卸载光驱后该图标又从桌面上消失，如果想要一个平常也能看到的光驱设备图标，则可以从这里新建；软驱设备在删除桌面上的 Floppy 图标后可以在这里新建；硬盘一般指非 Linux 下的硬盘，例如，在 Windows 桌面建立硬盘图标后，有时候并不一定可以打开它，Windows 下的硬盘也需要先挂载，自动挂载后，才可以像 Linux 下的硬盘一样进行读/写操作。

(2) 书签：直接跳转到书签所设置的目录下。

(3) 撤销：撤销前一次对桌面的操作。

(4) 粘贴：当剪贴板中有内容的时候，可以将剪贴板中的内容粘贴到桌面。其内容可以是文件、程序图标和文件夹等。

(5) 运行命令：弹出“运行命令”对话框，输入命令名称即可运行相应的 Linux 命令。

(6) 图标：指按相应原则排列桌面上的图标。当桌面的图标很乱的时候，用户可以手动排列图标，也可以通过该命令按一定规律排列图标。

(7) 窗口：这部分和面板上的窗口列表功能一样。

(8) 刷新桌面：重新绘制桌面。

(9) 配置桌面：对桌面的属性进行设置。

(10) 帮助：提供和桌面相关的帮助。

(11) 锁住屏幕|注销：同 GNOME 中的该部分相同。

5.4 桌面切换

5.4.1 在 X Window 下切换桌面

X Window 下，可以在登录界面实现从 GNOME 切换到 KDE 桌面。在登录界面的下方，单击“会话—KDE 单选按钮—确定”按钮，再重新登录，就可以进入 KDE 了。在登录的过程中，可能会出现“默认设置改变”对话框，询问“你已为该会话选择了 KDE，但是默认的设置为 GNOME，是否希望成为以后会话的默认设置”。如果单击“是”按钮，则以后登录的默认桌面环境都是 KDE；如果单击“否”按钮，则下次登录的桌面环境还是切换前的桌面环境。

当然，从 KDE 切换回 GNOME 或其他桌面环境都可以用上述方法。

5.4.2 在字符模式下进入桌面

若系统登录后在命令行模式下，这时可以通过/usr/X11R6/bin/startx 的脚本来启动 X Window 系统，如下：

[root@localhost root]#startx

5.5 课后习题与实验

5.5.1 课后习题

1. X Window 系统与 Windows 系统有哪些区别？
2. 桌面环境与窗口管理器有什么样的关系？
3. GNOME 桌面环境由哪几部分组成？
4. 如何进入和退出 GNOME 桌面环境？
5. KDE 桌面环境由哪几部分组成？
6. 如何进入和退出 KDE 桌面环境？

5.5.2 实验：图形界面操作

1. 实验目的

掌握 Linux 图形界面的使用。

2. 实验内容

使用 GNOME 或 KDE 桌面系统。

3. 实验步骤

(1) 使用超级用户或普通用户进行登录。

(2) 采用注销来切换用户登录，若需要保存桌面设置及运行的程序，则需要选中“保存当前设置”复选框。

(3) 改变桌面背景。

(4) 设置显卡，按硬件设置显卡的类型、分辨率等。

(5) 设置日期与时间。

(6) 添加面板，修改面板属性，并向其中增加对象。

(7) 在开始菜单中，选择不同的应用程序执行，了解 Linux 下桌面应用程序的功能。

(8) 在虚拟桌面间切换，并开启不同的应用程序。

(9) 查找文件或文件夹。

(10) 在 GNOME 与 KDE 间进行切换。

4. 完成实验报告

5. 思考题

(1) 概括说明 X Window 系统与 Microsoft Windows 之间的区别。

(2) 概括说明桌面系统与窗口管理器之间的关系。

(3) 目录下的隐藏文件，在 GNOME 中怎么看？在 KDE 中呢？

(4) 尝试安装上述介绍的其他桌面系统或窗口管理器，了解其特性(可通过 Google 引擎查找所选软件的 RPM 包来进行安装)。

系 统 篇

第6章　用户管理

◇【本章学习目标】

Linux 是一个多用户的操作系统，维护用户和用户组成了系统管理中不可或缺的重要部分。通过本章的学习，读者应该掌握以下内容：

⊙ 对于 Linux 下用户的管理；
⊙ 对于 Linux 下用户组的管理；
⊙ 磁盘配额的设置。

6.1　用户的管理

6.1.1　Linux 下的用户

Linux 是一个多用户、多任务的操作系统。举个例子，比如某服务器上面有 FTP 用户、系统管理员、Web 用户、常规普通用户等，在同一时刻，可能有的用户正在访问论坛，有的在上传软件包管理子站，与此同时，可能还会有系统管理员在维护系统；浏览主页的用的是 nobody 用户，大家都用同一个，而上传软件包用的是 FTP 用户；管理员对系统的维护或查看，可能用的是普通账号或超级权限 root 账号；不同用户所具有的权限也不同，要完成不同的任务得需要不同的用户，也可以说不同的用户，可能完成的工作也不一样。

值得注意的是，多用户、多任务并不是大家同时挤到一台机器的键盘和显示器前来操作机器，多用户可能通过远程登录来进行，比如对服务器的远程控制，只要有用户权限任何人都是可以上去操作或访问的。

用户在系统中是分角色的，在 Linux 系统中，根据角色的不同，权限和所完成的任务也不同。值得注意的是，用户的角色是通过用户 ID(UID)组 ID(GID)识别的，特别是 UID。在系统管理中，系统管理员一定要坚守 UID 唯一的特性。

root 用户：该用户是系统唯一的，是真实的，可以登录系统，且可以操作系统的任何文件和命令，拥有最高权限。

虚拟用户：这类用户也被称之为伪用户或假用户，与真实用户区分开来，这类用户不具有登录系统的能力，但却是系统运行不可缺少的用户，比如 bin、daemon、adm、ftp、mail 等；这类用户都是系统自身拥有的，而非后来添加的，当然我们也可以添加虚拟用户。

普通用户：这类用户能登录系统，但只能操作主目录的内容，权限有限；这类用户都是系统管理员自行添加的。

6.1.2 账号系统文件

Linux 系统采用了纯文本文件来保存账号的各种信息，其中最重要的文件有：用户账号文件 /etc/passwd、用户口令文件/etc/shadow 等。因此账号的管理实际上就是对这几个文件进行编辑。我们可以使用 VI 或其他编辑器来更改它们，也可以使用专用的命令来更改它们。不管以哪种形式管理账号，了解这几个文件的内容都是十分必要的，在缺省情况下，只有超级用户才有管理的权限。

1. /etc/passwd

passwd 是一个文本文件，用于定义系统的用户账户，该文件位于“/etc”目录下。它包含有一个系统账户列表，给出每个账户的信息，例如：用户 ID、组 ID、主目录、Shell 等。由于所有用户都对 passwd 有读权限，所以该文件中只定义了用户账号，而没有保存口令。

passwd 文件中每行定义一个用户账户，一行中又划分为多个字段定义用户账号的不同属性，各字段用“：”隔开，如图 6-1 所示。图 6-1 显示出了文件中各用户的每一个字段，各字段的说明如表 6-1 所示。

```
root:x:0:0:root:/root:/bin/bash
bin:x:1:1:bin:/bin:/sbin/nologin
daemon:x:2:2:daemon:/sbin:/sbin/nologin
adm:x:3:4:adm:/var/adm:/sbin/nologin
⋮
gdm:x:42:42::/var/gdm:/sbin/nologin
postgres:x:26:26:PostgreSQL Server:/var/lib/pgsql:/bin/bash
desktop:x:80:80:desktop:/var/lib/menu/kde:/sbin/nologin
nick:x:500:500:Nick:/home/nick:/bin/bash
juju:x:501:501:Juju:/home/juju:/bin/bash
```

图 6-1 passwd 文件内容

表 6-1 passwd 文件各字段的说明

字段	说 明
账号名	使用者在系统中的名字，不能包含大写字母
口令	用户口令，现在出于安全考虑，不使用该字段保存口令，而是用“*”来填充该字段，真正的密码保存在 shadow 文件中
UID	用户 ID，唯一表示某用户的数字
GID	用户所属的组 ID，该数字对应于 group 文件中的 GID
个人资料	这个字段是可选的，通常保存用户的个人资料，可记录完整姓名、地址、电话、用户的职能等信息
主目录	用户的主目录，用户成功登录后的默认目录
Shell	用户所使用的 Shell，如果该字段为空，则使用“/bin/sh”

2. /etc/shadow

为保证Linux文件系统的安全，把口令保存到只有超级用户才能读取的/etc/shadow文件中，其中包括了所有用户和口令的信息。

与passwd文件一样，在shadow文件中，每一行定义了一个用户信息，行中各字段用“：”隔开。为进一步提高安全性，shadow文件中保存的是已加密的口令，如图6-2所示。

```
root:$1$U6RPxrgy$Ozt1y3lbeUD7K4KCPU9T6.:13618:0:99999:7:::
bin:*:13618:0:99999:7:::
daemon:*:13618:0:99999:7:::
adm:*:13618:0:99999:7:::
⋮
gdm:!!:13618:0:99999:7:::
postgres:!!:13618:0:99999:7:::
desktop:!!:13618:0:99999:7:::
nick:$1$QgN4bMk8$C9aYUGHcBBtMA87n9Z0uw/:13618:0:99999:7:::
juju:$1$gwcVNQsj$pp77oiJQShiRv/067fAdn1:13626:0:99999:7:::
```

图6-2 shadow文件内容

从图6-2中可以看出，shadow文件中的每个记录用“：”隔开了9个域，每个域的含义分别是：

(1) 登录名；

(2) 加密口令；

(3) 口令上次更改距1970年1月1日的天数；

(4) 口令更改后不可以更改的天数；

(5) 口令更改后必须再次更改的天数(有效期)；

(6) 口令失效前警告用户的天数；

(7) 口令失效后距账号被查封的天数；

(8) 账号被封时距1970年1月1日的天数；

(9) 保留未用。

在图6-2中，口令域的第一个字符是“*”时，表示账号不能登录。对于root账号，没有给出口令的有效期，所以root账号不会因一段时间没有登录而被查封。Bin账号的口令域是“*”，表示bin账号不能登录。如果该口令域可登录，则后面的参数表示bin口令的有效期是99999天，警告期是7天，也就是说，在99992天过后，系统将提示用户修改口令，如果7天不修改，则系统在有效期过后将立即查封bin账号。

6.1.3 创建、修改和删除用户

1. 创建新的用户

从Shell创建新用户最方便的方式就是使用useradd命令。在使用root账号打开终端后，只需要简单地在命令提示符下调用useradd命令，传递新账号的参数即可。

useradd 必须要的参数是用户的登录名，但是也可以包括一些附加的信息。账号信息的各项前面由一个连字符和单个字母的选项组成，如表 6-2 所示，列出了 useradd 命令可用的选项。

表 6-2 seradd 命令选项

选项	说 明
-c comment	描述新账号，通常为用户的全名，这里的 comment 代表用户账号名
-d home_dir	为账号设置要使用的主目录，默认值是把它命名为登录名，并把它放在/home 目录下，这里的 home_dir 表示要使用的目录名
-D	不是创建新的账号，而是将为任何新账号提供的信息保存为新的默认设置
-e expire_date	用 MM/DD/YYYY 格式为账号分配终止日期，expire_date 为所使用的终止日期
-f inactivity	设置口令失效的终止时间，直到该账号永远失效为止。把该值设置为 0 可使口令过期后账号立即失效；把该值设置成-1 会使该选项失效，默认值为-1；inactivity 是要使用的天数
-g group	设置基本组，新用户将在该组中。group 代表要使用的组名
-G grouplist	把新用户添加到所提供的逗号分隔的分组列表中
-k skel_dir	设置框架目录，该目录包含初始配置文件以及应复制到新用户主目录的登录脚本。该参数可以用在与-m 选项有关的命令中，skel_dir 代表要使用目录名
-m	自动创建用户的主目录，并把框架目录文件复制到用户的主目录中
-M	不创建新用户的主目录
-n	该选项关闭创建与新用户名字和用户 ID 匹配的新组的行为
-p passwd	为添加的账户输入口令，口令必须是加密的。在这里也可以不添加加密口令，可以在以后使用命令为用户添加
-r	该标志允许在保留的系统账号的范围内，使用用户 ID 创建一个新账号
-s shell	指定该账号使用的命令 Shell
-u user_id	指定用户用的 ID 号，默认情况下系统会自动分配

〖示例 6.1〗 为新用户 Nick 使用 nick 的登录名创建一个账号，并设置初始口令。

```
[root@localhost root]#useradd -c "Nick" nick
[root@localhost root]#passwd nick
Change password for user nick:
New password:
Retype new password:
passwd: all authentication tokens updated successfully.
```

注意：Red Hat Linux 9 的终端里输入口令时，并不会回显任何的类似“*”的字符。

在为 Nick 创建账号的期间，useradd 命令执行以下几个操作：

(1) 读取/etc/login.defs 文件，来获得创建账号时所使用的默认值。

(2) 对命令行的参数进行解析来确定哪些默认值可以覆盖。

(3) 基于默认值和命令行参数，在 /etc/passwd 以及/etc/shadow 文件下创建新用户项。

(4) 在 /etc/group 文件中创建新组项。

(5) 根据用户名创建主目录，并定位在/home 父目录中。

(6) 把定位在/etc/skel 中的目录复制到新主目录中。

2. 修改用户账号

一些情况下，用户需要对账号做的工作比重新设置口令要多，可能需要修改用户所在的组或主目录等，这个时候，可以通过 usermod 命令来修改用户账号的信息。usermod 命令类似于 useradd 命令，可共享某些相同的选项，但是不需要添加新账号，就能改变现有账号的各个细节。传递该命令的参数列表如表 6-3 所示。

表 6-3 usermod 命令选项

选项	说 明
-c comment	修改账号的描述字段，这里的 comment 代表用户账号的名字
-d home_dir	把账号主目录修改为指定的新位置，如果包括-m 选项，则可复制主目录的内容，home_dir 代表新目录的全路径
-e expire_date	为账号分配新的终止日期，expire_date 可用 MM/DD/YYYY 格式的日期代替
-f inactivity	设置口令过期后的天数，直到账号永久失效为止，把 inactivity 设置为 0 可使口令在过期后立即失效；设置为-1 可使该选项失效，它是默认设置
-g group	修改用户所在组，group 代表新组名
-G grouplist	设置用户所属的分组列表，grouplist 表示分组列表
-l login_name	把账号的登录名修改为 login_name，这不会自动修改主目录名，可使用-d 和-m 选项
-L user_name	把 user_name 账号锁定
-m	该选项只与-d 选项一起使用，可把用户的主目录复制到新目录上
-o	该选项只与-u 选项一起使用，删除用户 ID 的唯一限制
-s shell	在该账号上指定新命令 Shell，Shell 代表新 Shell 的全路径
-u user_id	为账号修改用户 ID，user_id 代表新用户的 ID
-U user_name	为 user_name 账号解锁

〖示例 6.2〗 假设有一员工 Juju 将接手 Nick 的工作，为 nick 账号转换成新名(juju)、新注释(Juju)和主目录(/home/juju)。

```
[root@localhost root]#usermod -l juju -c "Juju" -m -d /home/juju nick
```

3. 删除用户账号

当需要从 Linux 系统中删除用户的时候，可以使用 userdel 命令。这个命令只需要使用一个参数，就是要删除的用户登录名。如果提供可选的 -r 选项，那么它也可以删除用户的主目录以及主目录下的所有文件。

〖示例 6.3〗 删除 Nick 的用户账号：

```
[root@localhost root]#userdel nick
```

要删除 Nick 的账号和主目录：

```
[root@localhost root]#userdel -r nick
```

4. 默认的新用户

useradd 命令通过读取 /etc/login.defs 文件为新账号确定默认值。通过标准的文本编辑器，如前面介绍的 VI、gedit 手工编辑文件或运行带 -D 选项的 useradd 命令，就可以修改默认值。

如果只想查看默认值，则可以键入带有-D 选项的 useradd 命令，也可以使用该选项改变默认值。运行带该标志的命令时，useradd 并不创建新的用户账号，而是把提供的选项作为新默认值保存到 /etc/login.defs 中。并不是所有的 useradd 选项都可以与-D 选项一起使用，可使用的选项如表 6-4 所示。

〖示例 6.4〗

```
[root@localhost root]#useradd -D
GROUP=100
HOME=/home
INACTIVE=-1
EXPIRE=
SHELL=/bin/bash
SKEL=/etc/skel
```

表 6-4 用于修改用户默认值的 useradd 选项

选项	说 明
-b default_home	设置创建用户主目录的默认目录
-e default_expire_date	设置用户账号失效的默认终止日期
-f default_inactive	设置账号失效前口令终止的天数
-g default_group	设置将把用户放入的默认组
-s default_shell	设置新用户使用的默认 Shell

〖示例 6.5〗 设置到 /home/juju 的默认主目录位置以及到 /bin/tcsh 的默认 Shell。

```
[root@localhost root]#useradd -D -b /home/juju -s /bin/tcsh
```

6.1.4 用户环境的设定

1. /$HOME/.bashrc

除了设置用户的默认值和系统环境外，Red Hat Linux 9 还通过为用户提供初始的 Shell 配置文件“.bashrc”，该文件存在于每个用户的主目录下，使用户更进一步自定义其 Shell 环境。“.bashrc”脚本在每次用户启动新的 bash shell 时运行，它是提供命令别名以及添加到命令搜索路径的好方法，“.bashrc”文件内容如图 6-3 所示。

```
# .bashrc
# User specific aliases and functions
#分别为 rm、cp、mv 命令创建别名，
#这样总可以使用-i 选项，可以防止不小心删除文件
alias rm='rm -i'
alias cp='cp -i'
alias mv='mv -i'
# Source global definitions
if [ -f /etc/bashrc ]; then
        . /etc/bashrc
fi
```

图 6-3　.bashrc 文件内容示例

2. /etc/profile

赋予每个用户的基本信息中，有一部分是从 /etc/profile 中添加的。该文件是系统启动后首先会执行的文件，可以用来修改如下信息。

(1) PATH：为根用户和所有其他用户指定默认的 PATH。可以更改这个值，以便将路径添加到含有所有用户所需的应用程序的本地目录中。

(2) ulimit：将允许的最大的文件尺寸(即用户可从 Shell 中创建的文件尺寸)设置为不受限。如果用户创建了庞大的文件，则可使用 ulimit 来限制最大文件尺寸。

(3) 环境变量：这些变量包括 USER、LOGNAME、MAIL、HOSTNAME、HISTSIZE。

(4) INPUTRC：根据/etc/inputrc 文件的内容，设置特殊情况下的键盘映射。

/etc/profile 文件的最后一个任务是查看/etc/profile.d 目录的内容和其文件的源代码。每个文件都含有定义环境变量的设置或影响用户如何使用 Shell 的命令别名。/etc/profile 的文件内容如图 6-4 所示。

```
# /etc/profile
# System wide environment and startup programs, for login setup
# Functions and aliases go in /etc/bashrc
pathmunge () {
        if ! echo $PATH | /bin/egrep -q "(^|:)$1($|:)" ; then
            if [ "$2" = "after" ] ; then
                PATH=$PATH:$1
            else
                PATH=$1:$PATH
            fi
        fi
}
```

```
# Path manipulation
#添加路径
if [ 'id -u' = 0 ]; then
        pathmunge /sbin
        pathmunge /usr/sbin
        pathmunge /usr/local/sbin
fi

pathmunge /usr/X11R6/bin after

unset pathmunge

# No core files by default
ulimit -S -c 0 > /dev/null 2>&1

#设置用户名
USER="'id -un'"
#设置登录名
LOGNAME=$USER
#设置邮箱所在位置
MAIL="/var/spool/mail/$USER"
#设置主机名
HOSTNAME='/bin/hostname'
#设置可保存历史命令的数量
HISTSIZE=1000

#定义键盘键位的文件
if [ -z "$INPUTRC" -a ! -f "$HOME/.inputrc" ]; then
      INPUTRC=/etc/inputrc
fi
#输出以下变量
export PATH USER LOGNAME MAIL HOSTNAME HISTSIZE INPUTRC
#执行/etc/profile.d 目录下所有的.sh 文件
for i in /etc/profile.d/*.sh ; do
      if [ -r "$i" ]; then
       . $i
      fi
done
unset i
```

图 6-4 /etc/profile 文件内容示例

6.1.5 用户权限管理

Linux 系统作为一个多用户系统，能做到不同的用户同时访问不同的文件，因此它需要有文件权限控制的机制。Linux 的文件和目录都被一个用户拥有时，这个用户就被称为文件的所有者，同时文件还被指定的用户组所拥有。

在 Linux 系统中，文件的权限由权限标志来决定，权限标志决定了文件的所有者、文件的所属组、其他用户对文件的访问能力等。可以使用“ls -l”命令来显示权限标志。

〖示例 6.6〗 显示 /root 目录下文件的权限标志：

```
[root@localhost root]#ls -l
-rw-r--r-- 1   juju   juju   1814   4 月 16   05:46   21.cfg
drwxr-xr-r 4   root   root   4096   4 月 19   22:13   downloads
```

这个示例中，文件 21.cfg 的所有者是 juju，所属组是 juju，这里特别要注意的是输出行前面的第 1～10 个字符。第 1 个字符代表文件类型，“d”表示目录；第 2～4 个字符“rw-”是文件所有者的权限，第 5～7 个字符“r--”是文件所属组的权限，第 8～10 个字符“r--”是其他用户的权限。而权限均是使用三个字符表示的，依次为“r”读、“w”写、“x”可执行，如果某一位是“-”，则表示没有对应的权限。

设定权限时，在模式中常用以下字母表示用户或用户组：

文件的所有者 —— u

文件的所属组 —— g

其他用户 —— o

所有用户 —— a

1. 改变文件或目录权限 chmod

在系统应用时，有很多时候需要让其他用户使用某个原来其不能访问的文件或目录，这就需要重新设置文件的权限，使用的命令是 chmod(change mode)。并不是谁都可以改变文件和目录的访问权限，只有文件和目录的所有者才有权限修改其权限。另外，超级用户可对所有文件或目录进行权限设置。

chmod 命令的语法格式如下：

chmod [选项] 文件和目录列表

命令中的参数说明如下：

- 选项的常用取值如表 6-5 所示。
- 文件和目录列表：准备修改权限的文件和目录。

表 6-5 chmod、chown、chgrp 的常用选项

选项	说 明
-c	只有在文件的权限确实改变时，才进行详细说明
-f	不打印权限不能改变的文件的错误信息
-v	详细说明权限的变化
-r	递归改变目录及其内容的权限

chmod 命令支持两种文件权限设定的方式：

(1) 使用字符串设置权限。通过前面的学习，我们知道在 Linux 系统中每个文件和目录有几种不同级别的权限，而这些权限级别的代码和权限都是用字母来表示的。

〖示例 6.7〗 将文件 juju_inf 设为所有人都有权限来读取：

```
[root@localhost root]#chmod ugo+r juju_inf
[root@localhost root]#chmod a+r juju_inf
```

〖示例 6.8〗 将文件 nick_inf1 和 nick_inf2 设为该文件所有者与其所属组可写入，但其他人不能写入：

```
[root@localhost root]#chmod ug+w,o-w nick_inf1 nick_inf2
```

(2) 使用八进制设置权限。除了通过字符串设置外，文件和目录的权限还可用八进制数字模式来表示。3 个八进制数字分别表示 ugo 的权限。读权限、写权限、可执行权限的对应数值分别是 4、2、1。

若要 rwx 属性，则数值为 4 + 2 + 1 = 7；若要 rw- 属性，则数值为 4 + 2 = 6；若要 r-x 属性，则数值为 4 + 1 = 5。

〖示例 6.9〗 将 juju_inf 设为所有人都可以读取：

```
[root@localhost root]#chmod 444 juju_inf
```

〖示例 6.10〗 将 nick_inf1 设为该文件所有者与其所属组可写入，但其他人不能写入：

```
[root@localhost root]#chmod 775 nick_inf1
```

2. 改变文件和目录的所有权 chown

在 Linux 系统中，文件和目录都是有所有者的。如果想改变某一文件和目录的所有者权限，则可以使用 chown(change ownership)命令来完成，具体的格式如下：

chown [选项] 用户 文件和目录列表

命令的参数说明如下：

- 命令中的选项说明如表 6-5 所示。
- 用户：用户账号或是用户登录名。
- 文件和目录列表：用于重新指定所有权的文件和目录列表。

〖示例 6.11〗 把/home/juju 目录下的 21.txt 文件的所有权赋予 nick：

```
[root@localhost root]#chown nick /home/juju/21.txt
```

3. 改变文件和目录的所属组 chgrp

文件或目录权限的控制是通过拥有者及所属群组来管理的。可以使用 chgrp(change group)指令变更文件与目录的所属群组，设置方式采用群组名称或群组识别码皆可，具体格式如下：

chgrp [选项] 所属组 文件和目录列表

命令的参数说明如下：

- 命令中的选项说明如表 6-5 所示。
- 所属组：所属群组名。
- 文件和目录列表：用于重新指定所有权的文件和目录列表。

6.1.6　超级用户

超级用户是 UNIX 的所有者，拥有所有的权力，因此也具有很大的危险性，不当使用超级用户权力会对系统造成不可挽回的破坏。即使对于个人使用的 Linux 系统，尽管不需要将系统与其他人共享，但是仍然不要使用 root 用户进行日常处理工作。通常管理员在正常情况下仅仅使用普通账户进行操作，只有在执行系统管理的必要时候才使用超级用户权限。

改变当前用户的标准方法是使用 su 命令，其格式为 su [用户名]，如果不使用“用户名”参数，则默认为超级用户。示例如下：

```
[nick@localhost nick]$su
Password:
[root@localhost nick]#
```

正确输入 root 的口令之后，就成为了超级用户，系统提示符也从标准的“$”变为 root 专用的“#”提示。

root 用户的 UID 和 GID 都为 0。实际上，普通用户如果其 UID 和 GID 也都为 0，则它就成了和 root 一样的超级用户了，大多情况下，这样做是没有好处的。但是，有时在组织中需要多个系统管理员管理同一系统，而多个超级用户有利于多个管理员的职责明确。

缺省情况下，超级用户只有从/etc/securety 文件中列出的 tty 上登录才能获得成功。普通用户成为超级用户后仍无法从 Telnet 登录。因此如果要远程管理用户，可以用普通用户从 Telnet 登录，再用 su 命令切换到超级用户来实现远程管理。

6.2　组的管理

6.2.1　Linux 下的组和组文件

Linux 下的所属组有私有组、系统组、标准组之分。建立账户时，若没有指定账户所属的组，则系统会建立一个组名和用户名相同的组，这个组就是私有组，这个组只容纳一个用户。而标准组可容纳多个用户，组中的用户具有组所拥有的所有权限。系统组是 Linux 系统正常运行所必需的，安装 Linux 系统或添加新的软件包会自动建立系统组。

一个用户可以属于多个组，用户所属组又有基本组和附加组之分。在用户所属组中的第一个组称为基本组，基本组在 /etc/passwd 文件中指定；其他组称为附加组，附加组在 /etc/group 文件中指定。属于多个组的用户所拥有的权限是它所在组的权限之和。

Linux 组的信息存放在/etc/group 中，文件内容如图 6-5 所示。

```
root:x:0:root
bin:x:1:root,bin,daemon
daemon:x:2:root,bin,daemon
sys:x:3:root,bin,adm
adm:x:4:root,adm,daemon
⋮
desktop:x:80:
nick:x:500:
juju:x:501:
```

图 6-5 /etc/group 文件内容示例

/etc/group 文件中的每一行记录了一个组的信息，每行包括 4 个字段，分别是组名、组的密码、GID、组成员，字段之间用"："分隔。

字段说明如下：

- 组名：组的名称。
- 组的密码：设置加入组的密码，该字段通常没用。
- GID：组的标识符，类似 UID。
- 组成员：组所包含的用户，用户间用"，"分隔，大部分系统组无成员。

6.2.2 组的添加和删除

添加新的组，可以通过手工编辑 /etc/group 来完成，也可以用命令 groupadd 来添加用户所属组。groupadd 的命令格式如下：

groupadd [选项] 组名

命令的参数说明如下：

- 命令中的选项说明如表 6-6 所示。
- 组名：新建的组名称。

表 6-6 groupadd 的常用选项

选项	说 明
-g GID	指定新组的 GID，默认值是已有的最大值加 1
-r	建立一个系统组，与 -g 不同时使用则分配一个 1～499 的 GID
-f	当系统中已存在与新组名称一样的组时，会抛出添加新组失效的错误

〖示例 6.12〗 添加一个组名为 juju 的新组，组 ID 为 521。

```
[root@localhost root]#groupadd -g 521 juju
```

当需要从系统上删除群组时，可用 groupdel 指令来完成这项工作。若该群组中仍包括某些用户，则必须先删除这些用户后，才能删除群组。groupdel 的命令格式如下：

groupdel 组名

命令的参数说明如下：

- 组名：需删除组的名称。

〖示例 6.13〗 删除一个组名为 nick 的新组。

```
[root@localhost root]#groupdel nick
```

6.2.3 组属性的修改

需要更改群组的识别码或名称时，可用 groupmod 指令来完成这项工作。groupmod 的命令格式如下：

groupmod [选项] 组名

命令的参数说明如下：

- 命令中的选项说明如表 6-7 所示。
- 组名：需修改的组的名称。

表 6-7 groupmod 常用选项

选项	参数
-g GID	设置欲使用的群组识别码
-o	重复使用群组识别码
-n	设置欲使用的群组名称

〖示例 6.14〗 将群组 juju 的 GID 修改为 555。

```
[root@localhost root]#groupmod -g 555 juju
```

6.3 磁盘配额

6.3.1 磁盘配额介绍

Linux 以及其他以 UNIX 为基础的操作系统的一个优点在于它的多用户处理能力。用户账号从严格特权分离这种增强的安全性中受益，多个用户可同时处于活动状态，并可从本地通过输入与输出设备或由远程通过网络服务进行访问。这种优点使得 Linux 成为多用户工作站、应用服务器与远程测试平台的理想系统。

这些应用可能会面临在单用户计算机上不会出现的社会挑战，挑战之一是共享存储空间，也就是一些用户，不管出于什么原因，无法与他人共享空间；或者用户可能只是忘记了还有共享一台计算机这件事，并且不去或不愿注意他们自己的磁盘使用情况，当用户开始独占磁盘空间，并因而损害了其他用户的利益时，多用户计算机的系统管理员就有必要思考如何用预先设定的限制来控制磁盘的使用情况了。实际上，在建立一个多用户系统时，提前考虑(磁盘限额)可能是个好主意。

Linux 中的磁盘限额利用软件对特殊用户账号所使用的磁盘空间进行限制。尽管有许多包含花哨装置的免费而又复杂的限额管理系统，以及昂贵的商业限额管理系统可以解决这一问题，但是最简单且可能最方便的解决办法，是所有主流 Linux 产品管理员可免费应用基本命令行 quota 工具集。应用这种常用的磁盘限额系统，则操作系统自身就可对不同用户账号进行存储空间限制。

磁盘限额可以为每个用户账号单独配置。并且，当有成批的用户需要在同样的限制下进行操作时，这种配置还可以方便地进行复制。系统自动运行，并可进行设置，向那些超出限制但在预先设定的较高限额内的用户发出警告与宽限时间，从而以一种高效的方式保证用户对限额的遵守。与为每个用户账号应用单独分区或设置单独物理磁盘不同，在这种情况下，对磁盘限额进行必要的修改只是小事一桩。磁盘限额这种方法的最大优点在于不必直接面对用户，因为磁盘限额系统一旦设定，系统即会自行进行管理。

6.3.2 磁盘配额设置

1. 启动磁盘配额

以根用户身份编辑/etc/fstab 文件来给需要配额的文件系统添加 usrquota 和 grpquota 选项，如图 6-6 所示，命令如下：

[root@localhost root]#vi /etc/fstab

```
LABEL=/          /          ext3      defaults                        1 1
LABEL=/home      /home      ext3      defaults,usrquota,grpquota      1 2
LABEL=/boot      /boot      ext3      defaults                        1 2
none             /dev/pts   devpts    gid=5,mode=620                  0 0
none             /proc      proc      defaults                        0 0
none             /dev/shm   tmpfs     defaults                        0 0
/dev/sda3        swap       swap      defaults                        0 0
```

图 6-6 fstab 文件内容示例

2. 重新挂载文件系统

添加了 usrquota 和 grpquota 选项后，重新挂载每个相应 fstab 条目被修改的文件系统。如果某文件系统没有被任何进程使用，则使用 umount 命令后再紧跟着 mount 命令来重新挂载这个文件系统。如果某文件系统正在被使用，则要重新挂载该文件系统的最简捷方法是重新引导系统(关于挂载文件系统，可参看第 8 章文件系统管理)。

〖示例 6.15〗 重新挂载 sda2 文件系统：

```
[root@localhost root]#umount /dev/sda2
[root@localhost root]#mount /dev/sda2 /
```

3. 创建配额文件

重新挂载每个启用了配额的文件系统后，系统就能够使用磁盘配额了。不过，文件系统本身尚且不能支持配额。下一步是运行 quotacheck 命令。

quotacheck 命令检查启用了配额的文件系统，并为每个文件系统建立一个当前磁盘所用的表，该表会被用来更新操作系统的磁盘用量文件。此外，文件系统的磁盘配额文件也将被更新。

〖示例 6.16〗 如果用户和组群配额都被/home 分区启用了，则在/home 目录下创建如下文件：

```
[root@localhost root]#quotacheck -cug /home
```

4. 修改系统启动脚本

为了让系统启动时启动执行配额检查并启动配额功能，需要修改系统的启动脚本/etc/rc.d/rc.local，在 rc.local 文件末尾加入如下语句：

```
/sbin/quotacheck -vug -a
/sbin/quotaon -vug -a
```

可使用如下命令：

```
[root@localhost root]#echo "/sbin/quotacheck -vug -a" >> /etc/rc.d/rc.local
[root@localhost root]#echo " /sbin/quotaon -vug -a" >> /etc/rc.d/rc.local
```

5. 设置配额

设置配额的命令是 edquota，其命令格式如下：

edquota [选项] 用户名或组名

命令的参数说明如下：

- 命令中的选项说明如表 6-8 所示。
- 用户名或组名：设置用户配额或群组配额。

表 6-8　edquota 命令的常用选项

选项	说　明
-u	设置用户的磁盘配额
-g	设置群组的磁盘配额
-p	将用户的配额设置套用至其他用户或群组
-t	设置宽限的时间

〖示例 6.17〗 为用户 juju 进行配额：

```
[root@localhost root]#edquota –u juju
Disk quotas for user juju (uid 501):
Filesystem    blocks    soft    hard    inodes    soft    hard
/dev/sda2       5        0       0        5        0       0
```

以上命令将启动默认的编辑器用于编辑用户 juju 在每个文件系统的配额(这里只有一个系统配置了磁盘配额)。其中，“blocks”显示了用户当前使用的块数；随后的两列用来设置用户在该文件系统上的软硬块限度；“inodes”显示了用户当前使用的内节点数量；最后两列用来设置用户在该文件系统上的软硬内节点限度。

硬限是用户或组群可以使用的磁盘空间的绝对最大值，达到了该限度后，磁盘空间就不能再被用户或组群使用了。软限定义可被使用的最大磁盘空间量。和硬限不同的是，软限可以在一段时期内被超过，这段时期被称为过渡期(grace period)，过渡期可以用秒钟、分钟、小时、天数、周数或月数表示。

〖示例 6.18〗 设置磁盘配额的宽限时间：

```
[root@localhost root]#edquota -t
Grace period before enforcing soft limits for users:
Time units may be: days, hours, minutes, or seconds
Filesystem Block grace period    Inode grace period
/dev/sda2          7days                 7days
```

6. 打开和关闭磁盘配额功能

可以不把配额设置为 0 来禁用磁盘配额。关闭用户和组群配额，需要使用以下命令：

[root@localhost root]#quotaoff –ugv –a

如果-u 或-g 选项没有被指定，则只有用户配额被禁用。如果只指定了-g 选项，则只有组群配额会被禁用。若要重新启用配额，可使用带有同样选项的 quotaon 命令。

6.3.3 磁盘配额管理

1. 报告磁盘配额

如果配额被实现，则它们就需要被维护，主要的维护方式是观察，查看配额是否被超出并确保配额的正确性。当然，如果用户屡次超出他们的配额或者持续地达到他们配额的软限，则系统管理员就可以根据用户类型和磁盘空间对他们工作的影响做出几种决策。系统管理员可以帮助用户来检索他们对磁盘空间的使用，也可以按需要增加用户的配额。

创建磁盘用量报告需要运行 repquota 工具，命令格式如下：

repquota [选项] 文件系统

命令的参数说明如下：

- 命令中的选项说明如表 6-9 所示。
- 文件系统：需要检查的文件系统。

表 6-9 repquota 命令的常用选项

选项	说 明
-a	列出在/etc/fstab 文件里加入 quota 设置的分区的状况，包括用户和群组
-g	列出所有群组的磁盘空间限制
-u	列出所有用户的磁盘空间限制
-v	显示该用户或群组的所有空间限制

〖示例 6.19〗创建/home 下的磁盘用量报告：

```
[root@localhost root]#repquota /home
*** Report for user quotas on device /dev/sda2
Block grace time: 7days; Inode grace time: 7days
                    Block limits                    File limits
User            used     soft     hard   grace    used   soft   hard   grace
-------------------------------------------------------------------------------------------
root      --     25        0        0               4      0      0
```

这份报告虽然看起来很简单，但有几点仍需要做一下说明。显示在每个用户后面的“--”是一种判断用户是否超出其块限度或内节点限度的快速方法。如果任何一个软限被超出，则相应的“-”行就会被“-”代替；第一个“-”代表块限度，第二个“-”代表内节点限度。grace 列通常是空白。如果某个软限被超出，则这一列就会包含过渡期中的剩余时间。如果过渡期被超过了，则其中就会显示 none。

2. 保持配额的正确性

当某文件系统没有被完整地卸载(如，由于系统崩溃)，则就有必要运行 quotacheck。不过，即便系统没有崩溃，quotacheck 也可以被定期经常运行。定期运行以下命令来保持配额的正确性：

```
[root@localhost root]#quotacheck –ugv –a
```

6.4 课后习题与实验

6.4.1 课后习题

1. 唯一标识每一个用户的是_______________和_______________。

2. 某文件的权限为 drw-r--r--，用数值形式表示该权限，则该八进制数为______________，该文件类型是_______________。

3. root 的 UID 是_______________，GID 是_______________。

4. 为了开启磁盘配额功能，使用的两个文件系统属性关键字分别是_______________和_______________。

5. 使用_______________命令可以监控系统所有用户使用的磁盘空间，并在接近极限时提示用户。

6. Bash 的环境配置文件为_______________。

7. 关于建立系统用户的错误描述是(　　)。

A. 在 Linux 系统下建立用户使用 useradd 命令

B. 每个系统用户分别在 /etc/passwd 和/etc/shadow 文件中有一条记录

C. 每个系统用户在默认状态下的工作目录在/home/用户名

D. 每个系统用户在 /etc/fstab 文件中有一条记录

8. 作为一个管理员，你希望在每一个新用户的目录下放一个文件.bashrc，那么你应该在(　　)目录下放这个文件，以便于新用户创建主目录时自动将这个文件复制到自己的目录下。

A. /etc/skel/　　B. /etc/default/
C. /etc/defaults/　　D. /etc/profile.d/

9. 下面(　　)参数可以删除一个用户并同时删除用户的主目录。

A. rmuser –r　　B. userdel -r
C. usermgr –r　　D. deluser -r

10. 在使用了 shadow 口令的系统中，/etc/passwd 和/etc/shadow 两个文件的权限正确的是(　　)。

A. -rw-r--r-- , -r--r--r--　　B. -rw-r----- , -r--------
C. -rw-r--r-- , -r--------　　D. -rw-r--rw- , -r-----r--

11. 文件 exer1 的访问权限为 rw-r--r--，现要增加所有用户的执行权限和同组用户的写权限，下列命令正确的是(　　)。

A. chmod g+w exer1　　B. chmod a+x g+w exer1
C. chmod 765 exer1　　D. chmod o+x exer1

12. 系统中有用户 user1 和 user2，它们同属于 users 组。在 user1 用户目录下有一个文件 file1，它拥有 644 的权限。如果 user2 用户想修改 user1 用户目录下的 file1 文件，则应拥有(　　)权限。

A. 744　　B. 646　　C. 664　　D. 746

6.4.2 实验：用户管理与磁盘配额

1. 实验目的

(1) 掌握在 Linux 系统下利用命令方式实现用户和组的管理。

(2) 掌握磁盘配额的实现方法。

2. 实验内容

(1) 用户与用户的组的创建、修改、删除。

(2) 磁盘配额的配置。

3. 实验步骤

(1) 创建一个新用户 nick，设置其主目录为/home/nick。

(2) 查看 /etc/passwd 和/etc/shadow 文件的最后一行。

(3) 给用户 nick 设置密码。

(4) 再次查看 /etc/shadow 文件的最后一行，看看有什么变化。

(5) 使用 nick 用户登录系统。

(6) 锁定用户 nick。

(7) 查看 /etc/shadow 文件的最后一行，看看有什么变化。

(8) 再次使用 nick 用户登录系统，看能否登录成功。

(9) 解除对用户 nick 的锁定。

(10) 更改用户 nick 的账户名为 juju。

(11) 查看 /etc/passwd 文件的最后一行，看看有什么变化。

(12) 指定用户 juju 在 2020 年 12 月 31 日过期。

(13) 创建一个新组，组名为 class，指定 600 为其 GID。

(14) 查看 /etc/group 文件的最后一行。

(15) 将用户 juju 添加入该组。

(16) 查看 /etc/group 文件中的最后一行，看看有什么变化。

(17) 给组 class 设置组密码。

(18) 从 class 组中删除用户 juju。

(19) 再次查看 /etc/group 文件中的最后一行，看看有什么变化。

(20) 删除组 class。

(21) 用 VI 来编辑 /etc/fstab，在/home 分区启动磁盘配额功能。

(22) 用 quotacheck 命令创建 aquota.user 和 aquota.group 文件。

(23) 给用户 juju 设置磁盘配额功能。

(24) 将其 blocks 的软限设置为 2000，硬限设置为 3000。

(25) 将其 inodes 的软限设置为 2000，硬限设置为 3000。

(26) 重新启动系统。

(27) 用 quotaon 命令启用 quota 功能。

(28) 切换到用户 juju，查看自己的磁盘限额及使用情况。

(29) 尝试复制大小分别超过磁盘限额软限制和硬限制的文件到用户的主目录下，检验磁盘限额功能是否起作用。

4. 完成实验报告

5. 思考题

(1) 如何让某用户账号暂时无法登入主机？

(2) 希望在设定每个账号时(使用 useradd)，默认情况下，它们的根目录就含有一个名为 www 的子目录，应该怎么样？

第7章 设备管理

◇【本章学习目标】

本章主要介绍Linux系统管理设备的有关概念，让读者可以正确地使用设备，并且充分发挥各设备的性能。通过对本章的学习，读者应该掌握以下主要内容：

⊙ 了解Linux设备文件；

⊙ 学会使用和安装硬件设备。

7.1 硬件设备

7.1.1 设备文件

Linux 操作系统本身对于控制设备并无内建的指令，所有用于和设备通信的指令都包含在一个叫做设备驱动程序的文件里。该程序通常是一段汇编语言或C语言代码，用于和设备传递数据。Linux 系统通过设备文件实现了对设备和驱动程序的跟踪。设备文件主要包括设备权限、设备类型的有关信息以及两个可供系统识别的唯一设备号。系统在很多情况下，可能不止一个同种类型的设备，因此Linux可以对相同类型的设备使用同种驱动程序，又可以区别其中的每一个设备。

Linux 使用设备号来区分硬件设备。每一个设备都有一个主设备号和子设备号，主设备号用来确定使用什么样的驱动程序，子设备号是硬件驱动程序用来区分不同设备和判断如何进行处理的。

〖示例7.1〗 终端设备的信息：

```
[root@localhost root]#ls /dev/tty*
crw--w----    1 root    tty     4,   1  4月  29 09:08 /dev/tty1
crw-------    1 root    root    4,   2  4月  29 09:07 /dev/tty2
crw-------    1 root    root    4,   3  4月  29 09:07 /dev/tty3
crw-------    1 root    root    4,   4  4月  29 09:07 /dev/tty4
crw-------    1 root    root    4,   5  4月  29 09:07 /dev/tty5
crw-------    1 root    root    4,   6  4月  29 09:07 /dev/tty6
```

通过以上信息可以看出，6个终端都使用了相同的设备驱动程序，主设备号都是一样的，但是每一个终端都有一个不同的子设备号，可使操作系统唯一地确定它们。如果两个设备有完全一样的主设备号和子设备号，则Linux将不能与它们正常通信。

Linux 习惯于把所有的设备文件都放置在/dev 目录下，其中很大一部分只是带有不同设备的基本驱动程序的拷贝，但是每一个文件都是相互独立的。常见的设备与驱动程序的对应关系如表 7-1 所示。

表 7-1 Linux 下常见设备对应的驱动程序命名

设备	命名
第一软驱	/dev/fd0
第二软驱	/dev/fd1
IDE1 的第一个硬盘(master)	/dev/hda
IDE1 的第二个硬盘(slave)	/dev/hdb
IDE2 的第一个硬盘(master)	/dev/hdc
SCSI/SATA/USB 的第一个磁盘	/dev/sda
SCSI/SATA/USB 的第二个磁盘	/dev/sdb
光驱	/dev/cdrom
第一网络接口	/dev/eth0
第二网络接口	/dev/eth1
第一串口	/dev/ttyS0
打印机	/dev/lp0

7.1.2 设备分类

与 UNIX 系统一样，Linux 系统采用设备文件统一管理硬件设备，从而将硬件设备的特性及管理细节对用户隐藏起来，实现用户程序与设备的无关性。在 Linux 系统中，硬件设备分为两种，即块设备和字符设备。

字符设备是以字符为单位输入输出数据的设备的，一般不需要使用缓冲区而直接对它进行读写，终端、打印机等都属于字符设备。块设备是以一定大小的数据块为单位进行输入输出数据的，一般使用缓冲区在设备与内存之间传送数据，硬盘驱动器、磁带机等都属于块设备。通常，块设备用于对大批量数据的处理，而字符设备传输数据比较慢。在相同的时间里，块设备可以比字符设备传输更多的数据。

系统对设备的控制和操作是由设备驱动程序完成的。设备驱动程序是由设备服务子程序和中断处理程序组成的。设备服务子程序包括了对设备进行各种操作的代码，中断处理子程序处理设备中断。设备驱动程序主要功能如下：

- 对设备进行初始化。
- 启动或停止设备的运行。
- 把设备上的数据传送到内存。
- 把数据从内存传送到设备。
- 检测设备状态。

设备驱动程序和设备文件很详细地标明了设备是字符设备和还是块设备。要识别一个设备的类型，只需要查看一下设备文件的权限位就可以了。如果权限位中的第一个字符是

“b”，则该设备是块设备；若是“c”，则说明它是字符设备，如图 7-1 所示。

```
crw-------    1 root    root    14   4   Jan 30    2003   audio
crw-------    1 root    root    14   3   Jan 30    2003   dsp
brw-rw----    1 root    disk    3    0   Jan 30    2003   hda
brw-rw----    1 root    disk    13   0   Jan 30    2003   xda
```

图 7-1 /dev 目录清单中的记录

7.2 使用设备

7.2.1 硬盘

硬盘是作为存储介质使用的，具有容量大、传输速度快的优点，能够在其不同位置存放不同的文件系统。硬盘的种类主要是 SCSI、IDE 以及现在流行的 SATA 等。任何一种硬盘的生产都要一定的标准，随着相应的标准的升级，硬盘生产技术也在升级。比如 SCSI 标准已经经历了 SCSI-1、SCSI-2、SCSI-3；其中目前经常能在服务器网站看到的 Ultral-160 就是基于 SCSI-3 标准的；IDE 遵循的是 ATA 标准，而目前流行的 SATA，是 ATA 标准的升级版本；IDE 是并口设备，而 SATA 是串口设备，SATA 的发展目的是替换 IDE。

硬盘的物理几何结构是由磁盘表面(heads)、柱面(cylinders)、扇区(sectors)组成的，硬盘内部由几张盘片叠加在一起，这样形成一个柱体面；每个盘片都有上下表面；磁头和磁盘表面接触从而能读取数据。整个硬盘体积的换算公式如下：

磁盘表面个数 × 扇区个数 × 每个扇区的大小 × 柱面个数 = 硬盘体积

提示：由于硬盘生产商和操作系统的换算不太一样，硬盘生产商以 10 进位的办法来换算，而操作系统以 2 进位制来换算，所以在换算成 M 或者 G 时，不同的算法结果不一样。因此，我们的硬盘有时标出的是 80G，而在操作系统下看却少几 G。

使用硬盘的步骤如下：

(1) 以超级用户身份登录；

(2) 创建一个挂载点来挂载硬盘分区；

(3) 执行挂载命令。

假设挂载 Windows 98 的分区，挂载点为/mnt/windows，对于 IDE 硬盘，执行的命令如下：

```
[root@localhost root]#mount -t vfat /dev/hda3 /mnt/windows
```

对于 SCSI 硬盘，执行的命令如下：

```
[root@localhost root]#mount -t vfat /dev/sda3 /mnt/windows
```

使用“-t vfat”，是因为 Windows 98 下的文件系统一般是 FAT32 格式的。

我们还可以通过修改/etc/fstab 文件，使得系统每次启动时自动挂载硬盘分区，具体内容在本书文件系统章节会详细讲解。

〖示例 7.2〗 显示 fstab 文件下硬盘的信息：

```
[root@localhost root]#grep -E 'sda|LABEL' /etc/fstab
LABEL=/                  /              ext3      defaults       1 1
LABEL=/boot              /boot          ext3      defaults       1 2
/dev/sda3                swap           swap      defaults       0 0
```

7.2.2 DVD-ROM

DVD-ROM(同 CD-ROM)驱动器从根本上说是只读设备，它与其他块设备的安装方式相同。DVD-ROM 一般包含标准的 ISO9660 文件系统和一些可选的扩充。使用 mount 命令可以把光盘中的所有目录与文件挂载到 Linux 目录结构下，以超级用户身份执行如下命令：

[root@localhost root]#mount -t iso9660 /dev/cdrom /mnt/cdrom

如果命令生效，则光盘中的内容将出现在/mnt/cdrom 目录下。

若挂载没有成功，则可能的原因如下：

(1) /mnt/cdrom 目录不存在。

(2) /dev/cdrom 不存在。

(3) 当前目录是挂载点。

卸载光盘的命令如下：

[root@localhost root]#umount /dev/cdrom

提示：如果 DVD-ROM 没有能够成功卸载，则光盘就无法被取出。

〖示例 7.3〗 显示 fstab 文件下光盘驱动器的信息：

```
[root@localhost root]#grep cdrom /etc/fstab
/dev/cdrom             /mnt/cdrom           udf,iso9660 noauto,owner,kudzu,ro 0 0
```

7.2.3 USB 存储设备

USB 存储设备以其读取速度快、稳定性高和即插即用等优秀特性受到了各软硬件厂商的广泛支持和用户的普遍认可。

随着 USB 存储设备的普及，在 Linux 中也加入了对该类设备的支持。对于常见的 USB 存储设备(包括 U 盘和 USB 硬盘)，通常不需要安装专门的驱动程序就可以在 Linux 中正常读取。但是由于 USB 存储设备的标准并不是非常统一，所以在 Linux 不能保证所有的 USB 存储设备都能正常使用。

Linux 把 USB 存储设备作为 SCSI 设备对待，用户可以像使用 SCSI 存储设备(如 SCSI 硬盘)一样使用 USB 存储设备。

在 Linux 中使用 U 盘的情况会比较复杂，因为各生产厂商的 U 盘标准不是很统一，有的是模拟软盘的，有的是模拟硬盘的，更有一些 U 盘既可以模拟软盘也可以模拟硬盘(可以通过使用 U 盘上的开关来设定)。总结起来使用 U 盘的原则是：如果 U 盘中没有进行分区则使用相应的 SCSI 设备的设备文件名进行挂载，如果 U 盘已经分区则使用相应分区的设备文件名进行挂载。

而 Linux 中 USB 硬盘的使用方法相对统一，因为总是需要挂载 USB 硬盘中的分区到系统中，而不是挂载整个硬盘设备，所以使用 mount 命令挂载 USB 硬盘需要指定相应分区的设备文件名。

〖示例 7.4〗 挂载 U 盘：

```
[root@localhost root]#mount -t vfat /dev/sdb1 /mnt/usb
```

提示：在不使用设备时要先卸载 USB 设备，然后再拔出 USB 设备，这样的操作顺序是安全的，不会丢失任何数据。

7.2.4 打印机

1. Linux 打印机简介

当我们想要把自己设计好的文档在 Linux 下打印时，除了安装好打印机外，还需要正确配置打印机。

在 Linux 下，传统上命名为行式打印机的打印机设备是字符模式的设备，并且在/dev 目录中可以找到，比如/dev/lp0 表示连接到电脑的第一台打印机。

在 Red Hat Linux 以前的版本使用 LPRng 作为打印管理程序，但是一直以来无论是兼容性还是易用性上，LPRng 都不能很好地满足广大用户在 Linux 中的打印要求，所以在 Red Hat Linux 9 中，使用了 CUPS 作为默认的打印管理程序。

CUPS(Common UNIX Printing System)，即通用 UNIX 打印系统，可以在常用的类 UNIX 系统中见到，当然也就能够很好地应用于 Linux。CUPS 能够支持大多数常见型号的打印机，能让用户像在 Windows 系统中一样轻松地完成打印任务。

2. 配置 CUPS 服务

(1) 配置界面：打开所选的 Web 浏览器，指向 http://localhost 631，如图 7-2 所示。

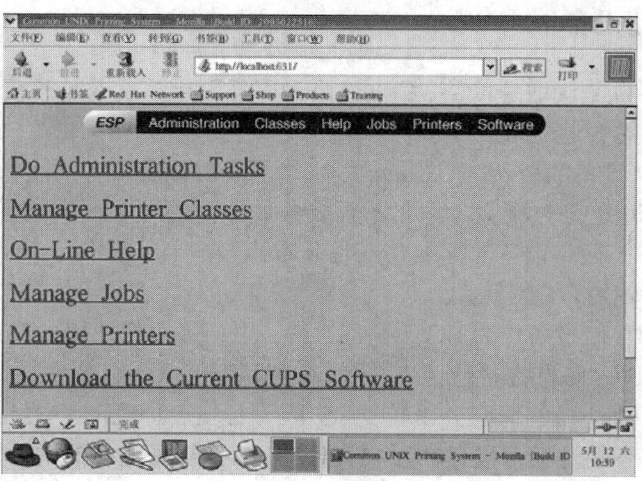

图 7-2 CUPS 配置主界面

提示：若浏览器中看到类似的信息“The connection was refused when attempting to contact servername:631”，则说明没有启动 cupsd 监控程序或防火墙阻止了端口 631 的访问。

由图 7-2 可以看到，一共有 6 个不同的命令选项，其说明如表 7-2 所示。

表 7-2　CUPS 配置菜单说明

选　项	说　　明
Do Administration Tasks	增加或管理打印机、打印作业等
Manage Printer Classes	增加或管理打印机组
On-Line Help	包括与 CUPS 相关的帮助手册
Manage Jobs	管理当前打印作业
Manage Printers	增加或管理各个打印机
Download the Current CUPS Software	取得最新的 CUPS 软件包

(2) 添加新打印机：单击 Printers 或 Manage Printers 链接，CUPS 配置工具将打开当前的打印机清单，单击 Add Printer，用超级用户登录，如图 7-3 所示。

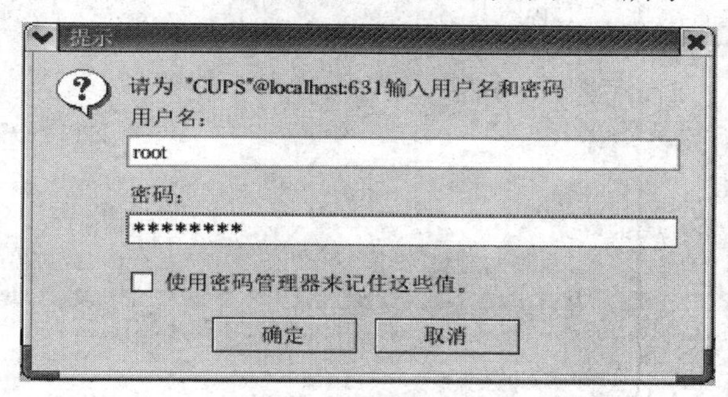

图 7-3　用户验证界面

输入相应的用户和口令后，进入添加打印机界面，如图 7-4 所示。

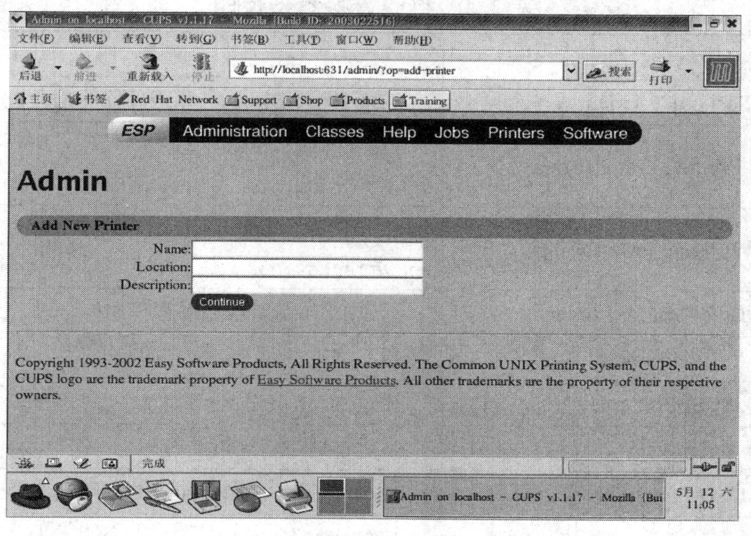

图 7-4　添加打印机界面

在添加打印机界面中，需要输入打印机名称、地址和相关描述等基本信息，如表 7-3 所示。

表 7-3 添加打印机的基本信息

选项	说 明
Name	打印机的基本名，如 MyPrinter
Location	打印机的主机名或域名信息，如 RH9、Test、printer.mydomain.org
Description	打印机的描述，如 This is my printer

输入完成后，单击“Continue”按钮进入下一步，如图 7-5 所示，选择 CUPS 打印设备的类型。CUPS 可以管理连接在不同物理端口和打印服务器上的打印机，表 7-4 列出了部分常用选项。

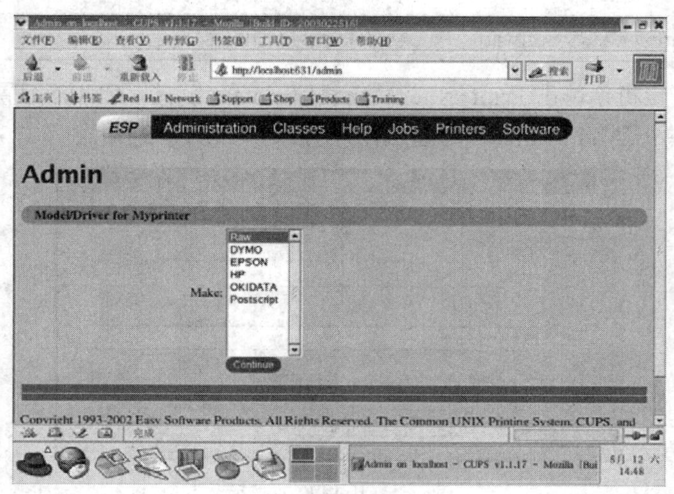

图 7-5 指定打印设备

表 7-4 打印设备类型说明

打印设备类型	说 明
AppSocket/HP JetDirect	连接 HP JetDirect 打印服务器的打印机
Internet Printing Protocal(http)	将 CUPS 设置成在端口 80 通信，则可以将打印机地址设置成 http://printername
Internet Printing Protocal(ipp)	通常情况下，CUPS 使用 ipp 端口 631，对应于 ipp://printername
LPD/LPR Host Or Printer	通过 LPD 打印服务器管理的打印机
Parallel Printer	通过本地并口连接的打印机
SCSI Printer	通过 SCSI 接口连接的打印机
Serial Port #x	通过本地串口连接的打印机
USB Printer #x	通过本地 USB 端口连接的打印机
Windows Printer Via SAMBA	通过 Windows 计算机连接的共享打印机，也适用于通过 SAMBA 连接的 Linux 计算机

选择完成后，单击“Continue”按钮进入下一步，设置新打印机的 URL。CUPS 会提

示 URL 的前几个字母，如 ipp、smb、lpd、socket、http 等。如图 7-6 所示，打印机连接到计算机 NICK，打印机名为 jujuprinter。在这里要注意的是，如果之前选择了本地物理端口，则不需要输入 URL，CUPS 会跳过这一步。

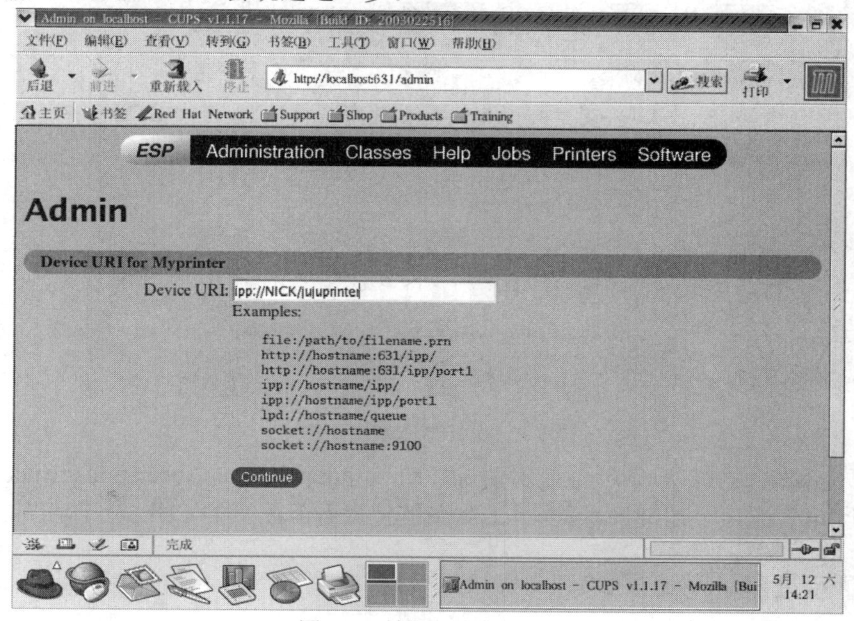

图 7-6　填写打印机 URL

输入相应的 URL 后，单击“Continue”按钮进入下一步，如图 7-7 所示。选择打印机型(打印机过滤器)(如果没有看到打印机的品牌，则可能是 PostScript 打印机，或者说打印机不需要过滤器，换句话说，打印机可以处理“原始”输出，这里也可以使用 Raw 或 PostScript 选项)，然后继续选择对应的打印机驱动程序，如图 7-8 所示。

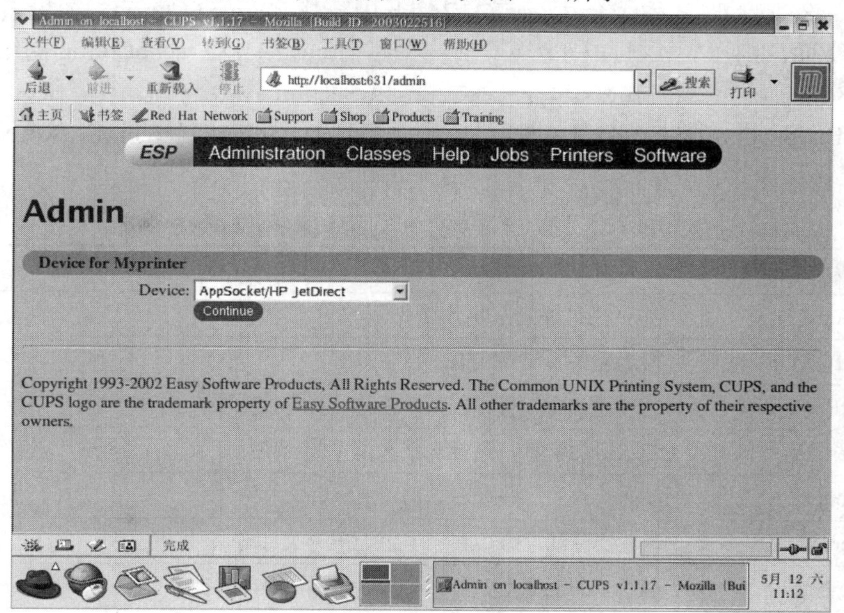

图 7-7　选择打印机型

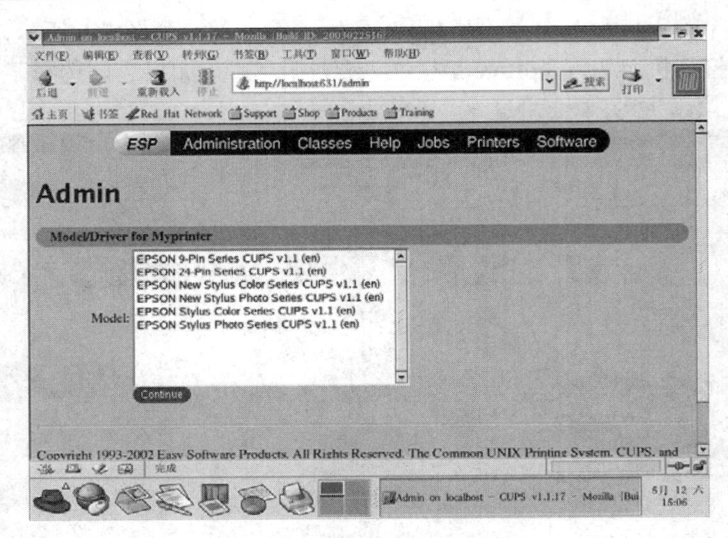

图 7-8 选择打印机驱动程序

选择完成后，则可以看到屏幕显示信息"Printer jujuprinter has been added successfully."。设置的打印机名成为了超链接，可以单击这个链接查看新配置的CUPS打印机的当前状态。

7.2.5 显示设备

显示设备的配置正确与否，主要影响X Window的使用。一般来说，在Red Hat Linux 9安装系统的过程中，已经配置了显卡和显示器的设置，用来进入X Window图形化界面。但假如之后对显卡配置不满意，则需要重新配置，这时，最直接的方法就是修改X Window的主要配置文件/etc/X11/XFree86Config。

当XFree86启动时，系统会在/usr/X11R6/lib中查找XFree86Config，如果该文件存放在/etc/X11下面，则在/usr/X11R6/lib下会有一个指向/etc/X11/XFree86Config的链接文件。

XFree86按照一定的格式来编写配置文件：以Section开始一个段，在Section后面跟上段名，以EndSection结束一个段，在段之间则是各种变量和对变量的赋值。XFree86Config中各段的定义如表7-5所示。

表 7-5 XFree86Config 中各段的定义

段名	说 明
Files	RGB文件路径及字体路径
ServerLayout	指定屏幕的布局和输入设备
InputDevice	输入设备的配置，包括键盘和鼠标等
Monitor	显示器的信息，设置水平和垂直刷新率
Module	动态模块的加载
Screen	设置实际的屏幕、显示颜色、屏幕尺寸等属性的配置
Device	显示卡的配置

XFree86Config 文件非常重要，而且每一台计算机的设置可能都不一样。其中某些设

置如果配置错误会对计算机造成损害，因此最好不要拷贝其他计算机上的文件作为自己的配置，除非两台计算机使用的配置一模一样。

可以看出，XFree86Config 文件非常复杂，修改其中的配置以适应自己的硬件环境是很复杂的事，不过，在 Red Hat Linux 9 下还可以选择“主菜单”→“系统设置”→“显示”程序，或在终端下使用 redhat-config-xfree86 命令通过图形化界面来进行显示系统的配置。

redhat-config-xfree86 是个不错的设置程序，其界面如图 7-9 所示。使用该程序的时候，系统可以自动检测出显示卡的类型，并且正确地设置它，如果没有检测到，则用户可以在显示卡列表中选择自己的显示卡，设置程序就会正确的设置 X Server。如果显示卡类型没有在列表中出现，那么就使用列表内通用的驱动程序作为 X Window 的 Server，试验一下 X 能否正常工作。一般来讲，目前市面上 80%以上的显示卡都可以被这个 Server 支持，包括 nVidia 或者 ATI 系列。如果仍然不能运行，那么就要到网络上寻找最新的显示卡驱动程序了。

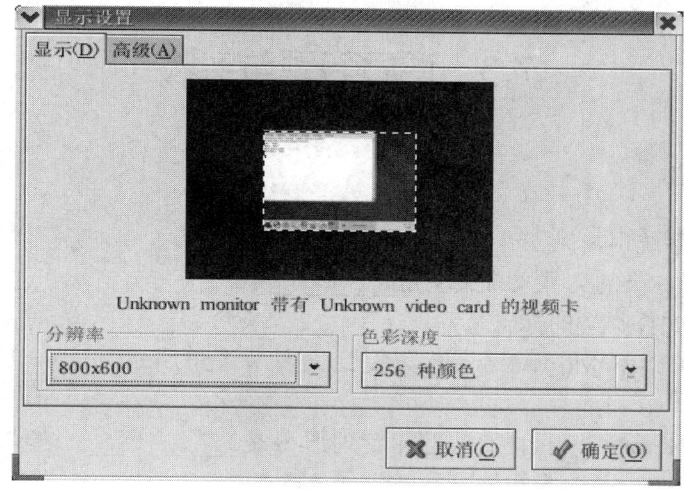

图 7-9　redhat-config-xfree86 设置界面

除了设置 X Server 以外，设置显示器的分辨率对于 X 能否正常工作也是至关重要的。设置何种分辨率取决于显示器的类型。在设置程序中，如果显示器类型在列表中出现，那么选定它即可，如果没有出现，那么可以选择 Generic，在随后的显示器列表中选择一款合适的显示器类型即可。

选定显示器后，在它的列表中就可以选择分辨率和刷新率，用户可以参照显示器的技术指标来选择正确的项目。如果用户不知道显示器的性能指标，则可以从最低的性能开始试验，直到确定合适的显示器类型。

在设置了显示器类型后，就可以运行 startx 程序启动 X Window 了。

7.2.6　声卡

Linux 系统对声卡支持的都比较好。一般情况下，系统会在安装过程中自动检测出声卡，并且自动进行驱动程序的安装。如果在系统安装时没有检测出声卡，则可选择“主菜单”→“系统设置”→“声卡监测”程序或在终端下使用 redhat-config-soundcard 程序进行声卡的检测，系统可以检测出计算机上声卡的销售商、型号及对应的模块。

7.2.7 网卡

对网卡的支持取决于网卡的芯片类型，与网卡的生产厂家无关。大多数的网卡都会被Linux自动检测出来。有些网卡的类型在Linux中没有driver，但是只要知道它跟哪一款网卡兼容，也可以使用它。目前常见的网卡都是ne2000兼容的。

Linux可以有两种方式支持网卡，一种是在内核中直接支持，另一种是加载模块支持。在Linux启动的过程中，查看是否有这样类似的一行："Bring up interface eth0: [OK]"。如果有，那么说明网卡已经被Linux识别了，然后使用redhat-config-network程序就可以完成网络的设置工作(如IP地址、网关、网络掩码等)，具体过程详见本书网络篇的TCP/IP配置。

7.3 课后习题与实验

7.3.1 课后习题

1. 在Linux系统中，以___________方式访问设备。
2. CD-ROM标准的文件系统类型是___________。
3. 字符设备文件类型的标志是___________。
4. 将光盘CD-ROM(/dev/cdrom)安装到文件系统的/mnt/cdrom目录下的命令是___________。
5. Red Hat Linux 9中的默认打印管理服务是___________，其Web管理地址是___________。
6. 在大多数发行版本中，以下(　　)属于块设备(block device)。

A. 串行口　　B. 硬盘　　C. 虚拟终端　　D. 打印机

7. 在Linux中，(　　)标识接在IDE0上的slave硬盘的第2个扩展分区。

A. /dev/hdb2　　B. /dev/hd1b2

C. /dev/hdb6　　D. /dev/hd1b6

8. 下面(　　)文件用来设置X Window 的显示分辨率。

A. xinit　　B. xinitrc　　C. XFree86Setup　　D. XFree86Config

9. 在XFree86Config 配置文件中，(　　)段用来设置字体文件。

A. The xfsCodes section　　B. The Graphics section

C. The Files section　　D. The Fonts section

10. 已知Linux系统中的唯一一块硬盘是第一个IDE接口的master设备，该硬盘按顺序有3个主分区和1个扩展分区，这个扩展分区又划分了3个逻辑分区，则该硬盘上的第二个逻辑分区在Linux中的设备名称是(　　)。

A. /dev/hda2　　B. /dev/hda4　　C. /dev/hda5　　D. /dev/hda6

7.3.2 实验：Linux设备管理

1. 实验目的

掌握Linux下各种硬件设备的配置。

2. 实验内容

(1) DVD-ROM与USB设备的使用。

(2) 打印机的配置。

3. 实验步骤

(1) 挂载DVD-ROM于/mnt/dvd目录，并读取其中的文件。

(2) 插入USB存储设备，并挂载在/mnt/usb目录下。

(3) 读取USB存储设备上的文件。

(4) 在USB存储设备上创建名为usbtxt的文件。

(5) 在“主菜单”→“系统设置”→“服务器设置”→“服务”下，查看CUPS服务是否启动。

(6) 按提示配置一台打印机。

4. 完成实验报告

5. 思考题

(1) 查看/dev目录，找出与当前系统设备对应的各类设备文件。

(2) 查看/etc/X11/XFree86Config，了解该配置文件的结构。

第 8 章　文件系统管理

◇【本章学习目标】

本章主要介绍 Linux 文件系统。Linux 文件系统是 Linux 和 Windows 的一个重要区别，其系统格式、类型、组织方式等都有其自身的特点。通过对本章的学习，读者应该掌握以下主要内容：

⊙ 磁盘分区和文件系统的概念；

⊙ 创建和挂载文件系统；

⊙ 维护文件系统。

8.1　文件系统基础

8.1.1　磁盘分区

Linux 系统使用各种存储介质来保存永久的数据，如硬盘、光盘、磁带等。其中硬盘是不可缺少的介质，硬盘有容量大、速度快、价格低等特点。我们常常对硬盘进行分区，使得每个分区在逻辑上是独立的，这样就可以在每个分区上安装操作系统，而多个操作系统就可以共处在同一块硬盘上。

硬盘需要经过分区然后格式化后才能够使用。硬盘经过分区后，分区软件便会写一个主引导扇区(MBR，Main Boot Record，有的书上说是 Master Boot Record)，这个扇区位于硬盘的 0 磁道 0 柱面第 1 扇区(即 0 区)(注意：该扇区为隐含扇区，0 道 0 面的全部扇区均为隐含扇区)。在该扇区的 512B 中，硬盘的主引导记录区 MBR 只占用了前 446B，另外的 64B 是硬盘分区表(DPT，Disk Partition Table)，最后 2B“55AA”是分区结束标志。

主引导记录中包含了硬盘的一系列参数和一段引导程序。其中，硬盘引导程序的主要作用是检查分区表是否正确，以及在系统硬件完成自检以后引导具有活动标志(80H)的分区上的操作系统，并将控制权交给活动盘上的操作系统的启动程序。MBR 的具体结构如图 8-1 所示。

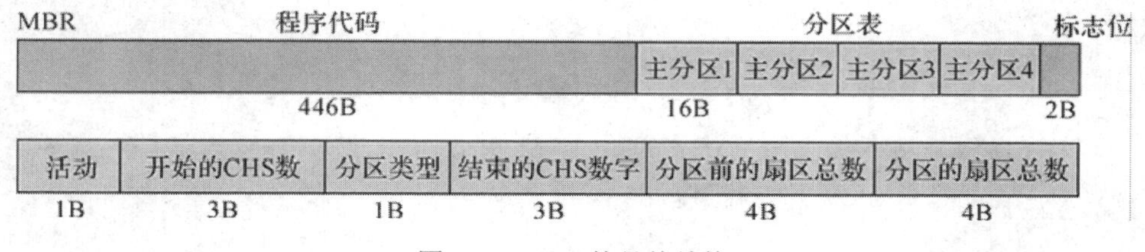

图 8-1　MBR 的具体结构

一个硬盘的分区最多只能有四个基本分区，即四个主分区，这是由个人计算机初期的设计架构决定的，至今还是计算机工业里的标准。虽然如此，但这个数量实在太少了，于是就产生了扩展分区。扩展分区就是在主分区的基础上把分区再细分成多个子分区，每个子分区都是逻辑分区。一般情况下，只能允许存在一个扩展分区，即磁盘可以有三个主分区和一个扩展分区。在 Linux 系统里，硬盘的分区信息可以使用命令“fdisk -l”来获得。

〖示例 8.1〗 显示硬盘分区信息：

```
[root@localhost root]#fdisk -l
Disk /dev/sda: 8589 MB, 8589934592 bytes
255 heads, 63 sectors/track, 1044 cylinders
Units = cylinders of 16065 * 512 = 8225280 bytes

Device Boot        Start      End     Blocks    Id   System
/dev/sda1    *         1       13     104391    83   Linux
/dev/sda2             14      979    7759395    83   Linux
/dev/sda3            980     1044     522112+   82   Linux swap
```

以上输出中带“*”号的是启动分区。

Linux 对硬盘分区的命名和 DOS 对硬盘分区的命名有很大的不同。在 DOS 下，软盘为“A:”、“B:”，硬盘为“C:”、“D:”等；而在 Linux 下则使用“/dev/hda”或“/dev/sda”来命名它们。以“/dev/hd”开头的表示 IDE 硬盘，以“/dev/sd”开头的表示 SCSI、SATA 或 USB 磁盘，随后的 a、b、c、d 等代表第几块硬盘，而数字 1、2、3、4 等代表硬盘的第几个分区。

8.1.2　文件系统概述

文件系统是操作系统中实现对文件的组织、管理和存取的一组系统程序，或者说它是管理软件资源的软件，对用户来说，它提供了便捷的存取信息的方法：按文件名存取信息，无需了解文件存储的物理位置。从这种意义上讲，文件系统是用户与外存的接口。

文件系统的主要功能如下：

- 实现按文件名存取文件信息，完成从文件名到文件存储物理地址的映射。
- 文件存储空间进行分配与回收。
- 对文件及目录进行管理。
- 提供操作系统与用户的接口。
- 提供菜单式接口。
- 提供程序接口。
- 提供有关文件自身的服务，如安全性、共享机制等。

Linux 支持多种类型的文件系统，如表 8-1 所示。

表 8-1 Linux 下常见的文件系统

文件系统	说 明
ext2	第二扩展文件系统，是 2001 年前 Red Hat Linux 的标准
ext3	第三扩展文件系统，ext2 的后继者，增加了日志功能
hpfs	OS/2 文件系统
iso9660	标准的 CD-ROM 文件系统
msdos	与 MS-DOS/FAT16 兼容的文件系统
nfs	网络文件系统，允许多台电脑间共享的文件系统
ntfs	用于 Windows NT 以上版本的文件系统
reiserfs	性能和安全性都胜于 ext3 的文件系统，带有日志功能
smb	支持 SMB 协议的高性能文件系统
sysv	UNIX 世界里广泛使用的 System V 的文件系统
swap	用于交换分区的文件系统
vfat	扩展的 DOS 文件系统，兼容 FAT32

当前 ext3 文件系统使用最为广泛，取代了之前的 ext2。ext3 和 reiserfs 文件系统都是日志型文件系统，这样的文件系统比传统的文件系统更为安全，因为它用独立的日志文件跟踪磁盘内部的变化，就像关系型数据库，日志文件系统可以使用事务处理的方式提交或者撤销文件系统的变化。日志机制保证了在每个实际数据修改之前，相应的日志已经写入硬盘。正因为如此，当系统突然崩溃时，会在下一次启动几秒钟后就能恢复成一个完整的系统。reiserfs 文件系统除了具有日志特性外，还具有适合处理大量小文件和特大文件的特点。而 ext3 作为 ext2 的后继者，磁盘格式和 ext2 完全相同，所以从 ext2 升级到 ext3 相当容易。当然，没有一种文件系统可以适用所有的应用，因此我们要选择适合自己的文件系统，对于普通用户，一般建议采用 ext3 或者 reiserfs。

Linux 系统采用了虚拟文件系统(VFS)技术，因此可以支持多种文件。每一个文件系统都提供了一个公共的接口给 VFS，不同文件系统的所有细节均由此进行转换。而因为采用了公共的接口，所以从 Linux 内核和运行的程序来看，不同的文件系统之间并无差别。

文件系统是所有数据的基础，所有文件和目录都驻留在文件系统上。在 Linux 系统里，所有的文件系统都被连接到一个总的目录上，这个目录就叫根目录，是由系统自动建立的。根目录下有许多分支，分支又有子分支，使得整个目录呈树状结构，如图 8-2 所示。

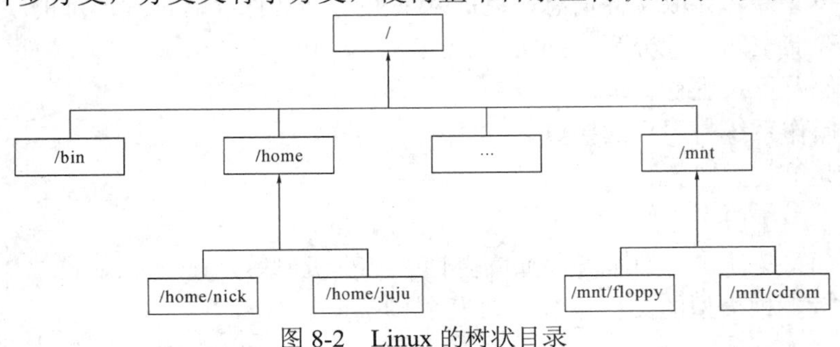

图 8-2 Linux 的树状目录

在 Linux 中创建文件系统后，用户还不能直接使用，而是要把文件系统挂载(mount)后才能使用。挂载文件系统首先要选择一个挂载点(mount point)。所谓挂载点，就是要挂载的文件系统的根目录所在的目录。如图 8-2 所示，/mnt/floppy 就是软盘的挂载点，/mnt/cdrom 就是光盘的挂载点，均挂载在 /mnt 目录下。这样，整个 Linux 文件系统就是由多个文件系统构成的，但是对于用户来说整个文件系统却是无缝的，感觉不到是在不同的文件系统下工作的。

8.1.3　Linux 的目录结构

Linux 系统是以文件的目的为依据对文件进行分组的，即相同目的的命令都放在同一子目录中。系统子目录中文件的作用是保证系统的正常运行，它们中的许多还有自己的下级子目录，并容纳完成 Linux 操作系统特定功能的程序。Linux 根据文件系统层次标准(FHS)组织的目录结构如表 8-2 所示。

表 8-2　Linux 目录结构

目录名	说　明
/	顶层根目录，所有其他目录都在文件系统层次的根目录之下
/bin	包括基本命令行实用程序，不能在其他的分区配置这个目录，否则无法在 linux rescue 模式中访问这些应用程序
/boot	包括 Linux 启动计算机时所要的命令和文件，如引导加载器、初始内存盘、系统内核等。如果硬盘较大(超过 8GB)，则可以把/boot 装载到另一个分区，这样可以保证启动计算机时访问到引导文件
/dev	该目录列出可用的设备驱动程序文件。比如，fdx 表示软驱；cdrom 表示光驱；hdx/sdX 表示硬盘和 USB 存储设备；lpX 表示打印机；null 表示空设备，任何对它的输出都会被抛弃；zero 则是可以提供 0 字节的输入设备。不能将这个目录装载到另一个分区
/etc	包含基本 Linux 配置文件。比如，bashrc 是 Bash 的配置文件，fstab 是挂载文件系统的配置文件，grub.conf 是 GRUB 的配置文件，httpd 是 WWW 服务的配置文件，syslog.conf 是日志管理的配置文件，X11 目录里存放的是 X Window 的配置文件等
/home	包括除根用户(超级用户)以外所有用户的主目录，如果将这个目录装载到另一个分区，则要留下充足的空间以便用户正常使用
/initrd	配置启动时初始内存盘的目录，不能将这个目录装载到另一个分区，也不能删除该目录，否则 Red Hat Linux 将无法启动。这个目录不属于 FHS
/lib	列出不同应用程序和 Linux 内核所需要的程序库文件。不能将这个目录装载到另一个分区
/lost+found	包含丢失的文件，像 fsck 这样的程序会将空的无法标识的文件放入这个目录。这个目录不属于 FHS
/misc	指定共享的 NFS 目录的公共装载点。这个目录不属于 FHS
/mnt	磁盘的公共装载点，如光驱、USB 磁盘等均可装载在该目录下
/opt	包括 Sun StarOffice 之类的第三方应用程序的默认安装位置

续表

目录名	说　明
/proc	是一个虚拟的目录，包括当前运行的所有内核相关进程的信息和资源分配
/root	根用户(超级用户)主目录，不能另外装载该目录
/sbin	包含许多系统管理命令，不能另外装载该目录
/tmp	临时文件的专用存储目录，默认情况下，/etc/cron.daily/tmpwatch 脚本从这里清除超过 10 天的文件
/usr	包括所有用户可用的程序与数据，其下包含许多子目录。比如，src 目录存放的是 Linux 内核的源代码，lib 是安装的应用程序所需的库文件，bin 和 sbin 是应用程序执行文件等
/var	包含变量数据文件。比如，log 目录存放的是日志文件；run 目录存放的是当前运行进程的进程号和当前用户的登录信息等

8.2 创建文件系统

8.2.1 创建磁盘分区

在硬盘上创建文件系统，首先要进行磁盘分区。fdisk 是一款功能强大的分区工具，也是目前在 UNIX 类操作系统中最流行的磁盘工具之一。fdsik 能划分磁盘为若干个区，同时也能为每个分区指定分区的文件系统，比如 Linux、FAT32、Linux swap、FAT16 以及其他 UNIX 类操作系统的文件系统等。当然，用 fdisk 对磁盘操作分区时并不是一个终点，还要对分区所需要的文件系统进行格式化，这样一个分区才能够使用。

1. fdisk 的说明

当通过 fdisk 命令进入相应设备时，以 fdisk /dev/sda 设备为例，会发现有如图 8-3 所示的提示。

```
[root@localhost root]#fdisk /dev/sda
Command (m for help):
Command action
a toggle a bootable flag —— 切换分区的启动标志
b edit bsd disklabel —— 编辑分区类型为 BSD 分区
c toggle the dos compatibility flag —— 标示分区为 DOS 兼容分区
d delete a partition        —— 删除分区
l list known partition types —— 显示已知的分区类型
m print this menu —— 显示命令的帮助
n add a new partition —— 添加新的分区
o create a new empty DOS partition table —— 创建一个空的 DOS 分区表
```

p print the partition table —— 显示当前硬盘的分区情况
q quit without saving changes —— 退出并且不保存分区的结果
s create a new empty Sun disklabel —— 创建一个空的 SUN 分区表
t change a partition's system id —— 改变分区的类型
u change display/entry units —— 改变分区大小的显示方式
v verify the partition table —— 验证分区表
w write table to disk and exit —— 保存分区结果并退出
x extra functionality (experts only) —— 进入专家模式

图 8-3　以 fdisk/dev/sda 设备为例的提示

2. 列出当前操作硬盘的分区情况

在 fdisk 的命令提示符下，输入“p”就可以查看当前的硬盘分区信息，即硬盘容量、磁盘表面数、扇区数、磁柱数、分区设备名、分区容量、分区类型等。在创建磁盘分区过程中，可以随时通过这个命令来查看分区的情况，以判断操作的正误。

3. 通过 fdisk 的 d 指令删除一个分区

删除分区可以使用“d”命令，然后输入想要删除的分区对应的分区序号即可。删除分区时要小心，需看好分区的序号。如果删除了扩展分区，则扩展分区之下的逻辑分区也会被删除，所以操作时需要特别小心，如果发现操作错误，则输入 q 不保存退出。在分区操作错误时，切勿输入 w 保存退出。

4. 通过 fdisk 的 n 指令增加一个分区

添加新分区用“n”命令。计算机会首先询问分区类型是主分区还是逻辑分区。假如当前硬盘的主分区+扩展分区已经把整个硬盘都划分完了，那么只能增加逻辑分区。然后，计算机会询问第一个磁柱，这时一般只需默认按回车键即可，如果输入了一个非默认的数字，则有可能会造成空间浪费。最后一个磁柱或者容量定义这个分区的具体容量，这里可以输入磁柱数，也可以直接输入具体容量单位，比如分区为 800 M，则直接输入 800 M 即可。

5. 通过 fdisk 的 t 指令指定分区类型

在新建完分区后就需要对分区指定其类型了，此时使用“t”命令。首先依然是指定所要修改的分区的序号，然后可以通过输入“L”来查看分区类型的 ID。表 8-3 列出了常用的分区类型对应的 ID。

表 8-3　常用分区类型对应表

ID	分区类型	ID	分区类型	ID	分区类型
0	Empty	81	Minix	8e	Linux LVM
6	FAT16	82	Linux swap	9f	BSD/OS
b	Win95 FAT32	85	Linux extended	a5	BSD/386
c	Win95 FAT32 (LBA)	86	NTFS volume set	a6	OpenBSD
f	Win95 Ext'd (LBA)	87	NTFS volume set	fd	Linux RAID auto

6. fdisk 的退出

fdisk 的退出使用 q 或者 w，其中 q 是不保存退出，w 是保存退出。

8.2.2 建立文件系统

硬盘进行分区后，下一步工作就是文件系统的建立，这与格式化磁盘类似。在一个分区上建立文件系统将会清除分区上的所有数据，因此建立文件系统前要确认分区上的数据不再使用。建立文件系统的命令是 mkfs，其命令格式如下：

mkfs [参数] 文件系统

命令的参数说明如下：

- 命令中的选项说明如表 8-4 所示。
- 文件系统：需要重建的文件系统。

表 8-4 mkfs 命令的常用选项

选项	说 明
-t	指定要创建的文件系统类型，默认是 ext2
-c	建立文件系统前检查坏块
-l file	从文件 file 中读磁盘坏块列表，该文件一般由磁盘检查程序产生
-V	输出建立文件系统的详细信息

〖示例 8.2〗 在 /dev/sda5 建立 ext3 文件系统：

```
[root@localhost root]#mkfs -V -t ext3 /dev/sda5
mkfs version 2.11y (Feb 24 2003)
mkfs.ext3 /dev/sda5
mke2fs 1.32 (09-Nov-2002)
Filesystem label=
OS type: Linux
Block size=1024 (log=0)
Fragment size=1024 (log=0)
66264 inodes, 265041 blocks
13252 blocks (5.00%) reserved for the super user
First data block=1
33 block groups
8192 blocks per group, 8192 fragments per group
2008 inodes per group
Superblock backups stored on blocks:
        8193, 24577, 40961, 57345, 73729, 204801, 221185
Writing inode tables: done
Creating journal (8192 blocks): done
```

```
Writing superblocks and filesystem accouting information: done
This filesystem will be automatically checked every 20 mounts or
180 days, whichever comes first. Use tune2fs -c or -i to override.
```

以上命令用于在磁盘分区/dev/sda5 建立 ext3 类型的文件系统，并显示详细信息。对于软盘建立文件系统则稍有不同，我们不必对软盘进行分区，而是先直接格式化。

〖示例 8.3〗 格式化软盘：

```
[root@localhost root]#fdformat -n /dev/fd0
Double-sided, 80 tracks, 18 sec/track. Total capacity 1440 kB.
Formatting … done
```

其次使用 badblocks 命令检查软盘上的坏块，把信息保存在文件 bad 中：

```
[root@localhost root]#badblocks /dev/fd0 1440 > bad
```

再用 mkfs 命令建立文件系统：

```
[root@localhost root]#mkfs -t ext2 -l bad /dev/fd0
```

8.2.3 交换分区

现代操作系统都实现了“虚拟内存”这一技术，不但在功能上突破了物理内存的限制，使程序可以操纵大于实际物理内存的空间，更重要的是，“虚拟内存”是隔离每个进程的安全保护网，使每个进程都不受其他程序的干扰。

交换分区的作用可简单描述为：当系统的物理内存不够用的时候，就需要将物理内存中的一部分空间释放出来，以供当前运行的程序使用。那些被释放的空间可能来自一些很长时间没有什么操作的程序，这些被释放的空间被临时保存到交换分区中，等到那些程序要运行时，再从交换分区中恢复保存的数据到内存中。这样，系统总是在物理内存不够时才进行交换。

需要说明一点，并不是所有从物理内存中交换出来的数据都会被放到交换分区中(如果这样的话，交换分区就会不堪重负)，有相当一部分数据被直接交换到文件系统。例如，有的程序会打开一些文件，对文件进行读写(其实每个程序都至少要打开一个文件，那就是运行程序本身)，当需要将这些程序的内存空间交换出去时，就没有必要将文件部分的数据放到交换分区中了，而可以直接将其放到文件里去。如果是读文件操作，那么内存数据被直接释放，不需要交换出来，因为下次需要时，可直接从文件系统恢复；如果是写文件，则只需要将变化的数据保存到文件中，以便恢复。

但是那些在 C/C++ 语言中用 malloc 和 new 函数生成的对象的数据则不同，它们需要交换分区，因为它们在文件系统中没有相应的“储备”文件，因此被称作“匿名”(anonymous)内存数据，这类数据还包括堆栈中的一些状态和变量数据等。所以说，交换空间是“匿名”数据的交换空间。

1. 交换分区的建立和激活

交换分区的建立和其他分区的建立没有太大的差别，唯一不同的是用 fdisk 命令建立分区时要使用“t”命令把分区类型改成82(Linux swap)。

Linux 系统下可以有多个交换分区，创建好交换分区后，要使用 mkswap 命令“格式化”分区，然后用 swapon 命令激活交换分区。

〖示例 8.4〗 在/dev/sda5 上建立交换分区：

```
[root@localhost root]#mkswap -c /dev/sda5
```

激活该交换分区：

```
[root@localhost root]#swapon /dev/sda5
```

2. 交换文件的建立和激活

交换文件作为虚拟内存的方式在很多操作系统中都有使用，Windows 也使用交换文件。交换文件的缺点在于单个文件的空间可能不连续；与用户文件同处在一个文件系统时可能会遭到破坏。然而对于硬盘比较紧张的系统，就不得不使用交换文件了。

交换文件的建立和激活过程如下：

(1) 创建一个指定大小的文件的命令如下：

[root@localhost root]#dd if=/dev/zero of=/swap bs=1024 count=500000

以上命令在根目录下创建了一个 512MB(等于 500000 块)的交换文件 swap，/dev/zero 是一个特殊的设备文件，对它的读操作总是返回零值字节。

(2) 创建交换文件并修改权限的命令如下：

[root@localhost root]#mkswap /swap

[root@localhost root]#chmod 600 /swap

(3) 激活交换文件的命令如下：

[root@localhost root]#swapon /swap

同样，关闭交换文件的使用，可以用以下命令：

[root@localhost root]#swapoff /swap

交换文件关闭后，如果不再继续使用，则可以直接删除，命令如下：

[root@localhost root]#rm -f /swap

8.2.4 proc 文件系统

在 Linux 系统中，提供了一套非常有用的在用户态检查内核状态和系统特征的机制，这就是 proc 文件系统，该文件系统安装在/proc 目录下。比起 Windows 的任务管理器来，proc 文件系统的功能更为强大：它能提供更多的系统信息，能修改部分系统信息，还能通过编程来扩充其中的内容。

该文件系统将进程的地址空间、系统的硬件信息(包括 CPU、内存状态、网卡等各种硬件设备)、系统相关机制(中断、I/O)等内容全部设置成虚拟文件。它以一种特殊的文件系统的方式，为访问系统内核数据的操作提供接口。也就是说，这个文件系统中所有的文件都是特殊文件，这些特殊文件一般与外部设备无关，所涉及的介质通常是内存和 CPU。当从一个特殊文件“读”出来时，所读出的数据都是由系统内部按一定的规则临时生成的，或从内存中收集、加工来的，反之亦然。换言之，这些文件的内容不存储在任何存储设备上，而是在读/写的时候才根据系统中当前的有关信息生成，或映射到系统中的有关变量或数据结构中。

/proc 目录的每个文件都有一组分配给它的非常特殊的文件许可权，并且每个文件属于特定的用户标识，这里面的文件仅仅包含以下几种权限：

- 只读 —— 任何用户都不能修改该文件。
- root 读 —— 这些文件对一般系统用户是不可见的，而对 root 用户是可见的。
- root 写 ——/proc 目录中的一些文件是可写的，但只能由 root 用户写。
- 其他 —— 三种权限的组合。

在 Linux 的/proc 目录里，除了/proc/sys 目录下的文件外，其余大部分的属性都属于 root，并且对全部用户是只读的。/proc/sys 目录下则存放着内核参数，并设计成为运行时可修改的。

表 8-5 列出了/proc 目录下的一些重要文件。

表 8-5　/proc 目录下的重要文件

目录/文件名	说　明
apm	高级电源管理
cmdline	内核命令行
cpuinfo	CPU 信息
devices	可用设备信息
filesystems	系统支持的文件系统
interrupts	中断信息
ioports	端口使用信息
kcore	内核映象
kmsg	内核消息
meminfo	内存信息
modules	内核加载模块列表
mounts	已加载文件信息
partions	系统识别的分区表
stat	全面信息统计状态表
swap	交换分区使用情况
version	内核版本
uptime	系统正常运行时间
sys	内核参数

在 /proc 目录下会发现一些以数字命名的子目录，它们是进程目录。系统中当前运行的每一个进程都有一个对应的目录在 /proc 目录下，以进程 ID 号为目录名，它们就是读取进程信息的接口。例如，后台进程 xinetd 的进程号是 4111，则在 /proc 目录下，必定存在名称为“4111”的目录。每个进程中包含的文件如表 8-6 所示。

表 8-6 进程信息中包含的内容

子目录名	说　明
cmdline	该进程的命令行参数
environ	进程环境变量的值
fd	进程打开的文件描述符
mem	进程的内存使用情况
stat	进程状态
cwd	进程的当前目录
root	进程的根目录
maps	内存映象
mounts	使用中的文件系统
statm	进程内存状态信息
status	进程的详细信息
exe	当前进程的可执行文件

8.3 文件系统的挂载和卸载

8.3.1 手动挂载和卸载文件系统

手动挂载文件系统常常用于临时使用文件系统的场合，尤其是软盘和光盘的使用。手动挂载文件系统使用 mount 命令，具体的格式如下：

mount [参数] 设备名 挂载点

命令的参数说明如下：

- 命令中的参数说明如表 8-7 所示。

表 8-7 mount 命令的常用选项

选项	说　明
-f	模拟一个文件系统的挂载过程，用它可以检查一个文件系统是否可以正确挂载
-n	挂载一个文件系统，但不在 fstab 文件中生成与之对应的设置项
-s	忽略文件系统不支持的安装类型，而不导致安装失败
-v	命令进展注释状态，给出 mount 命令每个操作步骤的注释
-w	以可读写权限挂载一个文件系统
-r	以只读权限挂载一个文件系统
-t type	定义准备挂载的文件系统的类型(如表 8-1 所示)
-a	把/etc/fstab 文件中列出的所有文件系统挂载好
-o option	根据各参数选项挂载文件系统。参数选项跟在-o 后面，用逗号彼此隔开

- 设备名：需要挂载的文件系统。
- 挂载点：文件系统挂载的根目录。

〖示例 8.5〗 将本机的 DVD-ROM 挂载到 /mnt/cdrom 下：

```
[root@localhost root]#mount -t iso9660 /dev/cdrom /mnt/cdrom
```

挂载文件系统时，用户的当前目录不能是挂载点，否则挂载文件系统后，用户看到的内容仍是没有挂载前的目录原来的内容。正确挂载文件系统后，挂载点原来的内容会不可见。在卸载文件系统后，挂载点原有的内容就可见了。

挂载文件系统只能使用超级用户 root 来进行，一般用户不能执行此项操作。

如果不打算在一个文件系统上写入任何数据，则可以使用-r 选项，这将停止任何对此文件系统的写要求，也将停止对该文件系统下文件的时间戳的修改。

Linux 系统会把已经挂载的文件系统信息写到 /etc/mtab 文件中，用不带任何参数的 mount 命令可以显示已经挂载的文件系统的信息。

〖示例 8.6〗 显示已经挂载的文件系统信息：

```
[root@localhost root]#mount
#设备名  on  文件系统类型  (文件系统属性)
/dev/sda2 on / type ext3 (rw)
none on /proc type proc (rw)
usbdevfs on /proc/bus/usb type usbdevfs (rw)
/dev/sda1 on /boot type ext3 (rw)
none on /dev/pts type devpts (rw,gid=5,mode=620)
none on /dev/shm type tmpfs (rw)
none on /proc/sys/fs/binfmt_misc type binfmt_misc (rw)
```

卸载文件系统相当简单，可使用以下命令：

umount 挂载点或设备名

卸载文件系统时，不能有用户正在使用该文件系统。虽然现在软盘已经很少使用了，但还是要提醒一下，如果软盘已经被手动挂载，则一定要先用 umount 命令进行卸载，以保证所有的磁盘缓冲数据全部写到软盘上，然后才能取出软盘，否则可能导致软盘上的数据永久性损坏。

8.3.2 自动安装文件系统

根据 8.3.1 节的介绍，我们已经知道如何使用 mount 命令来手动挂载文件系统，对于用户经常使用的文件系统，则最好能让 Linux 系统在启动时就自动挂载好，/etc/fstab 配置文件解决了这个问题。

〖示例 8.7〗 显示 /etc/fstab 文件内容：

```
[root@localhost root]#cat /etc/fstab
```

```
LABEL=/          /              ext3    defaults    1 1
LABEL=/boot      /boot          ext3    defaults    1 2
none             /proc          proc    defaults    0 0
/dev/sda3        swap           swap    defaults    0 0
/dev/cdrom       /mnt/cdrom     udf,iso9660 noauto,owner,kudzu,ro 0 0
```

对 /etc/fstab 的说明：

- 第一字段：表示设备名。
- 第二字段：表示文件系统的挂载点。
- 第三字段：表示文件系统类型。
- 第四字段：表示文件系统的挂载选项，和 mount 中的-o 同理。defaults 包括的选项有：rw、suid、dev、exec、auto、nouser、async，通过实践，这个默认设置能够满足我们的需要。
- 第五字段：表示文件系统是否需要 dump 备份，1 是需要，0 是不需要；是真关系还是假关系。
- 第六字段：表示是否在系统启动时通过 fsck 磁盘检测工具来检查文件系统，1 是需要，0 是不需要，2 是跳过。

文件系统的挂载选项如表 8-8 所示。

表 8-8 文件系统的挂载选项

选项	说 明
async	对该设备的写操作进行异步缓冲处理
auto	开机自动挂载
defaults	使用预设的选项 rw、suid、dev、exec、auto、nouser、async
dev	允许挂载设备文件
exec	允许执行可执行文件
noauto	不再使用 mount -a 命令(例如系统启动时)加载该文件系统
nodev	不允许挂载设备文件
noexec	不允许可执行文件执行，但千万不要把根分区挂为 noexec，那就无法使用系统了
nosuid	不允许有 suid/sgid 的文件格式
nouser	不允许普通用户挂载
remount	将一个已经卸载的文件系统重新用不同的方式挂载。例如原先是只读的文件系统，现在用可读写的模式重新挂载
ro	以只读模式挂载该文件系统
rw	以可读写模式挂载该文件系统
suid	允许有 suid/sgid 的文件格式
sync	不对该设备的写操作进行缓冲处理，这可以防止在非正常关机的情况下破坏文件系统，但是降低了计算机速度
user	允许普通用户加载该文件系统

8.4　文件系统的维护

8.4.1　检查文件系统

Linux 是一个非常稳定的系统，一般情况下文件系统不会出现问题。如果系统异常断电或不遵守正确的关机顺序，磁盘缓冲的数据没有写入磁盘，则文件系统常常会不正常，这时就需要进行文件系统的检查。Linux 系统启动时，会自动检查/etc/fstab 文件中设定要自动检查的文件系统，就像 Windows 系统开机时用 scandisk 或 chkdsk 检查磁盘一样，我们也可以使用 fsck 命令手工对文件系统进行检查。fsck 命令的格式如下：

fsck [参数] 设备名

命令的参数说明如下：

- 命令中的参数说明如表 8-9 所示。
- 设备名：需要检查的文件系统。

表 8-9　fsck 命令的常用选项

选项	说　明
-a	自动修复文件系统，不询问任何问题
-A	依照 /etc/fstab 配置文件的内容，检查文件内所列的全部文件系统
-N	不执行指令，仅列出实际执行中会进行的动作
-P	当搭配 -A 参数使用时，会同时检查所有的文件系统
-r	采用互动模式，在执行修复时询问问题，让用户得以确认并决定处理方式
-s	依序执行检查作业，而非同时执行
-t fstype	指定要检查的文件系统类型
-T	执行 fsck 指令时不显示标题信息
-V	显示指令执行过程

手工检查文件系统时应在没有挂载的文件系统上进行，如果文件系统已经挂载，则应先把它卸载。fsck 命令检查完文件系统后，如果修复了文件系统，则应该重新启动 Linux 系统。通常 fsck 检查完文件系统会将没有引用的项直接连接到文件系统中的/lost+found 的特定目录下，用户可以从这里找回丢失的数据，但这并不是一件容易的事。

〖示例 8.8〗 检查/dev/sda1：

```
[root@localhost root]#umount /dev/sda1
[root@localhost root]#fsck -V -t ext3 /dev/sda1
fsck 1.32 (09-Nov-2002)
[/sbin/fsck.ext3 (1) -- /boot] fsck.ext3 /dev/sda1
e2fsck 1.32 (09-Nov-2002)
/boot: clean, 41/26104 files, 12727/104391 blocks
```

8.4.2 磁盘坏块的检查

在磁盘分区后，创建文件系统之前，可以使用 badblocks 命令检查磁盘上的坏块。这样，创建文件系统时可以利用检查跳过坏块，避免数据保存到磁盘坏块上。坏块检查命令 badblocks 的格式如下：

badblocks [参数] 设备名 块数

命令的参数说明如下：

- 命令中的参数说明如表 8-10 所示。
- 设备名：需要检查的文件系统。
- 块数：需要检查的块数。

表 8-10 badblocks 的常用选项

选项	说 明
-o filename	将坏块情况输出到文件
-s	显示已经检查过的磁盘块数
-w	使用写模式，它会破坏原来的数据

〖示例 8.9〗 检查 /dev/sda3 的坏块，并显示进度：

```
[root@localhost root]#badblocks -s /dev/sda3
Checking for bad blocks (read-only test): done
```

检查软盘的坏块：

```
[root@localhost root]#badblocks -o bad /dev/fd0 1440
```

8.4.3 文件系统管理命令

(1) 统计目录使用磁盘空间的情况，其命令格式如下：

du [参数] 目录名

命令的参数说明如下：

- 命令中的参数说明如表 8-11 所示。
- 目录名：需要统计的目录。

表 8-11 du 命令的常用选项

选项	说 明
-a	显示目录中个别文件的大小
-s	只显示磁盘的总体使用情况
-k	以千字节为单位显示信息，默认是以块为单位
-m	以 MB 为单位显示信息

〖示例 8.10〗 统计/root 目录的情况：

```
[root@localhost root]#du -k /root
```

(2) 统计未使用的磁盘空间，其命令格式如下：

df [参数]

命令的参数说明如下：

- 命令中的参数说明如表 8-12 所示。

表 8-12　df 命令的常用选项

选项	说　明
-a	包含全部的文件系统
-k	以千字节为单位显示信息
-m	以 MB 为单位显示信息
-t fstype	仅显示指定文件系统类型的磁盘信息

〖示例 8.11〗 统计当前系统已挂载的文件系统空间：

```
[root@localhost root]#df -m /
文件系统          1M-块      已用     可用     已用%    挂载点
/dev/sda2         7459       3226     3854     46%      /
none              125        0        125      0%       /dev/shm
```

(3) 转换和复制文件。

dd 命令可用来产生交换文件，也常常用来制作映象文件，其命令格式如下：

dd if=输入文件名　of = 输出文件名　count= 块数

〖示例 8.12〗建立软盘映象文件：

```
[root@localhost root]#dd if=/dev/fd0 of=floppy-image count=1440
1440+0 records in
1440+0 records out
```

8.5　课后习题与实验

8.5.1　课后习题

1. 在 Linux 系统中所有内容都被表示为文件，组织文件的各种方法称为__________。
2. Linux 使用支持 Windows 9.x/2000 长文件名的文件系统的类型是__________。
3. 在 Linux 系统中，用来存放系统所需要的配置文件和子目录的目录是__________。
4. Linux 文件系统的文件都按其作用分门别类地放在相关的目录中，对于外部设备文件，一般应将其放在__________目录中。
5. 列出当前磁盘分区情况的命令为__________。
6. 想要对硬盘 IDE0 的第二扩展分区建立 ext3 文件系统，命令为__________。
7. Linux 在启动时，读取__________文件以自动加载文件系统。
8. 请说出下面的目录主要放置什么数据。

/etc：____

/boot：____

/bin，/usr/bin：________________________________

/sbin，/usr/sbin：______________________________

/var/log：______________________________________

9. 某 /etc/fstab 文件中的某行如下：

/dev/hda5 /mnt/dos vfat defaults,usrquota 1 2

请解释其含义。

10. 当文件系统受到破坏时，如何检查和修复系统？

8.5.2 实验：Linux 中的分区与文件系统的管理

1. 实验目的

(1) 掌握磁盘的分区。

(2) 掌握文件系统的建立、挂载。

(3) 理解自动挂载。

2. 实验内容

(1) 使用 fdisk 命令进行磁盘分区。

(2) 使用 mkfs 命令创建文件系统。

(3) 使用 fsck 命令检查文件系统。

(4) 使用 mount 和 umount 命令实施挂载和卸载文件系统。

(5) 在系统启动时自动挂载文件系统。

3. 实验步骤

(1) fdisk 创建磁盘分区时，需要保证磁盘的剩余空间不为 0。

(2) 以 root 用户登录到系统字符界面下。

(3) 输入 fdisk 命令，把要进行分区的硬盘设备文件作为参数。

(4) 利用 m，列出所有可使用的子命令。

(5) 输入 p，显示已有的分区表。

(6) 输入 n，创建扩展分区。

(7) 输入 n，在扩展分区上创建新的分区。

(8) 输入 l，选择创建逻辑分区。

(9) 输入新分区的起始扇区号，回车使用默认值。

(10) 输入新分区的大小(不要将硬盘所有的剩余空间全分配掉，实验要求创建两个逻辑分区)。

(11) 再次利用 n 创建另一个逻辑分区，将硬盘所有剩余空间都分配给它。

(12) 输入 p，显示分区表，查看新创建好的分区。

(13) 输入 l，显示所有分区类型的代号。

(14) 输入 t，设置分区的类型。

(15) 输入要设置分区类型的分区代号(要保证这里设置的两个逻辑分区的文件系统分

别是 ext3 和 vfat)。

(16) 输入 p，查看设置结果。

(17) 输入 w，把设置写入硬盘分区表，退出 fdisk 并重新启动系统。

(18) 在上述刚刚创建的分区上创建 ext3 文件系统和 vfat 文件系统。

(19) 用 fsck 检查文件系统。

(20) 在/mnt 目录下建立挂载点 tmp1 和 tmp2。

(21) 利用 mount 命令列出已经挂载到系统上的分区。

(22) 把上述新创建的 ext3 分区挂载到 /mnt/tmp1。

(23) 把上述新创建的 vfat 分区挂载到 /mnt/tmp2。

(24) 利用 mount 命令列出挂载到系统上的分区，查看挂载是否成功。

(25) 利用 umount 命令卸载上面的两个分区。

(26) 利用 mount 命令查看卸载是否成功。

(27) 编辑系统文件 /etc/fstab，把上面两个分区加入此文件中。

(28) 重新启动系统，显示已经挂载到系统上的分区，检查设置是否成功。

4. 完成实验报告

5. 思考题

(1) 在 Linux 下能创建 Windows 分区吗？在 Linux 下能创建 Windows 的文件系统吗？

(2) 文件挂载表的文件是什么？作用是什么？格式是怎样的？

(3) 利用 mount 命令挂载一个文件系统和将其写入文件挂载表的区别是什么？

第9章 进程管理

◇【本章学习目标】

由于操作系统正在变得越来越复杂，所以引导过程也越来越智能化。从简单的 DOS 系统到 Linux 系统，这已不仅仅是核心操作系统的启动引导，还包括必须要同时启动相当数量的后台进程，而 Linux 可以出色地管理和协调众多的进程。通过对本章的学习，读者应该掌握以下主要内容：

⊙ Linux 系统引导过程；
⊙ init 进程的功能和配置；
⊙ 进程管理的各种操作。

9.1 系统初始化

9.1.1 系统启动过程

Red Hat Linux 9 系统的引导启动过程与其他类 UNIX 系统类似，都要经历以下几个步骤：

(1) 主机启动并进行硬件自检后，读取保存在硬盘 MBR(主引导扇区)中的启动引导器程序，并进行加载。

(2) 启动之后，如果选择了 Linux 作为准备引导的操作系统，则第一个被加载的东西就是内核。注意此时的计算机内存中还不存在任何操作系统，PC 也还没有办法存取机器上全部的内存。因此，内核就必须完整地加载到可用 RAM 的第一个兆字节之内。为了实现这个目的，内核是被压缩了的。这个文件的头部包含着必要的代码，先设置 CPU 进入保护模式，再对内核的剩余部分进行解压缩。

(3) 内核在内存中解压缩之后，就可以开始运行了。此时的内核只知道它本身内建的各种功能，也就是说被编译为模块的内核部分还不能使用。最基本的是，内核必须有足够的代码设置自己的虚拟内存子系统和根文件系统。一旦内核启动运行，对硬件的检测就会决定需要对设备驱动程序进行初始化。从这里开始，内核就能够挂载根文件系统了(这个过程类似于 Windows 识别并存取 C 盘的过程)。内核挂载了根文件系统之后，将加载一个叫做 init 的进程。

(4) init 进程根据配置文件执行相应的系统程序，并进入指定的运行级别，在不同的运行级别下，系统将启动相应的一系列服务程序。

(5) 最后，运行控制台程序并允许用户进行登录。

9.1.2　init 进程的配置

init 进程是非内核进程中第一个被启动运行的，因此它的进程编号 PID 的值总是 1。init 读它的配置文件 /etc/inittab，决定需要启动的运行级别(runlevel)。

从根本上说，运行级别规定了整个系统的行为，每个级别(分别由 0～6 的整数表示)满足特定的目的。如果定义了 initdefault 级别，则这个值就直接被选中，否则需要由用户输入一个代表运行级别的数值。输入代表运行级别的数值之后，init 根据/etc/inittab 文件中的定义执行一个命令脚本程序。缺省的运行级别取决于安装阶段对登录程序的选择：是使用基于文本的，还是使用基于 X Window 的登录程序。

init 进程的配置文件说明，如图 9-1 所示。

```
#
# inittab        This file describes how the INIT process should set up
#                the system in a certain runlevel.
#
# Author:        Miquel van Smoorenburg, <miquels@drinkel.nl.mugnet.org>
#                Modified for RHS Linux by Marc Ewing and Donnie Barnes
#
#运行级别的说明
# Default runlevel. The runlevels used by RHS are:

#    0 - halt (Do NOT set initdefault to this)
#系统停止：
#注意不要把该级别设置为默认模式，否则系统每次启动以后就会自动停止。
#这个运行级别主要用于关闭任务，在 rc0.d 目录下的各个连接命令都是此级别
#的命令。在关闭时，这些命令逐个执行。它们将杀掉所有进程、关闭虚拟内
#存和交换文件、卸载文件系统和交换分区。

#    1 - Single user mode
#单用户模式：
#该模式只能许可一个用户从本地计算机上登录，rc1.d 目录下的所有文件与此
#运行级别相连。此运行级别一般用于系统管理与维护。

#    2 - Multiuser, without NFS (The same as 3, if you do not have networking)
#不支持 NFS（网络文件系统）的多用户模式：
#用户可以通过网络进行登录。在不支持网络的情况下该模式和模式 3 是相同
#的，rc2.d 目录下的所有文件与此级别相连。

#    3 - Full multiuser mode
```

```
#完全多用户模式：
#这是缺省的运行模式，在此模式下所有网络服务程序一起运行。rc3.d 目录下
#的文件与此级别相连。

#    4 - unused
#未使用模式：
#rc4.d 目录与此级别相连。这一级别是用户自定义的运行级别，用户可以根据
#需要自己定义。如果想运行此级别的话，必须在 rc4.d 目录下放入连接文件，
#就像其他 rcx.d 目录下的文件，并指明是启动还是终止进程。

#    5 - X11
#图形化界面模式：
#在 Linux 下运行 X Window 就是使用这一级别。在此级别下除了互联网的域名
#服务器的 named 进程与级别 3 不同，其余的都相同。

#    6 - reboot (Do NOT set initdefault to this)
#系统重启：
#rc6.d 目录与此级别相连。既然是重新启动也就是关闭当前系统，但不关闭电
#源，所以此目录下的连接与级别为 0 的 rc0.d 下的连接基本相同。

#表示系统默认的运行级别为 3
id:3:initdefault:

# System initialization.
#系统初始化时执行的文件/etc/rc.d/rc.sysinit
si::sysinit:/etc/rc.d/rc.sysinit

#不同运行级别对应的启动文件
l0:0:wait:/etc/rc.d/rc 0
l1:1:wait:/etc/rc.d/rc 1
l2:2:wait:/etc/rc.d/rc 2
l3:3:wait:/etc/rc.d/rc 3
l4:4:wait:/etc/rc.d/rc 4
l5:5:wait:/etc/rc.d/rc 5
l6:6:wait:/etc/rc.d/rc 6

# Trap CTRL-ALT-DELETE
#CTRL+ALT+DELETE 的功能，这里是立即重启电脑
ca::ctrlaltdel:/sbin/shutdown -t3 -r now
```

```
# When our UPS tells us power has failed, assume we have a few minutes
# of power left.   Schedule a shutdown for 2 minutes from now.
# This does, of course, assume you have powerd installed and your
# UPS connected and working correctly.
#自动检测 UPS，当 UPS 中的电快耗尽时，自动在 2 分钟内关闭电脑
pf::powerfail:/sbin/shutdown -f -h +2 "Power Failure; System Shutting Down"

# If power was restored before the shutdown kicked in, cancel it.
#假如在 2 分钟内 UPS 中的电力恢复，则自动取消关机指令
pr:12345:powerokwait:/sbin/shutdown -c "Power Restored; Shutdown Cancelled"

# Run gettys in standard runlevels
#在普通模式下模拟出 6 个虚拟控制台

1:2345:respawn:/sbin/mingetty tty1
2:2345:respawn:/sbin/mingetty tty2
3:2345:respawn:/sbin/mingetty tty3
4:2345:respawn:/sbin/mingetty tty4
5:2345:respawn:/sbin/mingetty tty5
6:2345:respawn:/sbin/mingetty tty6

# Run xdm in runlevel 5
#在模式 5 启动 X Window
x:5:respawn:/etc/X11/prefdm -nodaemon
```

图 9-1　/etc/inittab 配置文件说明

Linux 用于管理运行级别有两个常用的命令：runlevel 和 init。

(1) runlevel：显示上一次以及系统当前的运行级别。

〖示例 9.1〗 使用 runlevel 查看运行级别：

```
[root@localhost root]#runlevel
N 3
#系统当前运行级别为 3，因为不存在上一次运行级别，所以用“N”表示。
```

(2) init：修改当前的运行级别，命令格式为

　　init 运行级别号

〖示例 9.2〗 修改当前运行级别为 1：

```
[root@localhost root]#init 1
INIT: switching to runlevel: 1
#将运行级别修改为 1 后，控制台将显示相应的停止启动服务的消息。
```

9.1.3 rc 命令介绍

当运行级别发生改变时，将由 /etc/inittab 文件定义需要运行哪一个命令脚本程序。这些命令脚本程序负责启动或者停止该运行级别特定的各种服务。由于需要管理的服务数量很多，因此需要使用 rc 命令脚本程序。其中，最主要的一个是 /etc/rc.d/rc，它负责为每一个运行级别按照正确的顺序调用相应的命令脚本程序。可以想象，这样一个命令脚本程序很容易变得难以控制。为了防止这类事件的发生，需要使用精心设计的方案。

对每一个运行级别来说，在 /etc/rc.d 子目录中都有一个对应的下级目录。这些运行级别的下级子目录的命名方法是 rcX.d，其中的 X 就是代表运行级别的数字。

在各个运行级别的子目录中，都建立有到 /etc/rc.d/init.d 子目录中命令脚本程序的符号链接，但是，这些符号链接并不使用命令脚本程序在 /etc/rc.d/init.d 子目录中原来的名字。如果命令脚本程序是用来启动一个服务的，则其符号链接的名字就以字母 S 打头；如果命令脚本程序是用来关闭一个服务的，则其符号链接的名字就以字母 K 打头。

许多情况下，这些命令脚本程序的执行顺序都很重要。如果没有先配置网络接口，就没有办法使用 DNS 服务解析主机名。为了安排它们的执行顺序，在字母 S 或者 K 的后面紧跟着一个两位数字，数值小的在数值大的前面执行。

存放在 /etc/rc.d/init.d 子目录中的、被符号链接上的命令脚本程序是真正需要执行的程序，用来完成启动或者停止各种服务的操作过程。当 /etc/rc.d/rc 运行通过每个特定的运行级别子目录的时候，它会根据数字的顺序依次调用各个命令脚本程序执行。它先运行以字母 K 打头的命令脚本程序，然后再运行以字母 S 打头的命令脚本程序。对以字母 K 打头的命令脚本程序来说，会传递 Stop 参数；类似地对以字母 S 打头的命令脚本程序来说，会传递 Start 参数。

9.2 进 程 管 理

9.2.1 进程概念

Linux 是一个多用户多任务的操作系统。多用户是指多个用户可以在同一时间使用计算机系统；多任务是指 Linux 可以同时执行几个任务，它可以在还未执行完一个任务时又执行另一项任务。

操作系统管理多个用户的请求和多个任务。大多数系统都只有一个 CPU 和一个主存，但一个系统可能有多个二级存储磁盘和多个输入/输出设备。操作系统管理这些资源并在多个用户间共享资源，当用户提出一个请求时，会给用户造成一种假象，好像系统只被用户独自占用，而实际上，操作系统监控着一个等待执行的任务队列，这些任务包括用户作业、操作系统任务、邮件和打印作业等。操作系统根据每个任务的优先级为每个任务分配合适的时间片，每个时间片大约都有零点几秒，虽然看起来很短，但实际上已经足够计算机完成成千上万的指令集了。每个任务都会被系统运行一段时间，然后挂起，系统转而处理其他任务；过一段时间以后再回来处理这个任务，直到某个任务完成，从任务队列中去除。

Linux 系统上所有运行的东西都可以称之为一个进程。每个用户任务、每个系统管理守护进程，都可以称之为进程。Linux 用分时管理方法使所有的任务共同分享系统资源。我们在讨论进程的时候，不会去关心这些进程究竟是如何分配的，或者是内核如何管理分配时间片的，我们所关心的是如何去控制这些进程，让它们能够很好地为用户服务。

进程的一个比较正式的定义是：在自身的虚拟地址空间运行的一个单独的程序。进程与程序的区别是微妙的。在这里使用一个类比来说明它们之间的关系：想象一个懂得做饭的计算机科学家正在厨房里烘烤他女儿的生日蛋糕，他拥有一本生日蛋糕指南，厨房里存放着所有需要的配料，如面粉、鸡蛋、白糖、甘草汁……。在这样一个类比中，指南就是程序，它描述了解决问题的算法；计算机科学家就是处理器(CPU)；蛋糕的配料就是输入的数据；而所谓的进程，则是包含了阅读指南、加工配料、烘烤蛋糕这一系列的过程。

9.2.2　进程的启动

1. 手动启动

手动启动进程，是指用户在 Shell 命令行下输入要执行的程序来启动一个进程。其启动方式分为前台和后台两种，默认为前台启动。若要程序在后台运行，则在命令后加上一个“&”符号即可，这时 Shell 可以继续运行和处理其他的程序。

2. 调度启动

调度启动时事先就设置好要在某个时刻运行的程序了，当到了预设的时间时，由系统自动运行该程序，这个相当于 Windows 系统中的任务计划。在对 Linux 系统进行日常维护时，有时需要进行一些费时且费系统资源的操作，为了不影响正常的服务，通常将其通过调度启动的方式安排在系统闲置的时候自动运行。

在指定的时间运行特定的程序，可使用 at 或 crontab 命令。

(1) at 命令，具体格式如下：

    at [参数] 时间

命令的参数说明如下：

- 命令中的选择说明如表 9-1 所示。
- 时间：执行程序的时刻。

表 9-1　at 命令的常用选项

选项	说　明
-m	作业结束后发送邮件给执行者
-f file	指定计划执行的命令序列存放的文件
-v	在作业执行时显示时间

〖示例 9.3〗 计划在今天的 12:00 将进程信息保存在 today.process.log 文件中：

```
[root@localhost root]#at 12:00 today
at> ps -aux > today.process.log
[1]+        Stop        at 12:00 today
#在“at>”输入完需要执行的命令后，用“Ctrl + Z”退出 at 命令行状态。
```

在任何情况下，root 用户均可以执行该指令，对于其他用户来说，是否有执行指令的权限，取决于 /etc/at.allow 和 /etc/at.deny 两个配置文件。如果 /etc/at.allow 文件存在，则只有该文件中列表的用户有权执行；如果该文件不存在，则检查 /etc/at.deny 文件是否存在，在该文件中列表的用户禁止执行 at 命令。Linux 默认是存在一个空的 /etc/at.deny 文件，即允许所有用户执行 at 命令。

(2) crontab 命令。

cron 是一个常驻服务，它提供计时器的功能，让用户在特定的时间得以执行预设的指令或程序。只要用户会编辑计时器的配置文件，就可以使用计时器的功能。其计划任务的表达方式为

minute hour day month day of the week command

前面 5 个参数用空格分隔，分别表示分钟数(0～59)、小时数(0～23)、天数(0～31)、月份(0～12)、星期数(0～7，0 或 7 都表示星期日)。每个参数均可以用“*”代表任意值，可用“～”代表取值范围，还可用“，”分隔来表示值的列表。

crontab 命令的格式如下：

crontab [参数]

命令中的选择说明如表 9-2 所示。

表 9-2 crontab 命令的常用选项

参数	说　明
-e	编辑该用户的计时器设置
-l	列出该用户的计时器设置
-r	删除该用户的计时器设置
-u username	指定要设定计时器的用户名称

〖示例 9.4〗 计划在 1 月 21 日的 12：00 将进程信息保存在 process.log 文件中：

```
[root@localhost root]#crontab -e
12 21 1 0 ps -aux > process.log
#输入完后退出 crontab 编辑状态。
```

9.2.3 管理系统进程

1. 查看系统进程

(1) ps 命令，具体格式如下：

ps [参数]

命令中的选择说明如表 9-3 所示。

表 9-3 ps 命令的常用选项

选项	说 明
-A 或 -e	显示所有进程
-a	显示现行终端机下运行的所有进程
-u uid	列出属于该用户的进程的状况
-p pid 或 p pid	指定进程识别码，并列出该进程的状况
a	显示所有进程，包括其他用户的进程
e	显示每个程序所使用的环境变量
x	显示所有进程，不以终端来区分
u	显示进程所属用户名
-H	以树状结构显示进程

〖示例 9.5〗 显示所有的进程信息及其执行用户：

```
[root@localhost root]#ps -aux
USER   PID %CPU %MEM   VSZ  RSS TTY STAT   START TIME   COMMAND
root     1   0.2  0.1   1372  472      ?     S     14:07    0:03 init
…
```

(2) top 命令，具体格式如下：

top [参数]

命令中的选择说明如表 9-4 所示。

表 9-4 top 命令的常用选项

选项	说 明
c	列出进程时，显示每个程序的完整指令
d intervals	设置 top 监控程序执行状况的间隔时间，单位以秒计算
i	执行 top 指令时，忽略闲置或是已僵死的进程
q	持续监控程序执行的状况

〖示例 9.6〗 显示当前进程状态：

```
[root@localhost root]#top
1m 15:15:41  up  1:08,  1 user,  load average: 0.87, 0.33, 0.12
51 processes: 50 sleeping, 1 running, 0 zombie, 0 stopped
CPU states: 0.0% user   0.8% system   0.2% nice   0.0% iowait   98.8% idle
Mem: 255264k av,  236644k used, 18620k free,     0k shrd,   70440k buff
                        121716k actv,   4488k in_d,   16012k in_c
Swap:  522104k av,      0k used,  522104k free          61508k cached   7m
PID  USER  PRI  NI  SIZE  RSS  SHARE  STAT  %CPU  %MEM  TIME  CPU  COMMAND
```

```
1   root   15   0   472   472   420   S    0.0   0.1   0:03   0   init
2   root   15   0   0     0     0     SW   0.0   0.0   0:00   0   keventd
```

2. 修改进程优先级

(1) nice 命令：nice 指令可以改变进程执行的优先权等级。

参数：-n <优先等级>或-<优先等级>或--adjustment=<优先等级>。

等级的范围从 −20～19，其中 −20 最高，19 最低，只有 root 账户才可以设置负数的等级。

〖示例 9.7〗 以进程优先级 −1 来运行 top：

```
[root@localhost root]#nice --1 top
```

(2) renice 命令：renice 指令可重新调整程序执行的优先权等级。

参数：<优先等级> [-p pid]。

预设是以进程识别码指定程序调整其优先权的，亦可以指定程序群组或用户名称调整优先权等级，并修改所有隶属于该程序群组或用户的进程的优先权。等级范围从 −20～19，只有 root 账户才可以改变其他用户进程的优先权，也仅有 root 账户才可以设置负数等级。

〖示例 9.8〗 修改 syslogd 进程(pid：1499)的优先级为 −1：

```
[root@localhost root]#renice -1 -p 1499
```

3. 结束系统进程

在 Linux 的系统运行中，有时某个进程会由于异常而僵死，此时就需要停止该进程的运行；另外，当发现一些不安全的异常进程时，也需要强行中止该进程的运行。Linux 系统提供了 kill 和 killall 命令来结束进程的运行。

(1) kill 命令：该命令使用进程识别号来终止进程运行。其格式为

kill [-9] <pid>

kill 命令向指定的进程发送终止运行的信号，进程收到后会自动结束本进程，并处理好结束前的相关事务，它属于安全结束进程。进程号可以通过之前介绍的显示进程信息的命令来获取。kill 命令还可以加上一个参数“−9”，用来终止已经僵死而无法自动结束的进程。

〖示例 9.9〗 终止 cupsd 进程：

```
[root@localhost root]#ps -e | grep "cupsd"
 1794   ?        00:00:00 cupsd
[root@localhost root]#kill 1794
```

(2) killall 命令：该命令使用进程名来结束指定的进程，若系统中存在同名的多个进程，则这些进程将全部结束运行。该命令还可以加上参数“−9”用来结束僵死的进程。该命令的格式为

killall [-9] 进程名

〖示例 9.10〗 结束 cupsd 进程：

```
[root@localhost root]#killall cupsd
```

9.3 守 护 进 程

9.3.1　守护进程概述

1. 守护进程的概念

Linux 系统在启动时需要启动很多系统服务，它们向本地和网络用户提供了 Linux 的系统功能接口，直接面向应用程序和用户。提供这些服务的程序是由运行在后台的守护进程(daemon)来执行的。守护进程是生存期长的一种进程，它们独立于控制终端并且周期性地执行某种任务或等待处理某些发生的事件，它们常常在系统引导装入时启动，在系统关闭时终止。Linux 系统有很多守护进程，大多数服务器都是用守护进程实现的。同时，守护进程完成许多系统任务，比如，作业规划进程 crond、打印进程 lqd 等。有些书籍和资料也把守护进程称作：服务。选择运行哪些守护进程，要根据具体需求决定。

查看并配置系统启动的守护进程，可以用 root 权限运行 ntsysv 命令，命令格式如下：

[root@localhost root]#ntsysv

启动后运行的图形化界面配置工具如图 9-2 所示。

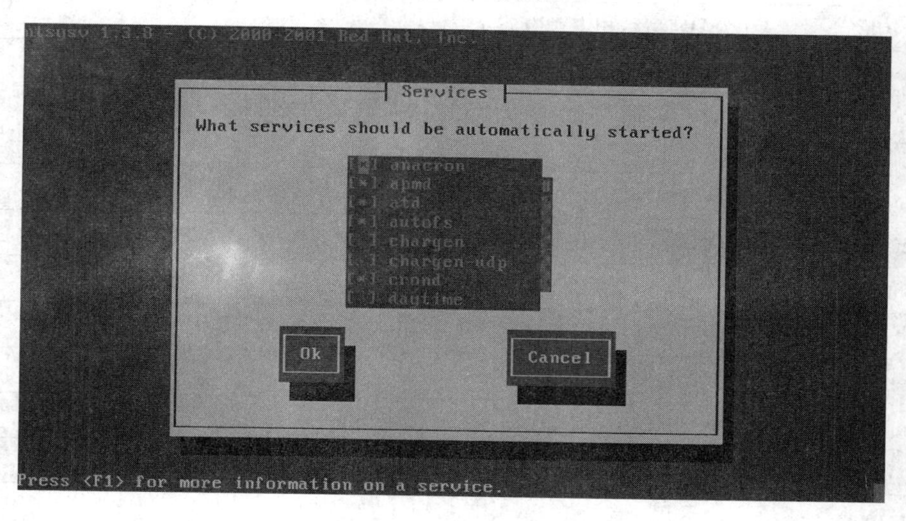

图 9-2　ntsysv 界面

2. 守护进程的工作原理

在 Client/Server 模式下，服务器监听(Listen)在一个特定的端口上等待客户连接。连接成功后，服务器和客户端通过端口进行数据通信。守护进程的工作就是打开一个端口，并且等待(Listen)进入连接。如果客户端产生一个连接请求，则守护进程就创建(Fork)一个子服务器响应这个连接，而主服务器继续监听其他的服务请求。

3. Linux 下守护进程的简介

表 9-5，列出了一些 Red Hat Linux 9 下的守护进程。

表 9-5 Red Hat Linux 9 下的守护进程

anacron	一个自动化运行任务守护进程
amd	自动安装 NFS 守护进程
apmd	高级电源管理
arpwatch	记录日志并构建一个在 LAN 接口上的以太网地址和 IP 地址对数据库
autofs	自动安装管理进程 automount
bluetooth	蓝牙服务器守护进程
crond	计划任务守护进程
cupsd	通用 UNIX 打印守护进程
dhcpd	动态主机控制协议 DHCP 的服务守护进程
gpm	为文本模式下的 Linux 程序提供鼠标的支持
httpd	Web 服务器 Apache 守护进程
innd	Usenet 新闻服务器守护进程
iptables	iptables 防火墙守护进程
irda	红外端口守护进程
isdn	ISDN 启动和中止服务守护进程
keytable	转载定义的键盘映射表
kudzu	硬件自动检测程序，会自动检测硬件是否发生变动，并相应进行硬件的添加、删除工作
mysqld	一个快速高效可靠的轻型 SQL 数据库引擎守护进程
named	DNS 服务器守护进程
netfs	该进程安装和卸载 NFS、SAMBA 和 NCP 网络文件系统
network	激活/关闭启动时的各个网络接口守护进程
nfs	网络文件系统守护进程
nfslock	此守护进程提供了 NFS 文件锁定功能
portmap	该守护进程用来支持 RPC 连接
pcmcia	主要用于支持笔记本电脑接口守护进程
postgresql	PostgreSQL 关系数据库引擎
pppoe	ADSL 连接守护进程
random	保存和恢复系统的高质量随机数生成器
routed	该守护程序支持 RIP 协议的自动 IP 路由表维护
rstatd	一个为 LAN 上的其他机器收集和提供系统信息的守护程序
ruserd	远程用户定位服务，提供关于当前记录到 LAN 上一个机器日志中的用户信息
rwalld	激活 rpc.rwall 服务进程，允许用户给每个注册到 LAN 机器上的其他终端写消息

续表

rwhod	激活 rwhod 服务进程，它支持 LAN 的 rwho 和 ruptime 服务
sendmail	邮件服务器 sendmail 守护进程
smb	Samba 文件共享/打印服务守护进程
snmpd	本地简单网络管理守护进程
squid	代理服务器 squid 守护进程
sshd	OpenSSH 服务器守护进程
syslogd	一个让系统引导时起动 syslog 和 klogd 系统日志守护进程的脚本
vsftpd	vs-FTP 服务器的守护进程
xfs	X Window 字型服务器守护进程
xinetd	支持多种网络服务的核心守护进程
ypbind	NIS 口令服务器守护进程
ypserv	NIS 主服务器守护进程

9.3.2 xinetd 服务

从守护进程的概念可以看出，对于系统所要通过的每一种服务，都必须运行一个监听某个端口连接所发生的守护进程，这通常意味着资源浪费。为了解决这个问题，Linux 引进了“网络守护进程服务程序”的概念。Red Hat Linux 9 使用的网络守护进程是 xinted(eXtended InterNET daemon)。xinetd 能够同时监听多个指定的端口，在接受用户请求时，它能够根据用户请求端口的不同，启动不同的网络服务进程来处理这些用户请求。可以把 xinetd 看作一个管理启动服务的管理服务器，它决定把一个客户请求交给哪个程序来处理，然后启动相应的守护进程。xinetd 工作模式如图 9-3 所示。

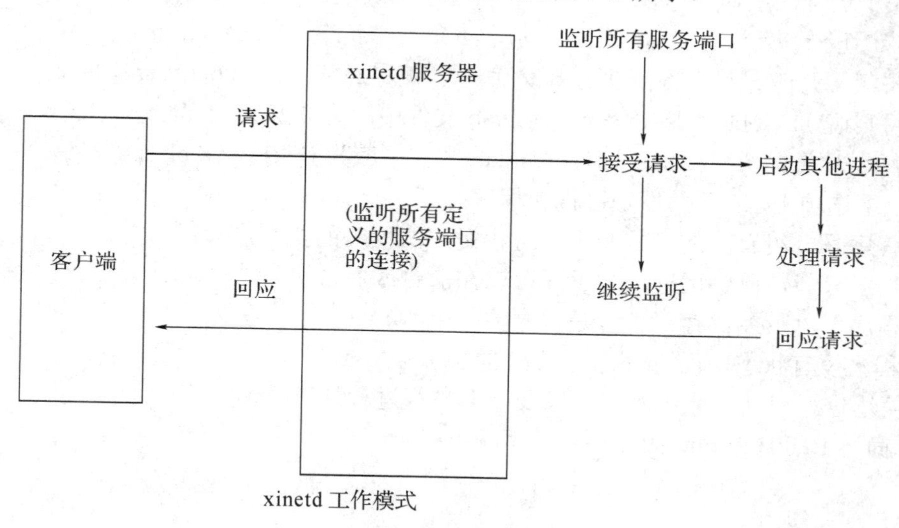

图 9-3 xinetd 工作模式

系统并不需要每一个网络服务进程都监听其服务端口，运行单个 xinetd 就可以同时监听所有服务端口，这样就降低了系统开销，保护了系统资源。但是当访问量大、经常出现并发访问时，xinetd 需要频繁启动对应的网络服务进程，反而会导致系统性能下降。一般来说，系统一些负载高的服务，如 sendmail、Apache 服务是单独启动的，而其他服务类型都可以使用 xinetd 超级服务器管理。

9.4 课后习题与实验

9.4.1 课后习题

1. 结束后台进程的命令是________________。

2. 启动进程有手动启动和调度启动两种方法，其中调度启动常用的命令为__________和______________。

3. 以进程优先级 -5 来运行 pstree 的命令为________________。

4. 终止一个前台进程可能用到的命令和操作是(　　)。

A. kill　　B. <CTRL>+C　　C. shutdown　　D. halt

5. 从后台启动进程，应在命令的结尾加上(　　)符号。

A. &　　B. @　　C. #　　D. $

6. crontab 文件由六个域组成，每个域之间用空格分割，其排列为(　　)。

A. MIN HOUR DAY MONTH YEAR COMMAND

B. MIN HOUR DAY MONTH DAYOFWEEK COMMAND

C. COMMAND HOUR DAY MONTH DAYOFWEEK

D. COMMAND YEAR MONTH DAY HOUR MIN

7. 关于进程调度命令，以下(　　)选项是不正确的。

A. 当日晚 11 点执行 clear 命令，使用 at 命令：at 23:00 today clear

B. 每年 1 月 1 日早上 6 点执行 date 命令，使用 at 命令：at 6am Jan 1 date

C. 每日晚 11 点执行 date 命令，crontab 文件中应为 0 23 * * * date

D. 每小时执行一次 clear 命令，crontab 文件中应为 0 */1 * * * clear

8. 以下选项中，(　　)不是进程和程序的区别。

A. 程序是一组有序的静态指令，进程是一次程序的执行过程

B. 程序只能在前台运行，而进程可以在前台或后台运行

C. 程序可以长期保存，进程是暂时的

D. 程序没有状态，而进程是有状态的

9. 简述进程启动、终止的方式以及如何进行进程的查看。

10. 简述 Red Hat Linux 9 的启动过程。

9.4.2　实验：Linux 的进程管理

1. 实验目的

掌握 Linux 系统进程管理。

2. 实验内容

(1) 进程状态查看。

(2) 控制系统中运行的进程。

(3) 安排一次性和周期性自动执行的后台进程。

3. 实验步骤

(1) 显示本用户的进程：ps。

(2) 显示所有用户的进程：ps -au。

(3) 在后台运行 cat 命令：cat &。

(4) 查看进程 cat：ps aux | grep cat。

(5) 杀死进程 cat：kill -9 cat。

(6) 再次查看查看进程 cat，看看是否被杀死。

(7) 用 top 命令动态显示当前的进程。

(8) 只显示当前用户的进程(利用 u 键)。

(9) 利用 k 键，杀死指定进程号的进程。

(10) 执行命令 cat。

(11) 按 Ctrl+Z 键，挂起进程 cat。

(12) 按 Ctrl+C 键，结束进程 cat。

(13) 查看 crontab 命令的帮助信息：crontab　--help。

(14) 查看用户的计划任务列表：crontab -1。

(15) 生成一个 crontab 的脚本文件：echo　"* 10 * * * 1 ps -aux" >cronfile。

(16) 按照生成的脚本安排计划任务：crontab cronfile。

(17) 查看计划任务表，看看计划任务是否已被安排：crontab -1。

(18) 删除计划任务列表，并进行确认。

4. 完成实验报告

5. 思考题

(1) 简述进程与程序的区别。

(2) 在 Red Hat Linux 9 中，cron 用来周期性的进行任务调度，请列出 cron 任务的格式，如果要月运行一次，则如何设置？请说出 cron 建立的两种方式，以及它们的命令。

(3) 在 Red Hat Linux 9 中用于监听某个端口连接所发生的守护进程是什么？其工作原理是什么？

第 10 章　日志文件管理

◈【本章学习目标】

Linux 下的系统日志不仅可以让管理员了解系统状态，也可以方便地分析系统故障的原因，因为它记录着系统的详细信息。通过本章的学习，读者应该掌握以下内容：

⊙ 查看日志文件；

⊙ 配置和管理系统日志。

10.1　日志文件概述

10.1.1　日志系统介绍

日志文件(log file)是包含关于系统消息的文件，包括内核、服务、在系统上运行的应用程序等。不同的日志文件记载不同的信息。例如，有的是默认的系统日志文件，有的仅用于安全消息，有的记载 cron 任务的日志。

当我们在试图诊断和解决系统问题时，如试图载入内核驱动程序或寻找对系统未经授权的使用企图时，日志文件会很有用。日志对于安全来说，也非常重要，它记录了系统每天发生的各种各样的事情，我们可以通过它来检查错误发生的原因，或者受到攻击时攻击者留下的痕迹。

日志主要的功能有：审计和监测，实时的监测系统状态，监测和追踪侵入者，等等。

在 Linux 系统中，有以下三个主要的日志子系统。

(1) 连接时间日志：由多个程序执行，把记录写入到/var/log/wtmp 和/var/run/utmp。类似于 login 等程序会更新 wtmp 和 utmp 文件，使系统管理员能够跟踪谁在何时登录到系统。

(2) 进程统计：由系统内核执行。当一个进程终止时，会在进程统计文件(pacct 或 acct)中增加一条记录。进程统计的目的是为系统中的基本服务提供命令使用统计。

(3) 错误日志：由 syslogd 执行。各种系统守护进程、用户程序和内核通过 syslog 向文件/var/log/messages 报告值得注意的事件。

另外有许多 UNIX 程序创建日志，像 HTTP 和 FTP 这样提供网络服务的服务器也保持详细的日志。

10.1.2　图形化显示日志

在 Red Hat Linux 9 中，可以使用非常方便直观的图形化界面来查看系统日志文件，选择“主菜单”→“系统工具”→“系统日志”程序，或在终端下使用 redhat-logviewer 程序，如图 10-1 所示。

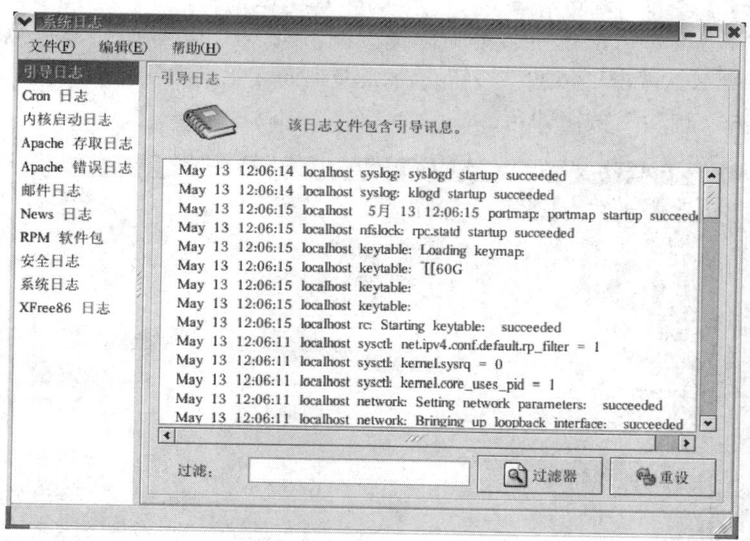

图 10-1　系统日志界面

若要过滤日志文件的内容来查找关键字，可在“过滤:”文本字段中输入关键字，然后点击“过滤器”。点击“重设”来重设需要过滤的内容。

按照默认设置，当前的可查看的日志文件每隔 30 秒被刷新一次。若要改变刷新率，可从下拉菜单中选择“编辑”→“首选项”，如图 10-2 所示，在“日志文件”标签中，点击“刷新频率”中的上下箭头来改变它，此时刷新率会被立即改变。要手工刷新当前可以查看的文件，选择“文件”→“即刻刷新”。

我们还可以在“日志文件”标签中改变程序所要查找日志文件的位置。从列表中选择日志文件，然后点击“改变位置”按钮。键入日志文件的新位置，或点击“浏览”按钮来从文件选择对话框中定位文件位置。点击“确定”按钮可返回到首选项窗口，然后点击“关闭”按钮可返回到主窗口。

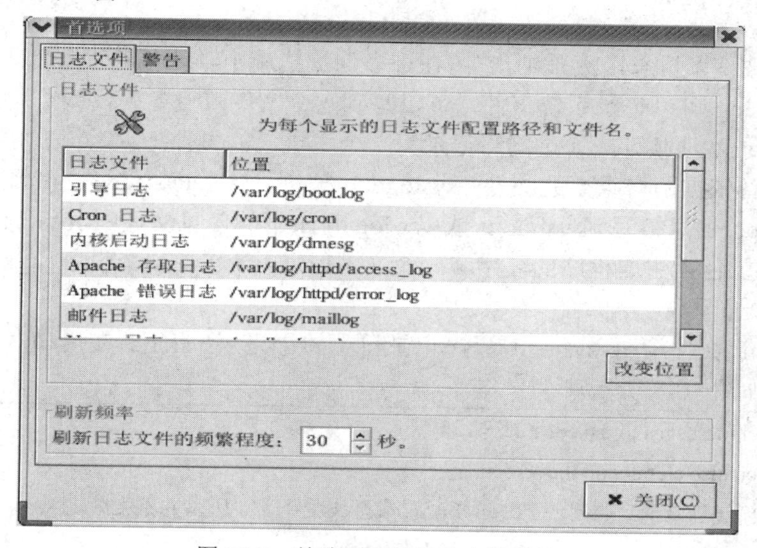

图 10-2　首选项下的日志文件标签

在“首选项”下的“警告”标签中，可以配置在包含警告关键字的行旁边来显示警告图标。要添加警告词，可从下拉菜单中选择“编辑”→“首选项”，然后点击“警告”标签，如图 10-3 所示。点击“添加”按钮可添加警告词。要删除一个警告词，可从列表中选择它，然后点击“删除”按钮即可。

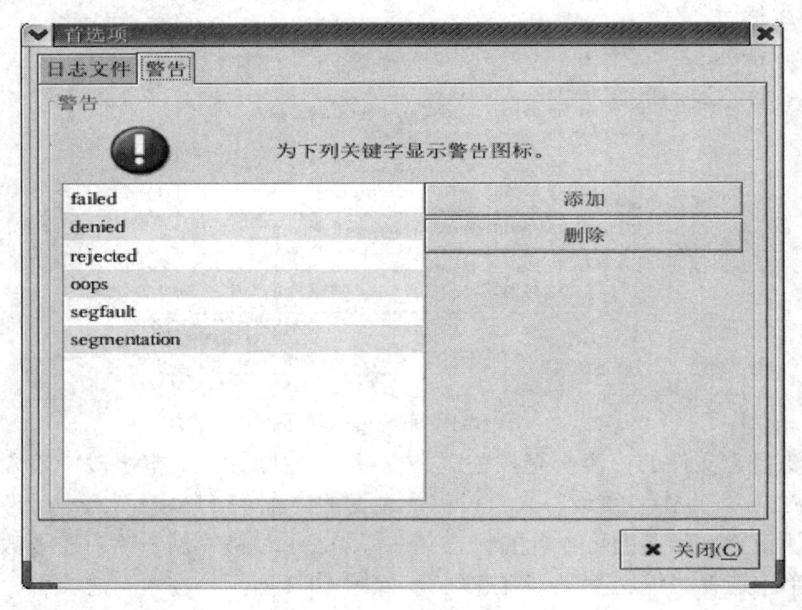

图 10-3 首选项下的警告标签

10.2 管理日志

10.2.1 syslog 设备

syslog 已被许多日志函数采纳，它用在许多保护措施中——任何程序都可以通过 syslog 记录事件。syslog 可以记录系统事件，可以写到一个文件或设备中，或给用户发送一个信息。它还能记录本地事件或通过网络记录另一个主机上的事件。

syslog 设备依据两个重要的文件：syslogd(守护进程)和/etc/syslog.conf 配置文件。习惯上，多数 syslog 信息被写到/var/adm 或/var/log 目录下的信息文件中(messages.*)。一个典型的 syslog 记录包括生成程序的名字和一个文本信息，还包括一个设备和一个优先级范围(但不在日志中显示)。

syslog.conf 文件指明 syslogd 程序记录日志的行为，syslogd 在启动时查询配置文件 syslog.conf，如图 10-4 所示。

```
# Log all kernel messages to the console.
# Logging much else clutters up the screen.
#把所有的内核信息显示到控制台上。这条配置信息被注释了，所以并不生效
#kern.*                                          /dev/console
```

```
# Log anything (except mail) of level info or higher.
# Don't log private authentication messages!
#把除电子邮件以外的全部信息保存到 messages 文件中
*.info;mail.none;authpriv.none;cron.none              /var/log/messages

# The authpriv file has restricted access.
#把登录系统的信息保存到 secure 文件中
authpriv.*                                            /var/log/secure

# Log all the mail messages in one place.
#把电子邮件的信息保存到 maillog 文件中
mail.*                                                /var/log/maillog

# Log cron stuff
#将定时器信息记录到 cron 文件中
cron.*                                                /var/log/cron

# Everybody gets emergency messages
*.emerg                                               *

# Save news errors of level crit and higher in a special file.
#把新闻组相关的错误信息保存到 spooler 文件中
uucp,news.crit                                        /var/log/spooler

# Save boot messages also to boot.log
#把系统启动的信息保存到 boot.log 文件中
local7.*                                              /var/log/boot.log
```

图 10-4　syslog.conf 配置说明

10.2.2　日志文件介绍

Linux 的系统日志文件一般存储在/var/log 目录中。这里有几个由系统维护的日志文件，但其他服务和程序也可能会把它们的日志放在这里。大多数日志只有 root 账户才可以读，不过修改文件的访问权限就可以让其他人可读。

Red Hat Linux 9 常见的日志文件详述如下。

1. /var/log/boot.log

该文件记录了系统在引导过程中发生的事件，就是 Linux 系统开机自检过程显示的信息。图 10-5 是该日志文件的片断。

#时间	主机名	进程（进程号）：	执行结果
May 13 12:06:26	localhost	crond:	crond startup succeeded
May 13 12:06:28	localhost	anacron:	anacron startup succeeded
May 13 12:06:29	localhost	rc:	Starting jexec: succeeded
May 14 15:38:17	localhost	syslog:	syslogd startup succeeded

图 10-5 /var/log/boot.log 日志文件片断

2. /var/log/cron

该日志文件记录 crontab 守护进程 crond 所派生的子进程的动作，前面加上用户、登录时间和 PID，以及派生出的进程的动作。CMD 的一个动作是 cron 派生出一个调度进程的常见情况。REPLACE(替换)动作记录用户对它的 cron 文件的更新，该文件列出了要周期性执行的任务调度。RELOAD 动作在 REPLACE 动作后不久发生，这意味着 cron 注意到一个用户的 cron 文件被更新而 cron 需要把它重新装入内存。图 10-6 是该日志文件的片断。

#时间	主机名	进程（进程号）：执行信息
May 14 15:38:30	localhost	crond[1776]: (CRON) STARTUP (fork ok)
May 14 15:38:33	localhost	anacron[1829]: Anacron 2.3 started on 2007-05-14
May 14 15:38:34	localhost	anacron[1829]: Will run job `cron.daily' in 65 min.
May 14 15:38:34	localhost	anacron[1829]: Jobs will be executed sequentially

图 10-6 /var/log/cron 日志文件片断

3. /var/log/maillog

该日志文件记录了每一个发送到系统或从系统发出的电子邮件的活动。它可以用来查看用户使用哪个系统发送工具或把数据发送到哪个系统。

4. /var/log/messages

该日志文件是许多进程日志文件的汇总，从该文件可以看出任何入侵企图或成功的入侵。但是该文件有一个不足，就是这些记录着的入侵事件，被淹没在大量的正常进程的记录中。不过该文件可以由/etc/syslog.conf 文件进行定制，决定系统如何写入/var/log/messages。有关如何配置/etc/syslog.conf 文件决定系统日志记录的行为，将在后面详细叙述。

5. /var/log/lastlog

该日志文件记录最近成功登录的事件和最后一次不成功的登录事件，由 login 生成。在每次用户登录时被查询，该文件是二进制文件，需要使用 lastlog 命令查看。

系统账户诸如 bin、daemon、adm、uucp、mail 等决不应该登录，如果发现这些账户已经登录，则说明系统可能已经被入侵。若发现记录的时间不是用户上次登录的时间，则说明该用户的账户已经泄密。

6. /var/log/wtmp

该日志文件永久记录每个用户登录、注销及系统的启动、停机的事件。因此随着系统正常运行时间的增加，该文件的大小也会越来越大，增加的速度取决于系统用户登录的次数。该日志文件可以用来查看用户的登录记录，last 命令就通过访问这个文件获得这些信息，并以反序从后向前显示用户的登录记录，last 也能根据用户、终端 tty 或时间显示相应的记录。

命令 last 有以下两个可选参数。

last -u 用户名：显示用户上次登录的情况。

last -t 天数：显示指定天数之前的用户登录情况。

7. /var/run/utmp

该日志文件记录有关当前登录的每个用户的信息。因此这个文件会随着用户登录和注销系统而不断变化，它只保留当时联机的用户记录，不会为用户保留永久的记录。系统中需要查询当前用户状态的程序，如 who、w、users、finger 等就需要访问这个文件。该日志文件并不能包括所有精确的信息，因为某些突发错误会终止用户登录会话，而系统没有及时更新 utmp 记录，因此该日志文件的记录不是百分之百值得信赖的。

8. /var/log/kernlog

Red Hat Linux 9 默认没有记录该日志文件。要启用该日志文件，必须修改 syslog 配置文件中的一行，即：

原文件内容：#kern.*　　　/dev/console

修改后内容：kern.*　　　/var/log/kernlog

这样就启用了向/var/log/kernlog 文件中记录所有内核消息的功能。该文件记录了系统启动时加载设备或使用设备的情况。一般是正常的操作，但如果记录了没有授权的用户进行的这些操作就要注意，因为有可能这就是恶意用户的行为。

10.2.3　查看二进制日志

在上一节提及的 3 个文件(/var/log/wtmp、/var/run/utmp、/var/log/lastlog)，它们是日志子系统的关键文件，都记录了用户登录的情况。这些文件的所有记录都包含了时间戳，按二进制保存，故不能用 cat 之类的命令直接查看文件内容，而是需要使用相关命令通过这些文件查看。其中，utmp 和 wtmp 文件的数据结构是一样的，而 lastlog 文件则使用另外的数据结构，关于它们的具体的数据结构，可以使用 man 命令查询。

每次有一个用户登录时，login 程序在文件 lastlog 中查看用户的 UID。如果存在，则把用户上次登录、注销时间和主机名写到标准输出中，然后 login 程序在 lastlog 中记录新的登录时间，打开 utmp 文件并插入用户的 utmp 记录，该记录一直用到用户登录退出时删除。utmp 文件被各种命令使用，包括 who、w、users 和 finger。

下一步，login 程序打开文件 wtmp 附加用户的 utmp 记录。当用户登录退出时，具有更新时间戳的同一 utmp 记录附加到文件中。wtmp 文件被程序 last 使用。

1. who 命令

who 命令查询 utmp 文件并报告当前登录的每个用户。who 的默认输出包括用户名、终端类型、登录日期及远程主机。关于 who 的命令格式如下：

who [参数] [记录文件]

命令的参数说明如下：

- 命令中的选项说明如表 10-1 所示。
- 记录文件：可选，指明了/var/log/wtmp，这时 who 命令查询所有以前的记录。

表 10-1 who 命令的常用选项

选项	说 明
-H	显示各栏位的标题信息列
-i 或-u	显示闲置时间，若该用户在前一分钟之内有进行任何动作，则标示成“.”号，如果该用户已超过 24 小时没有任何动作，则标示成“old”字符串
-q	只显示登入系统的账号名称和总人数
-w 或-T	显示用户的信息状态栏
--version	显示版本信息

〖示例 10.1〗 显示当前登录的用户：

```
[nick@localhost nick]$who
nick      tty1        May 14 19:32
```

2. w 命令

查询 utmp 文件并显示当前每个用户和它所运行的进程信息。关于 w 的命令格式如下：

w [参数] [用户账号]

命令的参数说明如下：

- 命令中的选项说明如表 10-2 所示。
- 用户账号：可选，指定所需要查看的用户的信息。

表 10-2 w 命令的常用选项

选项	说 明
-f	开启或关闭显示用户从何处登入系统
-h	不显示各栏位的标题信息列
-l	使用详细格式列表，此为预设值
-s	使用简洁格式列表，不显示用户登入时间，终端机阶段作业和程序所耗费的 CPU 时间
-u	忽略执行程序的名称，以及该程序耗费 CPU 时间的信息
-V	显示版本信息

〖示例 10.2〗 显示当前用户的信息：

```
[juju@localhost juju]$w
21:43:08  up 2 min,  1 user,  load average: 0.20, 0.16, 0.06
USER   TTY    FROM              LOGIN@   IDLE   JCPU   PCPU  WHAT
juju   tty1   -                 9:43pm   1.00s  0.04s  0.01s  w
```

3. users 命令

users 命令用单独的一行打印出当前登录的用户，每个显示的用户名对应一个登录会话。如果一个用户有不止一个登录会话，那么它的用户名将显示相同的次数。

〖示例 10.3〗 显示当前登录的用户：

```
[juju@localhost juju]$users
root root root nick juju
```

4. last 命令

last 命令用来往回搜索 wtmp 来显示自从文件第一次创建以来登录过的用户。关于 last 的命令格式如下：

last [参数] [用户账号]

命令的参数说明如下：

- 命令中的选项说明如表 10-3 所示。
- 用户账号：可选，指定所需要查看的用户。

表 10-3　last 命令的常用选项

选项	说　明
-a	把从何处登入系统的主机名称或 IP 地址显示在最后一行
-d	将 IP 地址转换成主机名称
-R	不显示登入系统的主机名称或 IP 地址
-x	显示系统关机，重新开机，以及执行等级的改变等信息
-f <filename>	指定记录文件
-n 或- <columns>	设置列出名单的显示列数

〖示例 10.4〗 显示 nick 和 juju 的登录情况：

```
[root@localhost root]#last nick juju
juju    tty1        Mon May 14 21:43 - 22:44   (01:01)
nick    tty1        Mon May 14 21:42 - 22:42   (01:00)
juju    tty1        Mon May 13 11:15 - 14:26   (03:11)
nick    tty1        Mon May 13 11:14 - 14:24   (03:10)
```

5. finger 命令

finger 命令仅用来查找并显示用户的详细信息。关于 finger 的命令格式如下：

finger [参数] [用户账号]

命令的参数说明如下：

- 命令中的选项说明如表 10-4 所示。
- 用户账号：可选，指定所需要查看的用户。

表 10-4 finger 命令的常用选项

选项	说明
-l	列出该用户的账号名称、真实姓名、用户专属目录、登入所用的 Shell、登入时间、转信地址、电子邮件状态，还有计划文件和方案文件内容
-m	排除查找用户的真实姓名
-s	列出该用户的账号名称、真实姓名、登入终端机、闲置时间、登入时间以及地址和电话
-p	列出该用户的账号名称、真实姓名、用户专属目录、登入所用的 Shell、登入时间、转信地址、电子邮件状态，但不显示该用户的计划文件和方案文件内容

〖示例 10.5〗 显示 nick 用户的账号名称、真实姓名、登入终端机、闲置时间、登入时间以及地址和电话：

```
[root@localhost root]#finger -s nick
Login      Name       Tty      Idle  Login Time   Office      Office Phone
nick       Nick Ma    tty1        *  May 14 21:42
```

6. lastlog 命令

lastlog 命令通过/var/log/lastlog 文件检查用户上次登录的时间，并格式化输出上次登录日志的内容。它根据 UID 排序显示登录名、端口号(tty)和上次登录时间。如果一个用户从未登录过，则 lastlog 显示“**Never logged**”。注意，需要以 root 身份运行该命令。lastlog 的命令格式如下：

lastlog [参数]

命令中的选项说明如表 10-5 所示。

表 10-5 lastlog 命令的常用选项

选项	说明
-u <username>	查看某个特定用户的登录信息
-t <days>	查看最近几天内的登录信息

〖示例 10.6〗 检查所有用户上次登录的时间：

```
[root@localhost root]#lastlog
Username        Port     From         Latest
root            tty1                  Mon   May 14 21:44:47 +0800 2007
bin                                   **Never logged in**
daemon                                **Never logged in**
adm                                   **Never logged in**
⋮
postgres                              **Never logged in**
desktop                               **Never logged in**
nick            tty1                  Mon   May 14 21:42:09 +0800 2007
juju            tty1                  Mon   May 14 21:43:00 +0800 2007
```

10.3 课后习题与实验

10.3.1 课后习题

1. 日志主要的功能有哪些？
2. 简述 Linux 中主要的日志子系统。
3. 什么是 syslog 设备？
4. 如下的日志文件记录的内容是什么？

/var/log/boot.log：______________________________

/var/log/cron：______________________________

/var/log/maillog：______________________________

/var/log/messages：______________________________

/var/log/lastlog：______________________________

/var/log/wtmp：______________________________

/var/log/utmp：______________________________

/var/log/kernlog：______________________________

5. 第 4 题所述日志文件中哪些是文本文件，哪些是二进制文件，分别应该如何查看文件内容？

10.2.3 实验：Linux 下日志文件的管理

1. 实验目的

掌握 Linux 的日志文件的管理。

2. 实验内容

(1) 查看日志文件。

(2) 用命令方式查看二进制日志文件。

3. 实验步骤

(1) 登录图形界面。

(2) 通过主菜单查看系统日志。

(3) 在“系统日志”中，设置每隔 10 秒钟刷新一次日志。

(4) 在引导日志中，过滤出关键字为“syslog”的记录。

(5) 切换至文字界面。

(6) 查看当前登录用户的详细信息，同时将结果写入“current_user”文件。

(7) 查找 root 用户的详细信息，同时将结果写入“root_inf”文件。

(8) 查看 /var/log/lastlog 文件，以确定系统中所有账户上次登录的时间。

(9) 查看 /etc/syslog.conf，了解 syslog 的配置信息。

4. 完成实验报告

5. 思考题

(1) 通过 crontab 创建任务，计划每周三的 12:00 自动检查所有文件系统，设置完后，查看与此计划任务有关的日志文件的变化。

(2) 尝试修改 syslog 配置文件，以启动内核日志文件功能。

网 络 篇

第 11 章　TCP/IP 网络设置

◇【本章学习目标】

本章主要介绍 OSI 和 TCP/IP 网络基础，以及一些相关的概念，为读者后续学习网络服务器的配置奠定基础。通过对本章的学习，读者应该掌握以下主要内容：

⊙ OSI 和 TCP/IP 网络结构；

⊙ TCP/IP 网络的相关概念；

⊙ 如何配置 TCP/IP 网络。

11.1　Linux 网络基础

11.1.1　网络模型

1. OSI/RM 模型

在计算机网络产生之初，每个计算机厂商都有一套自己的网络体系结构的概念，它们之间互不相容。为此，国际标准化组织(ISO)在 1979 年建立了一个分委员会来专门研究一种用于开放系统互联的体系结构(Open System Interconnection Reference Model，简称 OSI)。“开放”这个词表示：只要遵循 OSI 标准，一个系统可以和位于世界上任何地方的、也遵循 OSI 标准的其他任何系统进行连接。这个分委员提出了开放系统互联，即 OSI 参考模型，它定义了连接异种计算机的标准框架。

OSI 参考模型分为七层，分别是物理层、数据链路层、网络层、传输层、会话层、表示层和应用层。

2. TCP/IP 模型

TCP/IP 协议(Transmission Control Protocol/Internet Protocol)叫做传输控制/网际协议，又叫网络通信协议，这个协议是 Internet 国际互联网络的基础。

TCP/IP 是网络中使用的基本的通信协议。虽然从名字上看 TCP/IP 包括传输控制协议(TCP)和网际协议(IP)两个协议，但 TCP/IP 实际上是一组协议，它包括上百个各种功能的协议，如：远程登录、文件传输和电子邮件等，而 TCP 协议和 IP 协议是保证数据完整传输的两个基本的重要协议。通常说 TCP/IP 是 Internet 协议族，而不单单是 TCP 和 IP。

TCP/IP 是用于计算机通信的一组协议，通常称为 TCP/IP 协议族。它是 70 年代中期美国国防部为其 ARPANET 广域网开发的网络体系结构和协议标准，以它为基础组建的 Internet 是目前国际上规模最大的计算机网络。正是因为 Internet 的广泛使用，使得 TCP/IP 成了事实上的标准。

之所以说 TCP/IP 是一个协议族，是因为 TCP/IP 协议包括 TCP、IP、UDP、ICMP、RIP、TELNET、FTP、SMTP、ARP、TFTP 等许多协议，这些协议一起称为 TCP/IP 协议。

从协议分层模型方面来讲，TCP/IP 由四个层次组成：网络接口层、网络层、传输层、应用层，如图 11-1 所示。

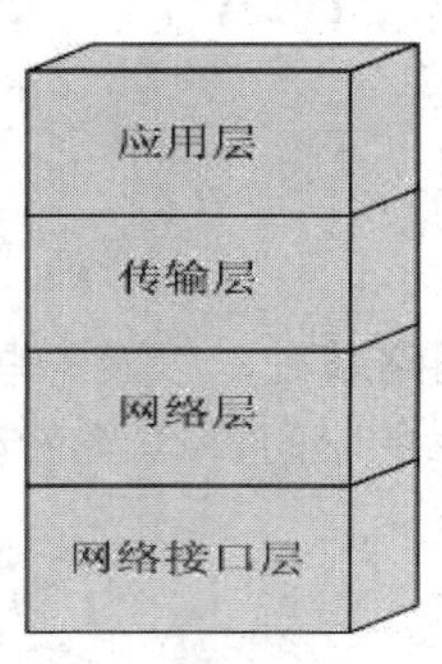

图 11-1 TCP/IP 模型

(1) 网络接口层：这是 TCP/IP 软件的最底层，负责接收 IP 数据报并通过网络发送，或者从网络上接收物理帧，抽出 IP 数据报，交给 IP 层。

(2) 网络层：负责相邻计算机之间的通信。其功能包括三方面：① 处理来自传输层的分组发送请求，收到请求后，将分组装入 IP 数据报，填充报头，选择路径，然后将数据报发往适当的网络接口。② 处理输入数据报，首先检查其合法性，然后进行寻径。假如该数据报已到达信宿机，则去掉报头，将剩下部分交给适当的传输协议；假如该数据报尚未到达信宿，则转发该数据报。③ 处理路径、流控、拥塞等问题。

(3) 传输层：提供应用程序间的通信。其功能包括：格式化信息流；提供可靠传输。为实现后者，传输层协议规定接收端必须发回确认，并且假如分组丢失，必须重新发送。

(4) 应用层：向用户提供一组常用的应用程序，比如电子邮件、文件传输访问、远程登录等。远程登录 Telnet 使用 Telnet 协议提供在网络其他主机上注册的接口。Telnet 会话提供了基于字符的虚拟终端。文件传输访问 FTP 使用 FTP 协议来提供网络内机器间的文件拷贝功能。

3. OSI 与 TCP/IP 的关系

OSI 参考模型与 TCP/IP 协议是作为两个为了完成相同任务的协议体系结构的，因此二者有比较紧密的关系。

(1) 分层：OSI 参考模型与 TCP/IP 协议都采用了分层结构，都是基于独立的协议栈的概念。OSI 参考模型有七层，而 TCP/IP 协议只有四层，即 TCP/IP 协议没有表示层和会话层，并且把数据链路层和物理层合并为网络接口层。不过，二者的分层之间有一定的对应关系，如图 11-2 所示。

(2) 关系：OSI 参考模型的标准最早是由 ISO 和 CCITT(ITU 的前身)制定的，有浓厚的通信背景，因此也打上了深厚的通信系统的特色，比如对服务质量(QoS)、差错率的保证。并且 OSI 参考模型是先定义一套功能完整的构架，再根据该构架来发展相应的协议与系统的。

TCP/IP 协议产生于对 Internet 网络的研究与实践中，是应实际需求而产生，再由 IAB、

IETF 等组织标准化的，而并不是之前定义一个严谨的框架。而且 TCP/IP 最早是在 UNIX 系统中实现的，考虑了计算机网络的特点，比较适合计算机的实现和使用。

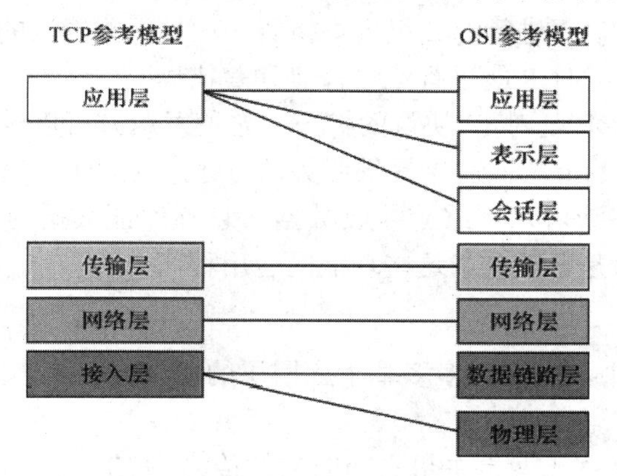

图 11-2　TCP/IP 与 OSI/RM 的关系

(3) 应用：OSI 由于体系比较复杂，而且设计先于实现，有许多设计过于理想，不太方便计算机软件实现，因而完全实现 OSI 参考模型的系统并不多，应用的范围有限。而 TCP/IP 协议最早在计算机系统中实现，在 UNIX、Windows 平台中都有稳定的实现，并且提供了简单方便的编程接口(API)，可以在其上开发出丰富的应用程序，因此得到了广泛的应用。TCP/IP 协议已成为目前网际互联事实上的国际标准和工业标准。

11.1.2　TCP/IP 协议族概述

1. 网络层协议

(1) IP 协议：互联网协议是互联网层的重要协议，它的主要功能是实现无连接的数据报传送和数据报的路由选择，IP 将报文传送到目的主机后，不管传送正确与否都不进行检查，不回送确认，也不保证分组的正确进行，没有流量控制和差错控制功能，这些功能留给上层协议 TCP 来完成。

(2) ICMP 协议：互联网控制报文协议 ICMP 则专门用来处理差错报告和控制，它能由出错设备向源设备发送出错报文或控制报文，源设备接到该报文后，由 ICMP 软件确定错误类型或重发数据报的策略。ICMP 将 IP 作为它的传输机制，这样 ICMP 就似乎成了 IP 的高层协议。

(3) ARP 协议：局域网中所有站点的共享通信信道，是使用网络介质访问控制层的物理 MAC 地址来确定报文的发往目的地的。但知道 IP 地址并不能算出 MAC 地址，ARP 的任务就是查找与给定 IP 地址相对应的主机的网络物理地址。ARP 协议采用广播消息的方法，来获取网上 IP 地址对应的 MAC 地址。

(4) RARP 协议：RARP 协议主要解决网络物理地址 MAC 到 IP 地址的转换。RARP 协议也采用广播消息的方法，来获取特定硬件 MAC 地址相对应的网上 IP 地址。RARP 协议对于在系统引导时无法知道自己互联网地址的站点来说就显得尤其重要了。

2. 传输层协议

(1) TCP 协议：TCP 是一个面向连接的协议，为网络上提供有序可靠的传输服务。TCP

允许从一台主机发出的字节流无差错地发往互联网上的其他主机。它把输入的字节流分成报文段并传给网络层，在接收端，TCP接收进程把收到的报文再组装成输出流。TCP功能包括为了取得可靠的传输而进行的分组丢失检测，对收不到确认的信息自动重传，以及处理延迟的重复数据报等。TCP能进行流量控制和差错控制。

(2) UDP协议：UDP是对IP协议的扩充，它使发送方可以区分其他计算机上的多个接收者。它采用无连接的方式向高层提供服务，与远方的UDP实体不建立端对端的连接，而是将数据报送上网络或者从网络上接收数据，它不保证数据的可靠投递，用于不需要TCP排序和流量控制而是自己完成这些功能的应用程序。

3. 应用层协议

在TCP/IP协议族中，有许许多多基于应用层的协议，如著名的FTP、Telnet、DNS、SMTP等。

(1) FTP协议：FTP用于两台主机之间的文件传输，FTP在工作时使用两个TCP连接，一个用于交换命令和应答，另一个用于传送文件。FTP支持用户在自己的主机上查询某个远程主机(通常是网络服务器)的文件目录，从中选择文件拷贝到用户主机。

(2) DNS协议：DNS驻留在域名服务器上，维持着一个分布式数据库，提供了从域名到IP地址的相互转换，并给出命名规则。

(3) Telnet协议：这个协议提供一种与终端进程连接的标准方法，支持连接(终端到终端)和分布式计算通信(进程到进程)，允许一个用户的计算机通过远程登录仿真成某个远程主机的终端来访问远程主机的程序和数据资源。

(4) SMTP协议：在计算机网络中，电子邮件是提供传送信息快速而方便的方法，这个协议是一个简单的面向文本的协议，用来有效和可靠地传递邮件。

11.1.3 TCP/IP配置概念

1. IP地址

在TCP/IP中，每台连接网络的计算机(或主机)都被指定唯一的IP地址。IP地址长32位，Internet地址并不采用平面形式的地址空间，如1、2、3等，而是用4组8位二进制数表示，每组数字之间以“.”间隔，即用形如x.x.x.x的格式表示。x为由8位二进制数转换而来的十进制数，其值为0～255。这种格式的地址常称为“点分十进制”地址。

IP采用了分级寻址的方案，传统的分级寻址方法是把一个IP地址分为两个部分，一部分称为“网络号”，一部分称为“主机号”，网络号通常标识一个主机所在的网络区域，而主机号表示在本区域内唯一确定的一台主机。根据网络号和主机号的划分方法不同，将IP地址空间分为A、B、C、D和E类，其中A、B、C三类是正常的IP地址，分级方案如图11-3所示，IP地址划分如表11-1所示。其余两类使用较少，D类用于群组广播，E类保留。

A类	网络	主机	主机	主机
B类	网络	网络	主机	主机
C类	网络	网络	网络	主机

图11-3 A、B、C三类地址结构

表 11-1　IP 地址范围

IP 地址分级	IP 地址范围
A 类	0.0.0.0～127.255.255.255
B 类	128.0.0.0～191.255.255.255
C 类	192.0.0.0～223.255.255.255
D 类	224.0.0.0～239.255.255.255
E 类	240.0.0.0～255.255.255.255

需要说明的是：在地址的每个字节中，通常情况 0 和 255 都不分配，0 作为网络地址使用，而 255 作为本网广播地址使用；IP 地址为 127.0.0.0～127.255.255.255 的地址作为本机内网络进程通信使用，也不作分配；还有一些保留的网络号专门用于私有网络，分别为 A 类的 10.0.0.0～10.255.255.255，B 类的 172.16.0.0～172.32.255.255，C 类的 192.168.0.0～192.168.255.255。

2. 子网与子网掩码(subnet mask)

子网掩码是另一组由句号分开的单字节整数，它定义了 IP 地址中表示网络的部分。下面采用一个 8 位数字来说明其工作方法。

例如，对于一个 8 位数字 194，其二进制表示为 11000010。

如果将这个数字一分为二，前 4 位表示网络，后 4 位表示主机，则子网掩码用逻辑“与”组合这个数字时，后 4 位为 0，前 4 位不变。

根据逻辑“与”的规则，子网掩码的二进制形式为 11110000。

以此类推，假如 IP 地址为 194.148.43.194，如果要用子网掩码标识 B 类网及其网络地址，则要让前两个的所有位为 1(每个字节的值为 255)，后两个字节的所有位为 0(每个字节的值为 0)，产生的子网掩码为 255.255.0.0。

3. 广播地址(broadcast address)

广播地址使用户能将消息一次性传递到自己网络中的全体系统中。在了解子网和子网掩码的概念以后，用户可以很容易根据自己主机的地址确定广播地址：广播地址中主机部分被设置为 255(二进制位为全 1)，而网络部分不变。

4. 网关地址(gateway)

网关是提供外部世界路由的机器，它通常至少有两个网络接口卡：一个连接局域网，另一个进行远程连接。网关在适当时将局域网中的分组重新选择路由。对于连接外部网络的主机，则需要知道局域网外至少一个网关的 IP 地址。

5. 域名系统(DNS)

域名服务(Domain Name Service，DNS)是一个系统。DNS 域名就是给网络上的计算机起一个名字，就像一个人名一样，形象而容易记忆。实际上是将主机的 IP 地址与它的主机名对应起来并存放在 DNS 服务器上，DNS 服务器遇到请求之后，就将域名解析为 IP 地址后反馈回去。使用域名将大大减轻用户记忆的负担。

为了将 Internet 上茫茫的 IP 地址进行划分，于是使用了域的概念。一个主机名的格式如下：

子域名.[子域名.]…域名

在 Internet 上，域的分类是有规定的。Internet 是由美国开发的，美国使用的域名含义如表 11-2 所示。

表 11-2 域名含义

域	说 明	域	说 明
com	金融业	net	网络服务组织
gov	政府部门	org	其他组织
int	国际组织	us	ISO 的美国域
mil	军事部门	edu	大学及学院

其他国家或地区都必须使用双字母域来标志，在表中的域名上加上 ISO(国际标准化组织)规定的国家域名。常见的国家域名如表 11-3 所示。

表 11-3 常见的国家域名介绍

域	国家或地区	域	国家或地区
cn	中国	de	德国
hk	香港	fr	法国
mo	澳门	uk	英国
tw	台湾	us	美国
jp	日本	ch	瑞士
kr	韩国		

6. 端口(port)

网络服务一般都是通过人们所熟知的 TCP 或 UDP 端口号来识别的，如表 11-4 所示。

表 11-4 常用的 TCP 端口介绍

服务名	端口	类型	说 明
FTP	21	TCP	文件传输协议
Telnet	23	TCP	Telnet 连接
SMTP	25	TCP	简单邮件传输协议
DNS	53	TCP	域名系统服务
HTTP	80	TCP	超文本传输协议
POP3	110	TCP	使用邮政局协议 3 的邮件阅读器
IMAP	143	TCP	使用 Internet 消息访问协议的邮件阅读器

11.1.4 TCP/IP 网络配置

在 Red Hat Linux 9 下进行 TCP/IP 网络的配置，redhat-config-network 命令(“主菜单”→“系统设置”→“网络”)是在图形化界面下最常用的网络配置工具，如图 11-4 所示。

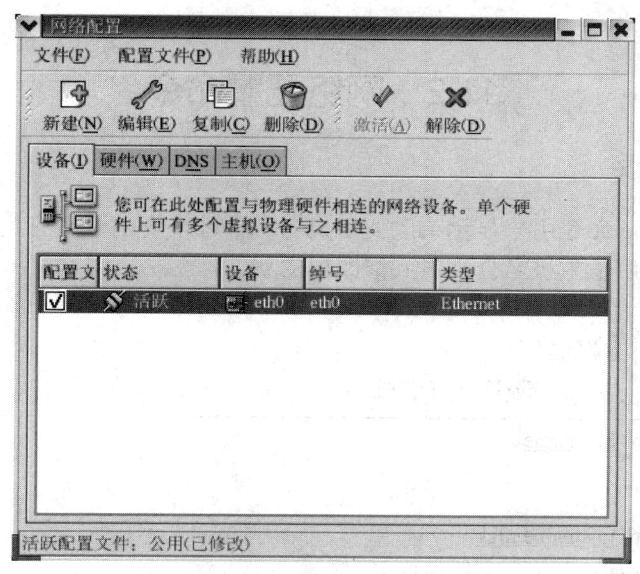

图 11-4　图形化网络配置界面

在主界面下，双击网卡设备或者点击“编辑”，均可以进入该网卡的配置，比如使用 DHCP 还是静态 IP 地址、子网掩码、默认网关以及路由配置等。在主界面的标签中，还可以修改 DNS、静态主机解析表。

修改完确认无误后，可以单击“文件”菜单下的“保存”按钮来保存配置信息。在确保该网络设备已经激活(状态栏显示“活跃”，若没有激活，则单击菜单栏的“激活”)后，重新启动 network 服务，就可以使配置信息生效了。

11.1.5　IPv6 简介

现有的互联网是在 IPv4 协议(Internet Protocol version 4)的基础上运行的。IPv6 是下一版本的互联网协议，它的提出最初是因为随着互联网的迅速发展，IPv4 定义的有限地址空间将被耗尽，地址空间的不足必将影响互联网的进一步发展。为了扩大地址空间，拟通过 IPv6 重新定义地址空间。IPv4 采用 32 位地址长度，只有大约 43 亿个地址，很快就会被分配完毕，而 IPv6 采用 128 位地址长度，几乎可以不受限制地提供地址。按保守方法估算 IPv6 实际可分配的地址，是整个地球每平方米面积上可分配 1000 多个地址。在 IPv6 的设计过程中除了一劳永逸地解决地址短缺问题以外，还考虑了在 IPv4 中解决不好的其他问题。IPv6 的主要优势体现在：扩大地址空间、提高网络的整体吞吐量、改善服务质量(QoS)、安全性有更好的保证、支持即插即用和移动性、更好实现多播功能。

显然，IPv6 的优势能够对上述挑战直接或间接地做出贡献。其中最突出的是 IPv6 大大地扩大了地址空间，恢复了原来因地址受限而失去的端到端连接功能，为互联网的普及与深化发展提供了基本条件。当然，IPv6 并非十全十美、一劳永逸的，它不可能解决所有问题。IPv6 的完善不可能在一夜之间发生，只能在发展中不断完善，过渡需要时间和成本，但从长远看，IPv6 有利于互联网的持续和长久发展。

11.2 网络配置命令

11.2.1 hostname

说明：hostname 命令用来显示或改变主机名，不过改变主机名的状态只是暂时的，当计算机重启或关闭后，主机名会恢复到修改前的状态。

格式：

hostname [主机名]

〖示例 11.1〗 显示并改变当前主机名：

```
[root@localhost root]#hostname
localhost

[root@localhost root]#hostname nick
[root@localhost root]#hostname
nick
```

11.2.2 ifconfig

说明：ifconfig 命令用来显示或设置网络设备，不加任何参数的情况下是显示网络设备信息。

格式：

ifconfig [网络设备名] [IP 地址] [参数]

命令的参数说明如下：

- 命令中的选项说明如表 11-5 所示。
- 网络设备名：Linux 标示网络设备的别名，如 eth0、eth1、…。
- IP 地址：该网络设备的 IP 地址设置。

表 11-5 ifconfig 命令的常用选项

选项	说 明
up	激活网络设备
down	关闭网络设备
netmask	设置网络设备的子网掩码
mtu	设置网络设备的 MTU(最大传输单元)，单位是字节
metric	指定在计算数据包的转送次数时，所要加上的数目
-broadcast <addr>	将要送往指定地址的数据包当成广播数据包来处理

〖示例 11.2〗 配置 eth0 的 TCP/IP 设置，IP 地址：192.168.236.2，子网掩码：255.255.255.0，并启动该设备。

```
[root@localhost root]#ifconfig eth0 192.168.236.2 netmask 255.255.255.0 up
```

〖示例 11.3〗 显示 eth0 设备的网络配置信息。

```
[root@localhost root]#ifconfig eth0
eth0      Link encap:Ethernet   HWaddr 00:0C:29:67:40:56
          inet addr:192.168.236.2   Bcast:192.168.236.255   Mask:255.255.255.0
          UP BROADCAST RUNNING MULTICAST   MTU:1500   Metric:1
          RX packets:2 errors:0 dropped:0 overruns:0 frame:0
          TX packets:6 errors:0 dropped:0 overruns:0 carrier:0
          collisions:0 txqueuelen:100
          RX bytes:223 (223.0 b)   TX bytes:296 (296.0 b)
          Interrupt:10 Base address:0x10a4
```

11.2.3 ping

说明：执行 ping 指令会使用 ICMP 传输协议，发出要求回应的信息，若远端主机的网络功能没有问题，就会回应该信息，因而得知该主机运作正常。

格式：

ping [参数] [主机名或 IP 地址]

命令的参数说明如下：

- 命令中的选项说明如表 11-6 所示。
- 主机名或 IP 地址：远程主机的标示。

表 11-6　ping 命令的常用选项

选项	说　明	选项	说　明
-c <times>	设置完成要求回应的次数	-t <TTL>	设置存活数值 TTL 的大小
-i <intervals>	指定收发信息的间隔秒数	-R	记录路由过程
-s <package_size>	设置数据包的大小	-v	详细显示指令的执行过程

〖示例 11.4〗 检测网关 192.168.236.1，间隔秒数为 1 秒，回应次数为 5。

```
[root@localhost root]#ping -c 5 -i 1 192.168.236.1
PING 192.168.236.1 (192.168.236.1) 56(84) bytes of data.
64 bytes from 192.168.236.3: icmp_seq = 1 ttl = 64 time = 0.606 ms
64 bytes from 192.168.236.3: icmp_seq = 2 ttl = 64 time = 0.588 ms
64 bytes from 192.168.236.3: icmp_seq = 3 ttl = 64 time = 0.419 ms

--- 192.168.236.1 ping statistics ---
3 packets transmitted, 3 received, 0% packet loss, time 1998ms
rtt min/avg/max/mdev = 0.419/0.537/0.606/0.088 ms
```

11.2.4 route

说明：route 命令用于显示或修改路由表，默认是显示路由表。

格式：

route [参数]

命令中的选项说明如表 11-7 所示。

表 11-7 route 命令的常用选项

选项	说 明
-n	以 IP 地址显示路由表
add	增加一条路由信息
del	删除一条路由信息
-net|-host	标示路由信息属于网段还是主机
netmask	子网掩码
gw|dev	标示以 IP 或是网络设备号来建立路由

〖示例 11.5〗 以 IP 地址显示本机路由表。

```
[root@localhost root]#route -n
Kernel IP routing table
Destination     Gateway     Genmask          Flags Metric Ref    Use Iface
192.168.236.0   0.0.0.0     255.255.255.0    U     0      0        0 eth0
127.0.0.0       0.0.0.0     255.0.0.0        U     0      0        0 lo
```

〖示例 11.6〗 增加一条到 192.168.235.0 网段的路由信息。

```
[root@localhost root]#route add -net 192.168.235.0 netmask 255.255.255.0 dev eth0
```

11.2.5 traceroute

说明：traceroute 命令用于追踪网络数据包主机间传送的路由途径。

格式：

traceroute [参数] [主机名或 IP 地址] [数据包大小]

命令的参数说明如下：

- 命令中的选项说明如表 11-8 所示。
- 主机名或 IP 地址：远程主机的标示。
- 数据包大小：每次发送的数据包大小。

表 11-8 traceroute 命令的常用选项

选项	说 明
-f <TTL>	设置第一个检测数据包的存活数值 TTL 的大小
-m <TTL>	设置检测数据包的最大存活数值 TTL 的大小
-w <seconds>	设置等待远端主机回报的秒数(超时时间)
-n	直接使用 IP 地址而非主机名称
-v	详细显示指令的执行过程

〖示例 11.7〗 显示由本机到远程主机 10.26.17.65 的路径信息。

```
[root@localhost root]#traceroute 10.26.17.65
1   192.168.236.2 (192.168.236.2)   0.301 ms   0.441 ms   0.264 ms
2   10.26.17.65 (10.26.17.65)   0.641 ms   0.673 ms   0.726 ms
```

11.2.6　netstat

说明：netstat 命令用于获取整个 Linux 系统的网络状态。

格式：

netstat [参数]

命令中的选项说明如表 11-9 所示。

表 11-9　netstat 命令的常用选项

选项	说　明
-a	显示所有的 Socket 信息
-c	持续列出网络状态
-e	显示网络其他相关信息
-h	在线帮助
-o	显示计时器
-p	显示正在使用 Socket 的程序识别码和程序名称
-r	显示路由表
-t	显示 TCP 传输协议的连线状况
-u	显示 UDP 传输协议的连线状况
-v	显示指令执行过程

〖示例 11.8〗 显示本机 TCP 端口状态。

```
[root@localhost root]#netstat -t
Active Internet connections (w/o servers)
Proto Recv-Q Send-Q Local Address          Foreign Address            State
tcp        10      0 192.168.236.3:32796   xmlrpc.rhn.redhat:https    CLOSE_WAIT
tcp        10      0 192.168.236.3:32793   xmlrpc.rhn.redhat:https    CLOSE_WAIT
…
tcp         0      0 localhost.localdo:32852   localhost.localdoma:ipp    TIME_WAIT
tcp         0      0 localhost.localdo:32849   localhost.localdoma:ipp    TIME_WAIT
…
```

11.2.7　nslookup

说明：nslookup 命令用于查询 DNS 服务器的信息，可以用于查错，不加任何参数的情况下是进入交互模式。

格式：

nslookup [主机地址]

命令的参数说明如下：

- 主机地址：主机的 IP 或域名地址。

〖示例 11.9〗 查询 www.cslg.cn 的信息。

```
[root@localhost root]#nslookup
Server:     61.155.18.30
Address:    61.155.18.30#53

Name:       www.cslg.cn
Address:    61.155.18.24
```

11.2.8 tcpdump

说明：tcpdump 命令可以将网络中传送的数据包的“头”完全截获下来提供分析，它支持针对网络层、协议、主机、网络或端口的过滤。

格式：

tcpdump [参数]

命令中的选项说明如表 11-10 所示。

表 11-10 tcpdump 命令的常用选项

选项	说 明
-a	将网络地址和广播地址转变成名字
-d	将匹配信息包的代码以人们能够理解的汇编格式给出
-dd	将匹配信息包的代码以 C 语言程序段的格式给出
-ddd	将匹配信息包的代码以十进制的形式给出
-e	在输出行打印出数据链路层的头部信息
-v	输出一个稍微详细的信息
-vv	输出详细的报文信息
-c <num>	在收到指定的包的数目后，tcpdump 就会停止
-i <interface>	指定监听的网络接口
-w <filename>	直接将包写入文件中
host <host_name> or <ip_addr>	设置截获包中包含哪些主机

〖示例 11.10〗 捕获 localhost 发出的所有数据包。

```
[root@localhost root]#tcpdump host localhost
```

〖示例 11.11〗 获取主机 192.168.236.2 除了和主机 192.168.236.8 之外所有主机通信

的 IP 包。

```
[root@localhost root]#tcpdump ip host 192.168.236.2 and ! 192.168.236.8
```

11.3　课后习题与实验

11.3.1　课后习题

1. 欲发送 10 个分组报文测试与主机 cse.cslg.cn 的连通性，应使用的命令和参数是________。

2. ping 命令可以测试网络中本机系统是否能到达________，所以常常用于测试网络的________。

3. ________协议为 IP 协议提供差错报告。

4. DNS 域名系统主要负责主机名和________之间的解析。

5. 在 TCP/IP 模型中，应用层包含了所有的高层协议，在下列的一些应用协议中，(　　)协议是能够实现本地与远程主机之间的文件传输工作。

A. FTP　　B. HTTP　　C. NFS　　D. SNMP

6 下面的网络协议中，面向连接的协议是(　　)。

A. 传输控制协议　　B. 用户数据报协议

C. 网际协议　　D. 网际控制报文协议

7. 局域网的网络地址 192.168.1.0，子网掩码为 255.255.255.0，局域网络连接其他网络的网关地址是 192.168.1.1。主机 192.168.1.20 访问网络地址为 172.16.1.0，子网掩码为 255.255.255.0 的网络时，其路由设置正确的是(　　)。

A. route add –net 192.168.1.0 gw 192.168.1.1
netmask 255.255.255.0 metric 1

B. route add –net 172.16.1.0 gw 192.168.1.1
netmask 255.255.255.255 metric 1

C. route add –net 172.16.1.0 gw 172.16.1.1
netmask 255.255.255.0 metric 1

D. route add default 192.168.1.0
netmask 172.168.1.1 metric 1

8. 下列提法中，(　　)选项不属于 ifconfig 命令作用范围。

A. 配置本地回环地址　　B. 配置网卡的 IP 地址

C. 激活网络适配器　　D. 加载网卡到内核中

9. 子网号为 16 bit 的 A 类地址与子网号为 8 bit 的 B 类地址的子网掩码是下列(　　)。

A. 11111111.11111111.11111111.00000000
和 11111111.11111111.11111111.00000000

B. 11111111.00000000.11111111.00000000

和 11111111.11111111.11111111.00000000

C. 11111111.00000000.00000000.00000000

和 11111111.00000000.00000000.00000000

D. 11111111.00000000.00000000.00000000

和 11111111.00000000.11111111.00000000

10. 当我们与某远程网络连接不上时，就需要跟踪路由查看，以便了解在网络的什么位置出现了问题，满足该目的的命令是(　　)。

A. ping　　B. traceroute　　C. netstat　　D. route

11.3.2 实验：TCP/IP 网络设置

1. 实验目的

(1) 掌握如何在 Linux 下进行 TCP/IP 网络的设置。

(2) 学会使用命令检测网络配置。

2. 实验内容

(1) 使用 ifconfig 命令配置网络接口。

(2) 使用 route 命令加默认网关。

(3) 使用 hostname 命令设置主机名。

(4) 使用 ping、netstat 命令检测配置。

(5) 设置系统启动时自动配置网络参数。

3. 实验步骤

(1) 用 dmesg 命令查看系统启动信息中关于网卡的信息。

(2) 查看系统加载的与网卡匹配的内核模块。

(3) 查看网络接口 eth0 的配置信息。

(4) 为此网络接口设置 IP 地址、广播地址、子网掩码，并启动此网络接口。

(5) 利用 ifconfig 命令查看系统中已经启动的网络接口。

(6) 显示系统的路由设置。

(7) 设置默认路由，也就是网关。

(8) 再次显示系统的路由设置，确认设置成功。

(9) 显示当前的主机名设置。

(10) 以自己的姓名缩写重新设置主机名。

(11) 再次显示当前的主机名设置，确认修改成功。

(12) ping 网关的 IP 地址，检测网络是否连通。

(13) 用 netstat 命令显示系统核心路由表。

(14) 用 netstat 命令查看系统开启的 TCP 端口。

(15) 设置自动启动的方法有三种：第一种方法是用 netconfig 命令；第二种方法是编辑启动配置文件；第三种方法是使用图形配置界面。

第一种方法，用 netconfig 命令，在打开的对话框中输入 IP 地址、子网掩码、默认网关等。

第二种方法，编辑启动配置文件，在/etc/syscofig/network-scripts/if-eth0 文件中加入如下信息：

```
DEVICE=eth0
ONBOOT=yes
BOOTPROTO=static
IPADDR=xxx.xxx.xxx.xxx
NETMASK=255.255.255.0
GATEWAY=xxx.xxx.xxx.xxx
```

第三种方法，在图形模式下选择“主菜单”→“系统设置”→“网络”，双击网卡设备，或者点击“编辑”，可以进入该网卡的配置。

(16) 重新启动系统，再用 ifconfig 命令查看网络接口的配置信息，确认设置是否成功。

4. 完成实验报告

5. 思考题

(1) 当无法连接远程主机的时候，此时应该按什么顺序，用什么方法，分别检测系统中的哪些设置？

(2) 利用 ifconfig 和 route 命令配置 IP 地址、子网掩码和默认网关等信息和利用 netconfig 及编辑配置文件有什么不同？

第12章 Apache Web 服务器

◇【本章学习目标】

Web 是 Internet 的多媒体信息查询工具，是 Internet 上发展最快和最广泛的服务。而在当前的 Internet 上，Apache 是应用最广泛的 Web 服务器。本章主要介绍 Apache Web 服务器的安装、配置，以及其他的高级特性。通过对本章的学习，读者应该掌握以下主要内容：

⊙ Apache 的安装和简单配置；

⊙ 访问控制、认证、授权的配置；

⊙ Apache 的日志管理；

⊙ 动态站点及虚拟主机的配置。

12.1 Apache Web 服务器概述

12.1.1 WWW 服务简介

1. WWW 简介

WWW 是 World Wide Web(环球信息网)的缩写，也可以简称为 Web，中文名字为万维网。它起源于1989年3月，由欧洲量子物理实验室 CERN(the European Laboratory for Particle Physics)所发展出来的主从结构分布式超媒体系统。通过万维网，人们只要使用简单的方法，就可以很迅速方便地取得丰富的信息资料。由于用户在通过 Web 浏览器访问信息资源的过程中无需再关心一些技术性的细节，而且界面非常友好，因而 Web 在 Internet 上一推出就受到了热烈的欢迎，走红全球，并迅速得到了爆炸性的发展。

2. WWW 的发展和特点

长期以来，人们只是通过传统的媒体(如电视、报纸、杂志和广播等)获得信息。但随着计算机网络的发展，人们想要获取信息，已不再满足于传统媒体那种单方面传输和获取的方式，而希望有一种主观的选择性。现在，由于计算机网络的发展，信息的获取变得非常及时、迅速和便捷。

到了 1993 年，WWW 的技术有了突破性的进展，它解决了远程信息服务中的文字显示、数据连接以及图像传递的问题，使得 WWW 成为 Internet 上最为流行的信息传播方式。现在，Web 服务器成为 Internet 上最大的计算机群，Web 文档之多、链接的网络之广，令人难以想象。可以说，Web 为 Internet 的普及迈出了开创性的一步，是近年来 Internet 上取得的最激动人心的成就。

3. Web 服务器简介

WWW 服务器又称为 Web 服务器，主要功能是利用应用层提供的 HTTP 协议、HTML 文档格式、浏览器统一资源定位器(URL)等技术提供网上信息浏览服务。

当今世界上常用的 Web 服务器有如下几种：Apache、Microsoft IIS、IBM WebSphere、BEA WebLogic、IPlanet Application Server、Oracle IAS 等。

12.1.2　Apache 发展史

Apache 音译为阿帕奇，是北美印第安人的一个部落，叫阿帕奇族，在美国的西南部。相传阿帕奇是一个武士，他英勇善战，且战无不胜，被印第安人奉为勇敢和胜利的代表，因此后人便用他的名字为印第安部落命名，而阿帕奇族在印第安史上也以强悍著称。

根据 NetCraft 关于 Web 站点的调查，在当前的 Internet 上，Apache 是应用最广泛的 Web 服务器，其标识如图 12-1 所示。名字“Apache”出现在该软件的早期版本中，它是一个“补丁”服务器，来自于源代码开放的 NCSA HTTPd Web 服务器的补丁。NCSA HTTPd 项目终止一段时间以后，许多人为该代码编写了许多补丁，修补程序中的问题并添加想要的功能。该软件的代码随处可见，人们可以自由使用，但是完全没有人管理。一段时间后，Bob Behlendorf 建立集中存储补丁的机构，从而诞生了 Apache 项目。该项目的核心小组至今仍只有少数程序员，但是欢迎任何人向该小组提交补丁，并可能包含在软件的代码中。

图 12-1　Apache 标识

Apache 项目成为人们兴趣的中心，部分原因是 Open Source 对其的新兴趣，还有部分原因是 IBM 宣布将向该项目提供充足的资源，因为使用一个已经建立并被证实的 Web 服务器比 IBM 自己编写一个更有意义。这种兴趣的结果导致了基于 Windows 稳定版本的推出和更快的版本更新计划。

早期的 Apache 服务器由 Apache Group 来维护，直到 1999 年 6 月 Apache Group 在美国德拉瓦市成立了非盈利性组织的公司，即 Apache 软件基金会(Apache Software Foundation，ASF)。ASF 现在维护着包括 Apache 在内的多个项目，还包括 Perl、PHP、Java、Tcl、XML 等。ASF 的网址是 http://www.apache.org。

12.2　Apache 的默认配置

12.2.1　安装和启动 Apache

安装 Apache Web 服务器，可以采取 RPM 软件包安装和源码编译安装两种方式，另外还可以在图形界面下利用软件包管理器来进行自动安装，该安装方式其实仍属于 RPM 软件包安装。

1. 使用软件包管理器进行安装

若当前的系统是 X Window 图形界面，则可以使用软件包管理器来直接安装 Apache，同时还可以安装与其相关的一些软件包，该方式简单直观。

启动进入 Linux 图形界面，单击“主菜单”→“系统设置”→“添加/删除应用程序”，选择“万维网服务器”，并可以在其栏目中选择安装 Apache 的一些附加软件包，如 PHP 解释器、Perl 解释器、MySQL 和 PostgreSQL 基于 Apache 的基本验证模块等，如图 12-2 所示。

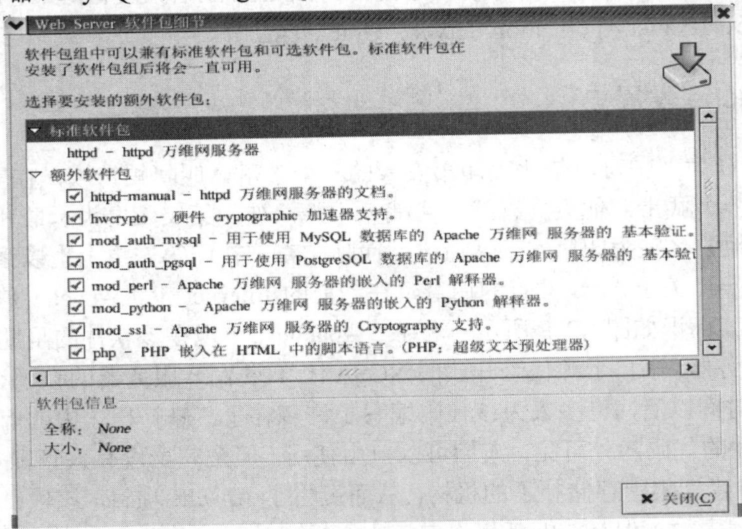

图 12-2　安装 Apache 服务器的图形界面

安装完毕后，在终端中运行如下命令可以设置 Apache 服务的自动启动：

[root@localhost root]#chkconfig --level 235 httpd on

重新启动 Linux，或者使用如下命令可以立即启动 Apache 服务：

[root@localhost root]#service httpd start

服务启动后，可以用 Web 浏览器访问 http://localhost 来检查 Apache 服务器的状态，如图 12-3 所示，它是 Apache 服务启动后的 Web 站点默认主页。

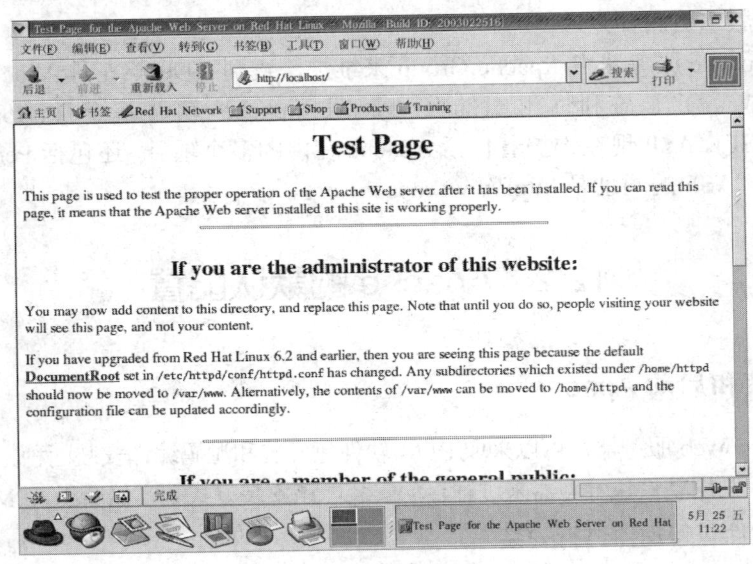

图 12-3　Apache 服务器测试界面

2. 使用 RPM 软件包进行安装

若 Linux 是在 Shell 环境下，则可以使用 RPM 软件包来安装 Apache Web 服务器。在安装之前，可以先检查一下当前系统是否已经安装了 Apache，命令如下：

```
[root@localhost root]#rpm -q httpd
```

若有输出信息，则说明 Apache 服务已经安装。Apache 服务器安装后，默认情况下是不会自动启动的，这时，还可以使用 chkconfig 命令让其自动运行。

若检测到系统没有安装 Apache 服务，则首先下载或复制 RPM 软件包 httpd-X.X.X…-i386.rpm 到主目录下，并采用以下命令进行安装：

```
[root@localhost root]#rpm -ivh httpd-X.X.X…-i386.rpm
```

若系统内已有 Apache，则还可以通过下载最新的 RPM 软件包进行升级，命令如下：

```
[root@localhost root]#rpm -Uvh httpd-X.X.X…-i386.rpm
```

通过软件包管理器或者 RPM 包进行 Apache 的安装后，系统会将 Apache 服务的配置文件放入固定的目录，如表 12-1 所示。

表 12-1　Apache 配置文件路径说明

目录	说　明
/etc/httpd/conf	该目录用于存放 Apache 服务器的配置文件 httpd.conf
/etc/rc.d/init.d/httpd	Apache 的服务启动脚本
/var/www/html	Apache 服务器默认 Web 站点根目录
/usr/bin	Apache 软件包提供的可执行文件安装目录
/etc/httpd/logs	Apache 服务器的日志文件目录

3. 源代码编译安装

从 Apache 的官方网站 http://httpd.apache.org 下载 Apache 的源代码包，目前最新版本的软件包是 httpd-2.2.4.tar.gz，将其下载或复制到/usr/local/src 目录中，然后采用以下步骤进行配置、编译和安装：

```
[root@localhost root]#cd /usr/local/src
#将源码包解压缩
[root@localhost src]#tar zxvf httpd-2.2.4.tar.gz
#显示软件包中的文件信息
[root@localhost src]#cd httpd-2.2.4
[root@localhost httpd-2.2.4]#./configure --prefix=/usr/local/apache2 --enable-so
--with-mpm=prefork --enable-modules="setenvif rewrite deflate vhost_alias alias"
#显示检查配置信息，成功后会显示 config.status: executing default commands
[root@localhost httpd-2.2.4]#make //然后就对源码进行编译，会耗一段时间
[root@localhost httpd-2.2.4]#make install //安装 Apache
```

采用源码方式安装 Apache，配置文件和相关文档均安装在指定的 /usr/local/apache2 目录下，其中配置文件存放在 /usr/local/apache2/conf 目录下；网页文件存放在/usr/local/apache2/htdocs 目录下，它是默认 Web 站点的根目录；日志文件存放在 /usr/local/apache2/logs

目录下；Apache 提供的应用程序、启动脚本等均存放在/usr/local/apache2/bin 目录中。

启动 Apache 服务，可用如下命令：

[root@localhost root]#/usr/local/apache2/bin/apachectl start

若要使 Apache 服务随系统自动运行，可将启动 Apache 服务的命令添加到 /etc/rc.d 目录下的 rc.local 文件中，命令如下：

[root@localhost root]#echo "/usr/local/apache2/bin/apachectl start" >> /etc/rc.d/rc.local

12.2.2 httpd.conf

Apache 的配置文件是 httpd.conf，在 Apache 启动时，会自动读取配置文件的内容。配置文件内容改变后，只有重启 httpd 服务或者重新启动 Linux 才会生效。

整个配置文件总体上划分为三部分(section)，第一部分是全局环境设置，主要用于设置 ServerRoot、主进程号的保存文件、对进程的控制、服务器监听的 IP 地址和端口以及需要装载的 DSO(Dynamic Shared Object)模块等；第二部分是服务器的 Web 站点基本配置；第三部分是虚拟主机段。

如图 12-4 所示为 httpd.conf 文件内容的解析。

```
#向 Web 站点的用户提供 Apache 服务与操作系统的信息
ServerTokens OS
#设置服务器的根目录
ServerRoot "/etc/httpd"
#指定进程号记录文件
PidFile run/httpd.pid
#连接的等待时间
Timeout 300
#允许使用保持连接的功能
KeepAlive Off
#打开保持连接功能时，设置每个连接的最大请求数
MaxKeepAliveRequests 100
#打开保持连接功能时，设置连接间的超时
KeepAliveTimeout 15
#prefork 的 MPM（多处理模块）方式，Red Hat Linux 9 默认
<IfModule prefork.c>
#可用的服务器进程数
StartServers      8
#最少空闲子进程，低于该数时，系统会自动创建新的子进程准备服务
MinSpareServers      5
#最大空闲子进程，高于该数时，系统会删除子进程来提高系统性能
MaxSpareServers    20
#同一时间的最大客户连接数
MaxClients        150
```

```
#每个客户最大的请求连接数
MaxRequestsPerChild  1000
</IfModule>
#worker 的 MPM 方式
<IfModule worker.c>
</IfModule>
#perchild 的 MPM 方式
<IfModule perchild.c>
</IfModule>
#服务器监听端口
Listen 80
#加载其他的配置文件内容
Include conf.d/*.conf
#DSO，动态加载模块
LoadModule access_module modules/mod_access.so
LoadModule proxy_connect_module modules/mod_proxy_connect.so
#当使用内置模块 perfork 时，动态加载 mod_cgi.so
<IfModule prefork.c>
LoadModule cgi_module modules/mod_cgi.so
</IfModule>
#当使用内置模块 worker 时，动态加载 mod_cgid.so
<IfModule worker.c>
LoadModule cgid_module modules/mod_cgid.so
</IfModule>
#运行 Apache 服务器的用户和用户组
User apache
Group apache
#服务器管理员的 E-mail 地址
ServerAdmin root@localhost
#设置服务器的 FQDN（服务器域名），也可以使用 IP 地址；
#默认这个设置是被注释的，需要取消注释，然后修改。
ServerName new.host.name:80
#使用规范名，自动在 URL 末尾添加"/"
UseCanonicalName Off
#Apache 文档目录
DocumentRoot "/var/www/html"
#设置 Web 服务器根目录访问权限
<Directory />
#允许符号链接来访问其他目录
```

```
Options FollowSymLinks
#不检查.htaccess 文件
    AllowOverride None
</Directory>

#设置文档目录访问权限
<Directory "/var/www/html">
#Indexes：若没有类似 index.html 的文件，则显示该目录下的文件清单，
#该选项在 DirectoryIndex 列表中指定。
#FollowSymLinks：允许符号链接来访问其他目录的文件
    Options Indexes FollowSymLinks
#不检查.htaccess 文件
    AllowOverride None
#指定先执行 allow 访问规则，再执行 deny 访问规则
Order allow,deny
#设置允许所有连接的 allow 访问规则
    Allow from all
</Directory>
#访问根目录设置
<LocationMatch "^/$">
#不指定文件列表
    Options -Indexes
#输出错误页面
    ErrorDocument 403 /error/noindex.html
</LocationMatch>
#若加载了 mod_userdir 模块，则允许基于用户的服务器配置
<IfModule mod_userdir.c>
    UserDir disable
</IfModule>
#访问服务器时的主页面
DirectoryIndex index.html index.html.var
#指定目录配置访问控制文件的名称
AccessFileName .htaccess
#设置用户对于.ht 开头的文件不可见
<Files ~ "^\.ht">
    Order allow,deny
    Deny from all
</Files>
#指定 MIME 对应格式的配置文件
```

```
TypesConfig /etc/mime.types
#指定默认的 MIME 文件类型
DefaultType text/plain
#若加载了 mod_mime_magic 模块，指定 magic 信息配置文件
<IfModule mod_mime_magic.c>
HostnameLookups Off
    MIMEMagicFile conf/magic
</IfModule>
#不记录主机名

#指定错误日志文件
ErrorLog logs/error_log
#发送到错误日志的消息类型
LogLevel warn
#定义四种记录日志的格式
LogFormat "%h %l %u %t \"%r\" %>s %b \"%{Referer}i\" \"%{User-Agent}i\"" combined
LogFormat "%h %l %u %t \"%r\" %>s %b" common
LogFormat "%{Referer}i -> %U" referer
LogFormat "%{User-agent}i" agent
#指定访问日志的存放位置
CustomLog logs/access_log combined
#在动态生成的页面中加入 Apache 服务器的信息
ServerSignature On
#使用别名设置 URL 上目录与本机目录的链接
Alias /icons/ "/var/www/icons/"
#指定目录的访问权限
<Directory "/var/www/icons">
</Directory>
#设置 Apache 手册的访问别名和访问权限
Alias /manual "/var/www/manual"
<Directory "/var/www/manual">
</Directory>
#指定 DAV 加锁数据库文件的存放位置
<IfModule mod_dav_fs.c>
    DAVLockDB /var/lib/dav/lockdb
</IfModule>
#设置 CGI 目录的访问别名，该别名是针对脚本的特殊别名
ScriptAlias /cgi-bin/ "/var/www/cgi-bin/"
#若加载 mod_cgid，定义 CGI 监控程序
```

```
<IfModule mod_cgid.c>
Scriptsock              run/httpd.cgid
</IfModule>
#设置 CGI 目录的访问权限
<Directory "/var/www/cgi-bin">
</Directory>
#指定 Web 浏览器中显示索引文件的格式
IndexOptions FancyIndexing VersionSort NameWidth=*
#设置不同文件类型扩展名与图标的对应规则
AddIconByEncoding (CMP,/icons/compressed.gif) x-compress x-gzip
AddIcon /icons/blank.gif ^^BLANKICON^^
#对未知文件格式的对应图标
DefaultIcon /icons/unknown.gif
#指定文件清单前后显示的内容
ReadmeName README.html
HeaderName HEADER.html
#设置浏览器下的实时解压缩文件
AddEncoding x-compress Z
AddEncoding x-gzip gz tgz
#设置 Web 页面支持语言
AddLanguage da .dk
AddLanguage hr .hr
#设置使用语言的优先级
LanguagePriority en da nl et fr de el it ja kr no pl pt pt-br ltz ca es sv tw
#当有多种语言匹配或者没有语言匹配，都使用第一种语言
ForceLanguagePriority Prefer Fallback
#指定页面默认字符集
AddDefaultCharset ISO-8859-1
#设置 Web 页面支持的字符集
AddCharset ISO-8859-1   .iso8859-1   .latin1
AddCharset shift_jis    .sjis
#添加新的 MIME 类型
AddType application/x-tar .tgz
#将指定的文件扩展名映射到指定的处理器上
AddHandler imap-file map
AddHandler type-map var
#指定过滤器来执行 SSI
AddOutputFilter INCLUDES .shtml
#指定错误页面目录的别名
```

```
Alias /error/ "/var/www/error/"
#若加载了 negotiation 与 include 模块，则指定错误页面目录的访问权限
#及一系列错误输出页面。
<IfModule mod_negotiation.c>
<IfModule mod_include.c>
</IfModule>
</IfModule>
#设置不同浏览器的响应
BrowserMatch "Mozilla/2" nokeepalive
BrowserMatch "^WebDrive" redirect-carefully
```

图 12-4　httpd.conf 文件解析

12.2.3　.htaccess 配置文件

1. .htaccess 文件简介

.htaccess 文件是 Apache 服务器上的一个设置文件。它是一个文本文件，可以使用任何文本编辑器进行编写。.htaccess 文件提供了针对目录改变配置的方法，即通过在一个特定的文档目录中放置一个包含一个或多个指令的文件(.htaccess 文件)，以作用于此目录及其所有子目录。.htaccess 的功能包括设置网页密码、设置发生错误时出现的文件、改变首页的文件名(如 index.html)、禁止读取文件名、重新导向文件、加上 MIME 类别、禁止列目录下的文件等。

在需要针对目录改变服务器的配置，而对服务器系统没有 root 权限时，应该使用.htaccess 文件。如果服务器管理员不愿意频繁修改配置，则可以允许用户通过.htaccess 文件自己修改配置，尤其是 ISP 在一台机器上提供多个用户站点，而又希望用户可以自己改变配置的情况下，一般会开放部分.htaccess 的功能给使用者自行设置。

注意，.htaccess 是一个完整的文件名，不是***.htaccess 或其他格式。另外，上传.htaccess 文件时，必须使用 ASCII 模式，并使用 chmod 命令改变权限为 644(rw-r--r--)。每一个放置.htaccess 的目录和其子目录都会被.htaccess 影响。

2. 启用 .htaccess 文件

(1) 设置文件名称。必须保证在主配置文件中包含如图 12-5 所示的配置语句。

```
AccessFileName .htaccess
<Files ~ "^\.htaccess">
    Order allow,deny
    Deny from all
</Files>
```

图 12-5　.htaccess 配置

(2) 控制在.htaccess 文件中可以使用的指令组。要控制在.htaccess 文件中可以使用的指令组，需要在主配置文件中使用 AllowOverride 指令。如表 12-2 所示，列出了可以在

AllowOverride 指令所使用的指令组。

表 12-2 .htaccess 文件指令组说明

指令组	可 用 指 令	说 明
AuthConfig	AuthDBMGroupFile, AuthDBMUserFile, AuthGroupFile, AuthName, AuthType, AuthUserFile, Require	进行认证、授权以及安全的相关指令
FileInfo	DefaultType, ErrorDocument, ForceType, LanguagePriority, SetOutputFilter, SetInputFilter, SetHandler	控制文件处理方式的相关指令
Indexes	AddDescription, AddIconByEncoding, AddIconByType, DefaultIcon, DirectoryIndex, FancyIndexing, HeaderName, IndexOptions, IndexIgnore, AddIcon, ReadmeName	控制目录列表方式的相关指令
Limit	Allow, Deny, Order	进行目录访问控制的相关指令
Options	Options, XbitHack	启用不能在主配置文件中使用的选项
All	全部指令组	可以使用所有指令
None	禁止使用所有指令	禁止.htaccess

当在主配置文件中配置了对.htaccess 文件的启用和控制之后，接下来就可以在需要覆盖主配置文件的目录下生成.htaccess 文件了。.htaccess 文件中可以使用的配置指令取决于主配置文件中 AllowOverride 指令的设置。

〖示例 12.1〗 使用.htaccess 文件举例。

```
//首先在文档根目录下生成一个 home 目录，并创建测试文件
[root@localhost root]#cd /var/www/html
[root@localhost html]#mkdir home;cd home
 [root@localhost home]#touch hta_test
//修改配置前，在客户浏览器查看结果，如图 12-6 所示
//修改主配置文件
[root@localhost home]#vi /etc/httpd/conf/httpd.conf
#添加如下配置语句
<Directory "/var/www/html/home">
    AllowOverride Options
</Directory>
[root@localhost home]#service httpd restart     //重新启动 httpd
//在/var/www/html/home 目录下生成.htaccess 文件
[root@localhost home]#vi .htaccess
//添加如下配置语句
Options -Indexes
//在客户浏览器中查看结果，如图 12-7 所示
```

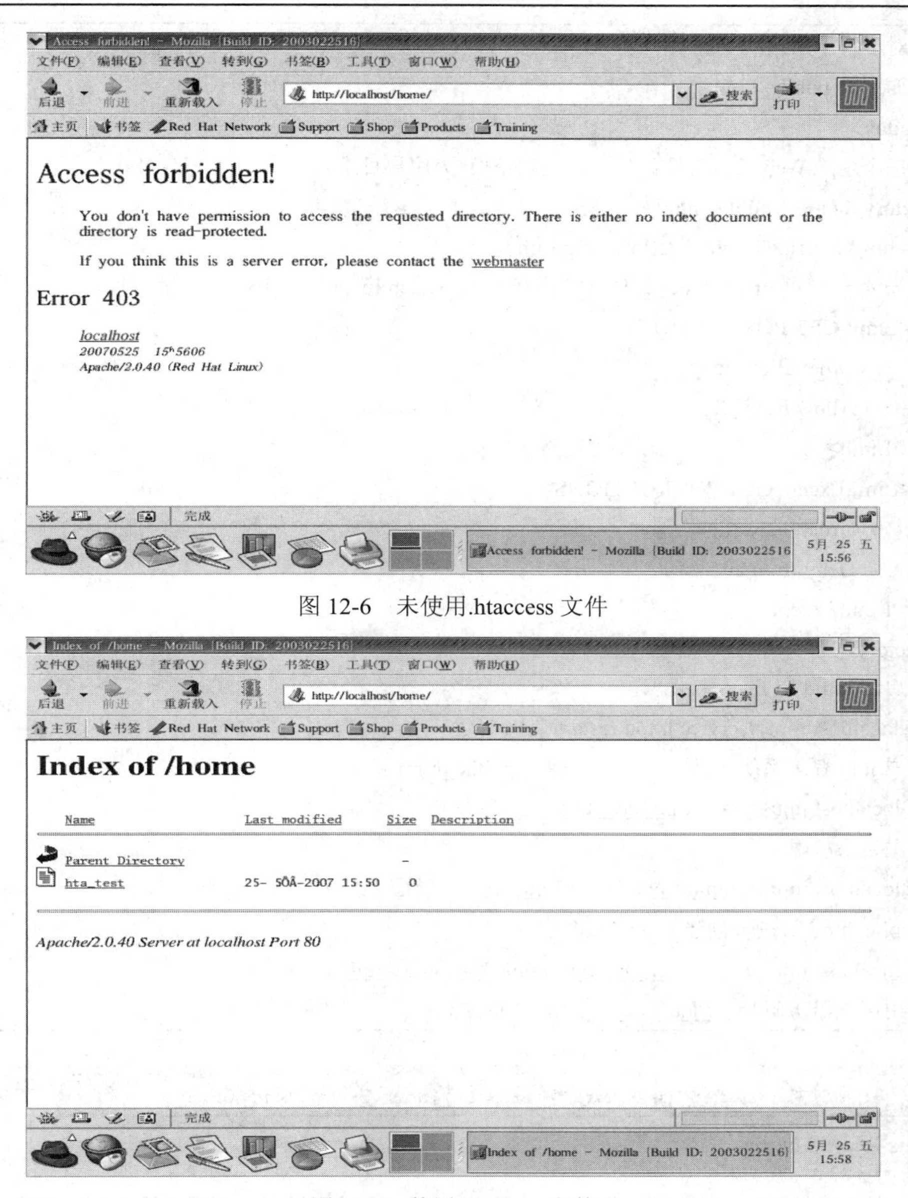

图 12-6　未使用.htaccess 文件

图 12-7　使用.htaccess 文件

12.2.4　配置 Web 站点

为了让本地计算机上拥有账户的每个用户都能建立自己单独的 Web 站点，可以通过修改主配置文件 httpd.conf 来为每个用户配置相应的站点。

〖示例 12.2〗　为用户 juju 建立 Web 站点。

```
[root@localhost root]#vi /etc/httpd/conf/httpd.conf
#修改如下部分配置，将配置文件对应行的注释符“#”去掉即可
<IfModule mod_userdir.c>
```

```
#配置对于每个用户的 Web 站点目录
        UserDir public_html
</IfModule>
#设置每个用户 Web 站点的访问权限，注意替换*为用户目录名
<Directory /home/*/public_html>
        AllowOverride FileInfo AuthConfig Limit
        Options MultiViews Indexes SymLinksIfOwnerMatch IncludesNoExec
        <Limit GET POST OPTIONS>
                Order allow,deny
                Allow from all
        </Limit>
        <LimitExcept GET POST OPTIONS>
                Order deny,allow
                Deny from all
        </LimitExcept>
</Directory>
//重新启动 httpd 服务
[root@localhost root]#service httpd restart
//用账户 juju 登录系统，并在主目录下建立 public_html 目录
[juju@localhost juju]@mkdir public_html
//修改主目录权限
[juju@localhost juju]@chmod 711 /home/juju
//在 public_html 目录下创建 index.html
[juju@localhost juju]@echo "This is juju's home." > index.html
//然后用浏览器访问 http://localhost/~juju，最后结果如图 12-8 所示。
```

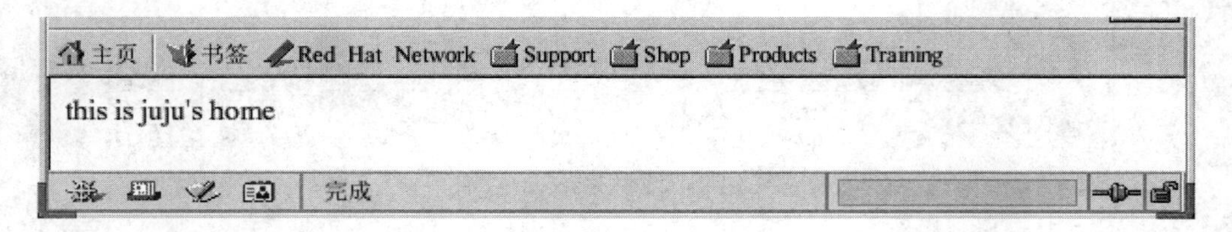

图 12-8　个人 Web 站点配置

12.3　Apache 的高级配置

12.3.1　访问控制

Apache 提供以下三个指令配置访问控制。

(1) allow：定义允许访问列表。

(2) deny：定义拒绝访问列表。

访问列表的表现形式有：

① All：表示所有客户。

② 域名：表示域内所有客户。

③ 网络：网络号/子网掩码。

④ CIDR：网络号/子网掩码位数。

⑤ IP 地址：可以指定完整或部分 IP 地址。

(3) Order：指定允许访问与拒绝访问的顺序。

Order 指令形式如下：

① Order allow,deny：先执行允许列表，后执行拒绝列表，默认为拒绝所有没有明确被允许的客户。

② Order deny,allow：先执行拒绝列表，后执行允许列表，默认为允许所有没有明确被拒绝的客户。

访问控制指令在主配置文件的容器中均生效，如 Location 容器、Directory 容器、Files 容器等。

〖示例 12.3〗 对于本机的 Web 服务，拒绝所有客户，只允许 192.168.236.0/30 网段内的客户访问。

```
//修改 httpd.conf，将对应行的注释符“#”去掉
<Location /server-info>
#获取服务器信息
      SetHandler server-info
#先执行 deny 规则，再执行 allow 规则
      Order deny,allow
#只允许 192.168.236.0/30 网段内客户访问
#以获取该服务器信息
      Deny from all
      Allow from 192.168.236.0/30
</Location>
//重启 httpd 服务
[root@localhost root]#service httpd restart
//下面在客户 192.168.236.2 的浏览器上测试，
//如图 12-9 所示。
//在其他非该网段内的主机测试结果，
//如图 12-10 所示。
```

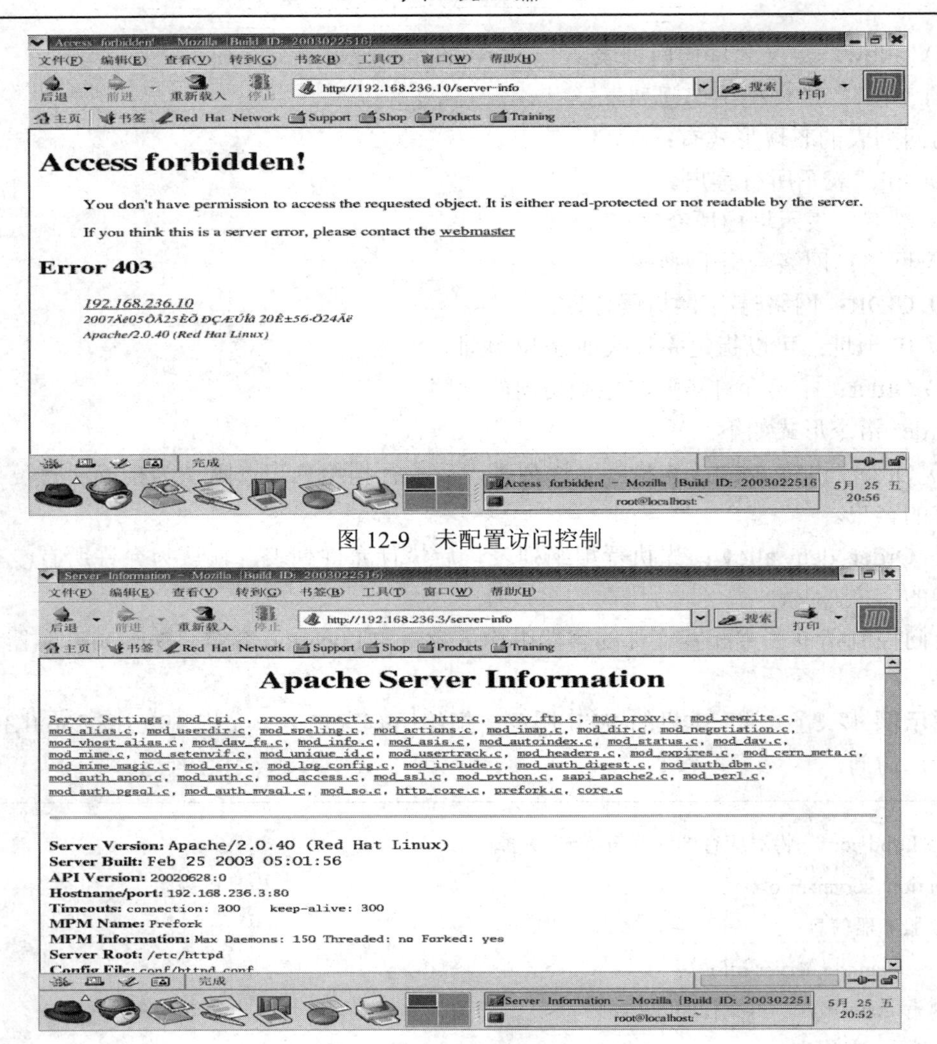

图 12-9 未配置访问控制

图 12-10 已配置访问控制

12.3.2 认证和授权

1. 认证配置

认证配置指令如表 12-3 所示，可用于主配置文件中的 Directory 容器，或存在于.htaccess 文件中。

表 12-3 认证配置指令说明

指令	语法	说明
AuthName	AuthName 区域名称	定义受保护区域名称
AuthType	AuthType Basic 或 Digest	使用的认证方式
AuthGroupFile	AuthGroupFile 文件名	认证组文件的位置
AuthUserFile	AuthUserFile 文件名	认证口令文件的位置

2. 授权配置

配置认证后，还需要授权给指定的认证组或用户。授权的指令为 require，使用格式如表 12-4 所示。

表 12-4　授权配置指令说明

命令格式	说　明
require user 用户名 [用户名]	授权给一个或多个用户
require group 组名 [组名]	授权给一个或多个组
require valid-user	授权给认证口令文件中的所有用户

3. 管理认证文件

(1) 创建新的认证口令文件，格式如下：

htpasswd -c 认证口令文件名 用户名

该命令在创建认证口令文件的同时，会向其中添加一条用户记录。

(2) 修改认证口令文件，格式如下：

htpasswd 认证口令文件名 用户名

该命令可以添加或修改认证口令文件中的记录。

htpasswd 命令并没有提供删除用户记录的参数，可以手动修改认证口令文件，删除相应的用户记录。

Apache 没有提供创建认证组文件的命令，可以手动创建该文本文件，格式如下：

组名：用户名 用户名 …

在认证组文件中指定的用户名必须先添加到认证口令文件中。

〖示例 12.4〗 认证授权的配置举例。

```
#修改主配置文件，添加 Directory 容器
<Directory "/var/www/html/home">
    AllowOverride None
    AuthType Basic
    AuthName "juju"
    AuthUserFile /var/www/passwd/juju
    require valid-user
</Directory>
//创建口令文件，并添加一个用户
[root@localhost root]#mkdir /var/www/passwd
[root@localhost root]#cd /var/www/passwd
[root@localhost passwd]#htpasswd -c juju nick
New password:
Re-type new password:
Adding password for user nick
//将认证口令文件的属主改为 apache
```

```
[root@localhost passwd]#chown apache.apache juju
[root@localhost passwd]#service httpd restart    //重新启动 httpd
//使用浏览器检测配置，如图 12-11 所示。
```

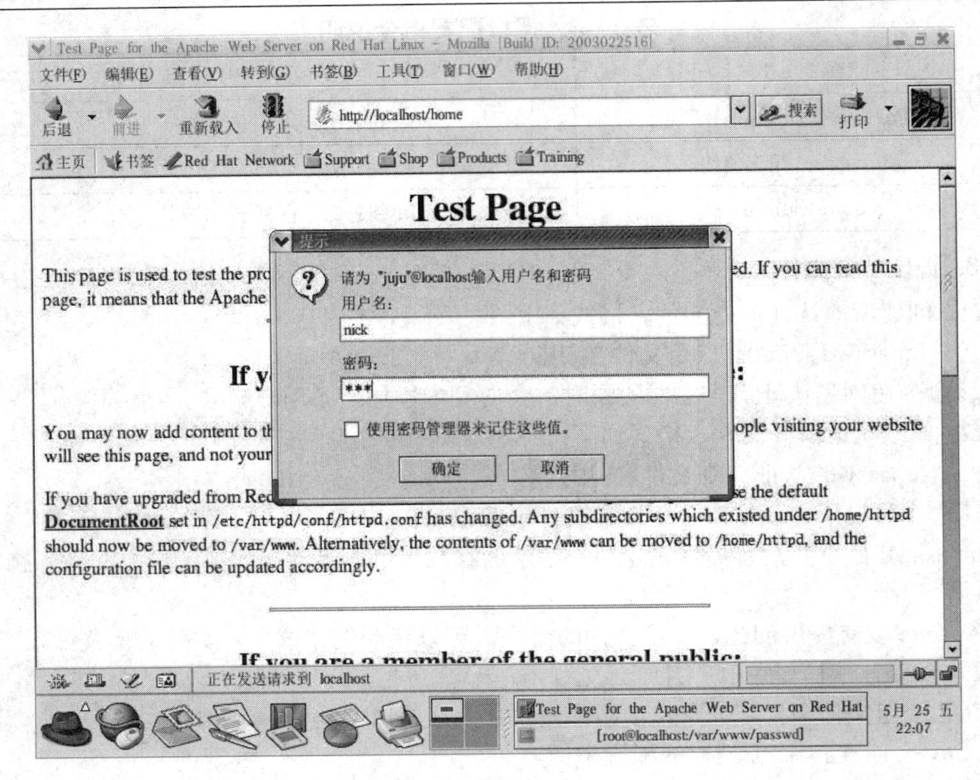

图 12-11 认证授权配置应用

12.3.3 页面重定向

当某站点进行目录结构更新时，未知这一变化的用户再次使用原来的 URL 进行访问，会出现“页面不存在”的错误信息，这时就要配置页面重定向来让用户可以继续使用原来的 URL 进行访问，并且可以告知用户这一变化。

页面重定向在 httpd.conf 中配置，其命令为

redirect [错误响应代码] 用户请求的 URL [重定向的 URL]

常用的错误响应列表如表 12-5 所示。

表 12-5 错误代码列表

错误代码	说 明
301	告知用户 URL 的变化，用户需要记住新的 URL，以便日后访问
302	告知用户 URL 的变化，但用户不需记住新的 URL，该代码为默认错误代码
303	告知用户页面被替换，用户需要记住新的 URL
410	告知用户访问页面不存在，此代码不应该用重定向 URL 参数

12.4 Apache 日志管理

12.4.1 Apache 日志访问

Apache 内建了记录服务器活动的功能，这就是它的日志功能。如果 Apache 的安装方式是默认安装，则服务器一运行就会有两个日志文件生成。这两个文件是 access_log 和 error_log。采用默认安装方式时，这些文件可以在/usr/local/apache/logs 下找到。不同的包管理器会把日志文件放到各种不同的位置，所以我们可能需要找找其他的地方，或者通过配置文件查看这些日志文件配置到了什么地方。

正如其名，访问日志 access_log 记录了所有对 Web 服务器的访问活动。下面是访问日志中一个典型的记录：

127.0.0.1 - - [25/May/2007:15:57:54 +0800] "GET /home/ HTTP/1.1" 200 679 "-" "Mozilla/5.0 (X11; U; Linux i686; zh-CN; rv:1.2.1) Gecko/20030225"

这行内容由 9 项构成，上面的例子中有两项空白，但整行内容仍旧分成了 9 项。

(1) 第一项信息是远程主机的地址，即它表明访问网站的究竟是谁。在上面的例子中，访问网站的主机是 127.0.0.1(本机)。假如访问该 Web 站点的 IP 不是本机或是私有地址的话，我们可以通过之前介绍的 nslookup 查出对应的域名信息，仅仅从日志记录的第一项出发，我们就可以得到有关访问者的不少信息。

默认情况下，第一项信息只是远程主机的 IP 地址，但我们可以要求 Apache 查出所有的主机名字，并在日志文件中用主机名字来替代 IP 地址。然而，这种做法通常不值得推荐，因为它将极大地影响服务器记录日志的速度，从而也就减低了整个网站的效率。另外，有许多工具能够将日志文件中的 IP 地址转换成主机名字，因此要求 Apache 记录主机名字替代 IP 地址是得不偿失的。

然而，如果确实有必要让 Apache 找出远程主机的名字，那么可以在主配置文件中使用如下指令：

HostNameLookups on

如果 HostNameLookups 设置成 double 而不是 on，则日志记录程序将对它找到的主机名字进行反向查找，验证该主机名字确实指向了原来出现的 IP 地址。默认情况下，HostNameLookups 设置为 off。

(2) 上例日志记录中的第二项是空白，用一个“-”占位符替代。实际上绝大多数时候这一项都是如此。这个位置用于记录浏览者的标识，这不只是浏览者的登录名字，而且是浏览者的 E-mail 地址或者其他唯一标识符。这个信息由 identd 返回，或者直接由浏览器返回。很早的时候，那时 Netscape 0.9 还占据着统治地位，这个位置往往记录着浏览者的 E-mail 地址。然而，由于有人用它来收集邮件地址和发送垃圾邮件，所以它未能保留多久，很久之前市场上几乎所有的浏览器就取消了这项功能。因此，现在我们在日志记录的第二项看到 E-mail 地址的机会已经微乎其微。

(3) 日志记录的第三项也是空白。这个位置用于记录浏览者进行身份验证时提供的名字。当然，如果网站的某些内容要求用户进行身份验证，那么这项信息是不会空白的。但是，对于大多数网站来说，日志文件的大多数记录中这一项仍旧是空白的。

(4) 日志记录的第四项是请求的时间。这个信息用方括号包围，而且采用所谓的“公共日志格式”或“标准英文格式”。因此，上例日志记录表示请求的时间是 2007 年 5 月 25 日 15：57：54，该浏览器所在时区位于 UTC 之后的 8 小时。

(5) 日志记录的第五项信息或许是整个日志记录中最有用的信息，它告诉我们服务器收到的是一个什么样的请求。该项信息的典型格式是“Method Resource Protocal”，即“方法资源协议”。

在上例中，Method 是 GET，其他经常可能出现的 Method 还有 POST 和 HEAD。此外还有不少可能出现的合法 METHOD，但主要就是这三种。

Resource 是指浏览者向服务器请求的文档或 URL。在这个例子中，浏览者请求的是“/home/”，即网站根目录下的 home 目录。

Protocal 通常是 HTTP，后面再加上版本号，版本号或者是 1.0，或者是 1.1。我们知道，HTTP 协议是 Web 得以工作的基础，HTTP/1.0 是 HTTP 协议的早期版本，而 1.1 是最近的版本。

(6) 日志记录的第六项信息是状态代码，它告诉我们请求是否成功，或者遇到了什么样的错误。大多数时候，这项值是 200，它表示服务器已经成功地响应浏览器的请求，一切正常。但一般地说，以 2 开头的状态代码表示成功，以 3 开头的状态代码表示由于各种不同的原因用户请求被重定向到了其他位置，以 4 开头的状态代码表示客户端存在某种错误，以 5 开头的状态代码表示服务器遇到了某个错误。

(7) 日志记录的第七项表示发送给客户端的总字节数。它告诉我们传输是否被打断(该数值是否和文件的大小相同)。把日志记录中的这些值加起来就可以得知服务器在一天、一周或者一个月内发送了多少数据。

(8) 日志记录的第八项记录的是客户在提出请求时所在的目录或 URL，在上例中该项位空白。

(9) 日志记录的第九项表示访问 Web 站点的客户浏览器及操作系统的信息。

12.4.2 日志配置

1. 配置访问日志

访问日志文件的位置实际上是一个配置选项。检查 httpd.conf 配置文件，可以看到该文件中有如下这行内容：

```
CustomLog /usr/local/apache/logs/access_log common
```

CustomLog 指令指定了保存日志文件的具体位置以及日志的格式。上面这行指令指定的是 common 日志格式，自从有了 Web 服务器开始，common 格式就是它的标准格式。虽然几乎不再有任何客户程序向服务器提供用户的标识信息，但访问日志却还保留着第二项内容。

CustomLog 指令中的路径是日志文件的路径。注意，由于日志文件是由 HTTP 用户打开的(用 User 指令指定)，因此必须注意这个路径要有安全保证，防止该文件被随意改写。

2. 错误日志

错误日志和访问日志一样也是 Apache 的标准日志。

(1) 位置和内容。

错误日志无论在格式上还是在内容上都和访问日志不同。然而，错误日志和访问日志一样也提供丰富的信息，我们可以利用这些信息分析服务器的运行情况，找出哪里出现了问题。

错误日志的文件名字是 error_log，其位置可以通过 ErrorLog 指令设置：

```
ErrorLog logs/error.log
```

除非文件位置用“/”开头，否则这个文件位置是相对于 ServerRoot 目录的相对路径。如果 Apache 采用默认安装方式安装，那么错误日志的位置应该在/usr/local/apache/logs 下。但是，如果 Apache 用某种包管理器安装，则错误日志很可能在其他位置。

正如其名字所示，错误日志记录了服务器运行期间遇到的各种错误，以及一些普通的诊断信息，比如服务器何时启动、何时关闭等。

我们可以设置日志文件记录信息级别的高低，控制日志文件记录信息的数量和类型。这是通过 LogLevel 指令设置的，该指令默认设置的级别是 error，即记录称得上错误的事件。

大多数情况下，我们在日志文件中见到的内容分属两类：文档错误和 CGI 错误。但是，错误日志中偶尔也会出现配置错误，另外还有前面提到的服务器启动和关闭信息。

(2) 定义日志格式。

有时候我们需要定制 Apache 默认日志的格式和内容，比如增加或减少日志所记录的信息、改变默认日志文件的格式等。

很久以前，日志文件只有一种格式，这就是“common 格式”，许多人已经习惯于使用这种格式。随后出现了定制日志格式，而且看起来定制日志格式更受欢迎，即使公共日志格式本身也重新用定制日志格式定义。

定制日志文件的格式涉及两个指令，即 LogFormat 指令和 CustomLog 指令，默认 httpd.conf 文件提供了关于这两个指令的几个示例。

LogFormat 指令定义格式并为格式指定一个名字，以后我们就可以直接引用这个名字。CustomLog 指令设置日志文件，并指明日志文件所用的格式(通常通过格式的名字)。

LogFormat 指令的功能是定义日志格式并为它指定一个名字。例如，在默认的 httpd.conf 文件中，我们可以找到下面这行代码：

```
LogFormat "%h %l %u %t \"%r\" %>s %b" common
```

该指令创建了一种名为“common”的日志格式，日志的格式在双引号包围的内容中指定。格式字符串中的每一个变量代表着一项特定的信息，这些信息按照格式串规定的次序写入到日志文件。

在所有上面列出的变量中，“...”表示一个可选的条件。如果没有指定条件，则变量的值将以“-”取代。分析前面来自默认 httpd.conf 文件的 LogFormat 指令示例，可以看出它创建了一种名为“common”的日志格式，其中包括远程主机、远程登录名字、远程用户、请求时间、请求的第一行代码、请求状态，以及发送的字节数。

12.5 虚拟主机

12.5.1 虚拟主机概述

“虚拟主机”是指在一个机器上运行多个网站(比如：www.cslg1.com 和 www.cslg2.com)。如果每个网站拥有不同的 IP 地址，则虚拟主机可以是“基于 IP”的；如果只有一个 IP 地址，则也可以是“基于域名”的，其实现对最终用户是透明的。

基于 IP 的虚拟主机使用连接的 IP 地址来决定相应的虚拟主机，这样就需要为每个虚拟主机分配一个独立的 IP 地址。而基于域名的虚拟主机是根据客户端提交的 HTTP 头中标识主机名的部分决定的。使用这种技术，很多虚拟主机可以共享同一个 IP 地址。

基于域名的虚拟主机相对比较简单，因为用户只需要配置 DNS 服务器，将每个主机名映射到正确的 IP 地址，然后配置 Apache Web 服务器，令其辨识不同的主机名就可以了。基于域名的服务器也可以缓解 IP 地址不足的问题。所以，如果没有特殊原因使用户必须使用基于 IP 的虚拟主机，则最好还是使用基于域名的虚拟主机。

无论是配置基于 IP 地址的虚拟主机还是基于域名的，都需要在主配置文件中使用 VirtualHost 容器，如图 12-12 所示。

```
#配置文件中给出的 VirtualHost 范例
<VirtualHost *>
#指定虚拟主机管理员的 E-mail
    ServerAdmin webmaster@dummy-host.example.com
#指定虚拟主机根文档目录
    DocumentRoot /www/docs/dummy-host.example.com
#指定虚拟主机名称和端口号
    ServerName dummy-host.example.com
#指定虚拟主机错误日志路径
    ErrorLog logs/dummy-host.example.com-error_log
#指定虚拟主机访问日志路径
    CustomLog logs/dummy-host.example.com-access_log common
</VirtualHost>
```

图 12-12 VirtualHost 容器

12.5.2 基于 IP 地址的虚拟主机

在基于 IP 地址的虚拟主机服务器中，每个基于 IP 的虚拟主机必须拥有不同的 IP 地址。可以通过配备多个真实的物理网络接口来达到这一要求，也可以使用几乎所有流行的操作系统都支持的虚拟界面来达到这一要求，这种功能一般被称作“IP 别名”，一般用 ifconfig 命令来进行设置。

〖示例 12.5〗 配置 IP 相同但端口号不同的虚拟主机举例。

```
#编辑主配置文件，添加如下配置信息
#选用 81 和 82 端口作为两个虚拟主机的地址
Listen 81
Listen 82
#配置虚拟主机的主目录
<VirtualHost localhost:81>
    DocumentRoot /var/www/vhost_of_ports1
</VirtualHost>
<VirtualHost localhost:82>
    DocumentRoot /var/www/vhost_of_ports2
</VirtualHost>
//创建虚拟主机的根目录及主页
[root@localhost root]#mkdir  /var/www/vhost_of_ports1
[root@localhost root]#mkdir /var/www/vhost_of_ports2
[root@localhost root]#echo "this is nick's vhost" > /var/www/vhost_of_ports1/index.html
[root@localhost root]#echo "this is juju's vhost" > /var/www/vhost_of_ports2/index.html
//重新启动 httpd 服务
[root@localhost root]#service httpd restart
//在浏览器中测试，如图 12-13 和图 12-14 所示。
```

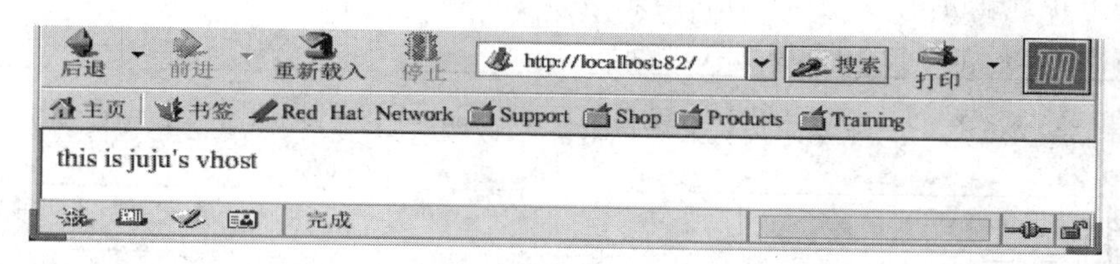

图 12-13 IP 相同、端口号不同(81)的虚拟主机

图 12-14 IP 相同、端口号不同(82)的虚拟主机

〖示例 12.6〗 配置端口号相同但 IP 地址不同的虚拟主机举例。

```
//在计算机上配置多个 IP 地址有两种方法：① 安装多块网卡；② 在一块网卡上绑定多个
//IP 地址。为了试验方便，在这里采用第二种方法。
//配置虚拟网络接口
[root@localhost root]#ifconfig eth0:0 192.168.236.25 up
[root@localhost root]#ifconfig eth0:1 192.168.236.52 up
```

```
#编辑主配置文件，添加如下行：
<VirtualHost 192.168.236.25:80>
      DocumentRoot /var/www/vhost_of_ip1
</VirtualHost>
<VirtualHost 192.168.236.52:80>
      DocumentRoot /var/www/vhost_of_ip2
</VirtualHost>
//创建虚拟主机的根目录及主页
[root@localhost root]#mkdir   /var/www/vhost_of_ip1
[root@localhost root]#mkdir /var/www/vhost_of_ip2
[root@localhost root]#echo "this is nick's vhost" > /var/www/vhost_of_ip1/index.html
[root@localhost root]#echo "this is juju's vhost" > /var/www/vhost_of_ip2/index.html
//重新启动 httpd 服务
[root@localhost root]#service httpd restart
#结果会显示如下错误信息
[Sat May 26 12:39:46 2007] [error] (22002)Name or service not known: Failed to resolve server name for 192.168.236.52 (check DNS) -- or specify an explicit ServerName
[Sat May 26 12:39:46 2007] [error] (22002)Name or service not known: Failed to resolve server name for 192.168.236.25 (check DNS) -- or specify an explicit ServerName
#提示 DNS 反向解析失败，因为现在对于以上两个 IP 地址没有配置 DNS 解析
#但只是使用 IP 地址访问，不会影响测试结果
#使用浏览器测试，如图 12-15 和图 12-16 所示。
```

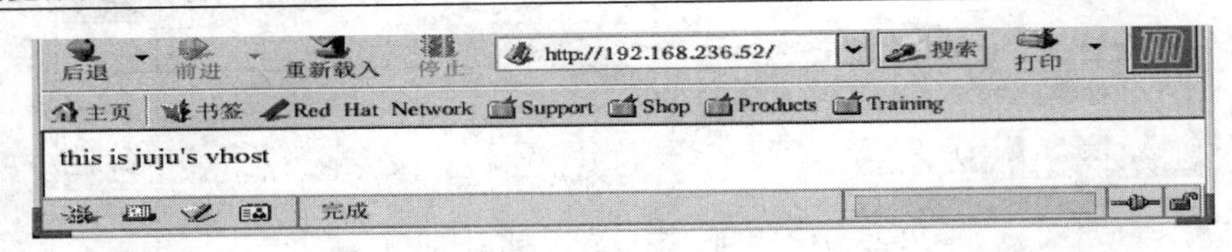

图 12-15 端口号相同、IP 地址不同(192.168.236.52)的虚拟主机

图 12-16 端口号相同、IP 地址不同(192.168.236.25)的虚拟主机

12.5.3 基于域名的虚拟主机

基于域名的虚拟主机，可以让多个域名对应一个 Web 服务器，其配置相对比较简单。

〖示例 12.7〗 配置基于域名的虚拟主机举例。

```
#编辑主配置文件，添加如下信息
NameVirtualHost 192.168.236.3
```

```
<VirtualHost 192.168.236.3:80>
        ServerName www.cslg.cn
        DocumentRoot /var/www/cslg.cn
</VirtualHost>
//创建根文档目录及主页
[root@localhost root]#mkdir /var/www/cslg.cn
[root@localhost root]#echo "welcome to cslg" > /var/www/cslg.cn/index.html
//重新启动 httpd 服务
[root@localhost root]#service httpd restart
//用浏览器测试，如图 12-17 所示。
```

图 12-17　基于域名的虚拟主机

12.6　动态站点简介

12.6.1　基于 CGI 的动态站点

CGI(Common Gateway Interface，公共网关接口)定义了网站服务器与外部内容协商程序之间交互的方法，通常是指 CGI 程序或者 CGI 脚本，是在网站上实现动态页面的最简单而常用的方法。

要让 CGI 程序能正常运作，则必须配置 Apache 以允许 CGI 的执行，其方法主要有如下两种：

(1) ScriptAlias 指令。

ScriptAlias 指令使 Apache 允许执行一个特定目录中的 CGI 程序。当客户端请求此特定目录中的资源时，Apache 假定其中文件都是 CGI 程序并试图运行。ScriptAlias 指令形如：

```
ScriptAlias /cgi-bin/ /usr/local/apache/cgi-bin/
```

如果 Apache 被安装到默认的位置，则默认的配置文件 httpd.conf 中会有上述配置。ScriptAlias 指令定义了映射到一个特定目录的 URL 前缀，与 Alias 指令非常相似，两者一般都用于指定位于 DocumentRoot 目录以外的目录，其区别是 ScriptAlias 又多了一层含义，即其 URL 前缀中任何文件都被视为 CGI 程序。所以，上述例子会指示 Apache，“/cgi-bin/”应该指向“/usr/local/apache/cgi-bin/”目录，且视之为 CGI 程序。

由于安全原因，CGI 程序通常被限制在 ScriptAlias 指定的目录中，如此，管理员就可以严格地控制谁可以使用 CGI 程序了。但是，如果采取了恰当的安全方法措施，则没有理由不允许其他目录中的 CGI 程序运行。比如，我们可能希望用户在 UserDir 指定的宿主目录中存放页面，而它们有自己的 CGI 程序，但无权存取 cgi-bin 目录，这样，就产生了运行其他目录中 CGI 程序的需求。

(2) Optiens 指令。

用 Options 显式地允许 CGI 的执行。可以在主服务器配置文件中，使用 Options 指令显式地允许特定目录中 CGI 的执行，如下：

```
<Directory /usr/local/apache/htdocs/somedir>
    Options +ExecCGI
</Directory>
```

上述指令使 Apache 允许 CGI 文件的执行。另外，还必须告诉服务器哪些文件是 CGI 文件。下面的 AddHandler 指令告诉服务器所有带有 cgi 或 pl 后缀的文件是 CGI 程序：

```
AddHandler cgi-script cgi pl
```

编写 CGI 程序和常规程序之间有两个主要的不同。首先，在 CGI 程序的所有输出前面必须有一个 MIME 类型的头，即 HTTP 头，对浏览器指明所接收内容的类型，大多数情况下，形如：Content-type: text/html。

其次，输出要求是 HTML 形式的，或者是浏览器可以显示的其他某种形式。多数情况下，输出是 HTML 形式的，但偶然也会编写 CGI 程序以输出一个 gif 图片或者其他非 HTML 的内容。除了这两点，编写 CGI 程序和编写其他程序大致相同。

〖示例 12.8〗 在浏览器中打印一行文字。

把下列内容存为 nick.pl 文件，并放在 cgi-bin 目录中。

```
//在 cgi-bin 目录下编辑 nick.pl
[root@localhost cgi-bin]#vi nick.pl
#!/usr/bin/perl
print "Content-type: text/html\n";
print "Hello, world.";
//打开浏览器，输入地址：
http://localhost/cgi-bin/nick.pl
//若 CGI 接口按上述要求配置正确，则会在浏览器页面上显示：
Hello, world.
```

12.6.2 基于 PHP 的动态站点

PHP(Hypertext Preprocessor)是一个基于服务端来创建动态网站的脚本语言，可以用 PHP 和 HTML 生成网站主页。当一个访问者打开主页时，服务端便执行 PHP 的命令并将执行结果发送至访问者的浏览器中，这类似于 ASP 和 ColdFusion，然而 PHP 和它们的不同之处在于 PHP 开放源码和跨越平台，PHP 可以运行在 Windows NT 系列和多种版本的 UNIX 上。PHP 不需要任何预先处理而快速反馈结果，消耗的资源较少，当 PHP 作为 Apache

Web 服务器的一部分时，运行代码不需要调用外部二进制程序，服务器也不需要承担任何额外的负担。

在 Apache 环境下安装 PHP 的时候，有三种安装模式可供选择：静态模块、动态模块(DSO)和 CGI。

在此建议最好把 PHP 安装为 Apache 的 DSO，这种安装模式的维护和升级都相当简单。比方说，假设原先只安装了 PHP 的数据库支持功能，可过了几天之后又决定要为 PHP 添加加密功能，这时只需要键入 make clean 命令，然后增加新的配置选项，接着再执行 make 和 make install 命令即可。这样，新的 PHP 模块就会被安装到 Apache 上的恰当位置，我们只需要重新启动 Apache 服务即可，整个过程完全不用重新编译 Apache。

在 Red Hat Linux 9 上安装 PHP，可以通过“添加/删除程序”→“服务器”→“万维网服务器”进行安装。若系统中的 Apache Web 服务器是通过源码编译安装的，则还可以通过源码编译的方式来把 PHP 安装成 DSO。

〖示例 12.9〗 将 PHP 编译安装成 DSO 并测试。

```
//前提：编译安装 Apache，具体步骤前章节已有详述。
//访问 PHP 主页下载 PHP 到/usr/local/src
[root@localhost src]#tar zxvf php-4.4.7.tar.gz
[root@localhost src]#cd php-4.4.7
//编译 PHP DSO，这里只需要一个必要的配置选项
//--with-apxs（对应于 Apache 1.x），
//或者--with-apxs2（对应于 Apache 2.x）
//该选项指向 Apache bin 目录下的一个文件
[root@localhost php-4.4.7]#./configure -with-apxs2=/usr/local/apache2/bin/apxs
[root@localhost php-4.4.7]#make
[root@localhost php-4.4.7]#make install
//编译器将会创建最终的 DSO，并把它放在 Apache 模块目录下，同时会修改 Apache
//的 httpd.conf 配置文件
//修改 httpd.conf，增加如下配置内容
# And for PHP 4.x, use:
#
AddType application/x-httpd-php .php .phtml
AddType application/x-httpd-php-source .phps
//保存配置文件，并且重启 Apache 服务
//创建测试文件 test.php 放置于 Apache 的根文档目录下
[root@localhost htdocs]#vi test.php
<? phpinfo() ?>
//保存并退出
//启动 Web 浏览器，输入地址 http://localhost/test.php
//浏览器即会以很大的篇幅显示出 PHP 和 Apache 系统的各个变量和变量值，说明 PHP 安装
```

```
//成功，如图 12-18 所示。
//如果想要重新设置 PHP，则需要执行 make clean 命令，然后执行带有新配
//置选项的./configure 命令，接着执行 make 和 make install。这样，Apache 模块目录中就会出
//现一个新模块，我们只用重启 Apache 以装载新模块就可以了。
```

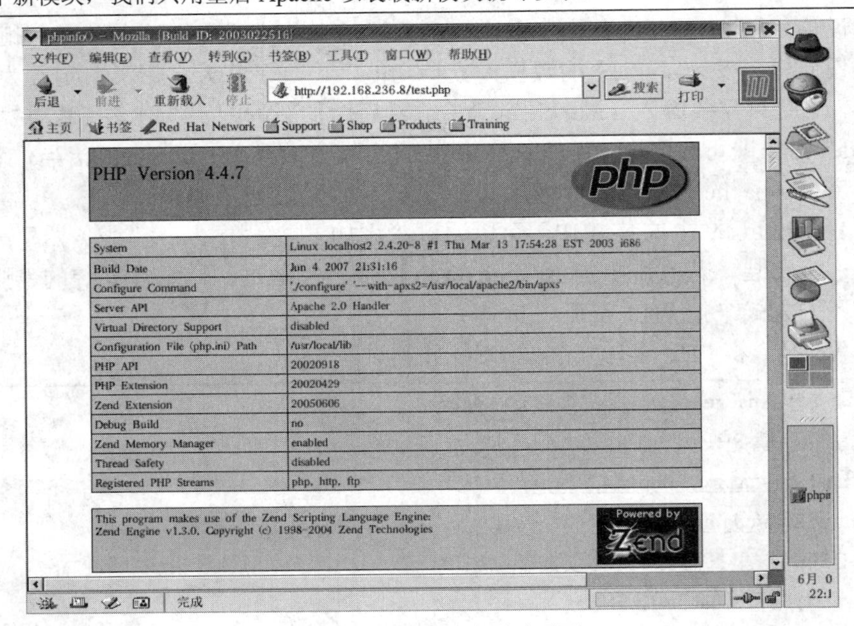

图 12-18　PHP 测试页面

12.6.3　基于 JSP 的动态站点

JSP(Java Server Pages)是由 Sun Microsystems 公司倡导、许多公司参与而一起建立的一种动态网页技术标准。

在传统的网页 HTML 文件中加入 Java 程序片段和 JSP 标记，就构成了 JSP 网页。Web 服务器在遇到访问 JSP 网页的请求时，首先执行其中的程序片段，然后将执行结果以 HTML 格式返回给客户。程序片段可以操作数据库、可以重新定向网页、可以发送 E-mail 等，这些都是建立动态网站所需要的功能。所有程序操作都在服务器端执行，网络上传送给客户端的仅是得到的结果，因此这种方式对客户浏览器的要求最低。

JSP 构建的网站操作系统可以选用 UNIX、Linux 或 Windows 平台，Web 服务器可以选择商业的或者使用如 Apache 和 Tomcat 等免费的服务器软件，后台数据库可根据实际情况选择 Oracle、Sybase、DB2 或 Informax、MySQL 等。

Apache 和 Tomcat(http://tomcat.apache.org)都可以作为独立的 Web 服务器来用。Apache 功能强大、高效，但并不能支持 JSP 及 Servlet。Tomcat 是 Sun 公司和 Apache 公司合作做出来的 JSP Server，Tomcat 目前已经成为 Apache 主要的 Servlet 和 JSP 的引擎。Tomcat 是 Java 程序，所以只要有 JDK(http://developers.sun.com/downloads)就可以使用，而不需要考虑操作系统平台。

作为 Web 服务器扩展的 Tomcat 服务器有一些问题需要说明：当处理静态页面时，其

不如 Apache 迅速；也不像 Apache 一样可配置。基于以上原因，一个现实的 B/S 系统使用 Apache 作为 Web 服务器，为网站的静态页面请求提供服务；并使用 Tomcat 服务器作为一个 Servlet/JSP 插件，显示网站的动态页面。

采用 Apache+Tomcat 这样的结构具有更突出的优点，主要体现在具有更好的可扩展性和安全性。这种类型的站点的主要特点是每一个页面都可能是动态生成的，但这些数据中主要部分还是静态的(比如，各类图像 GIF、JPG、PNG，流式媒体等)，这种结构的优点是兼有可扩展性和安全性。

12.7　课后习题与实验

12.7.1　课后习题

1. 检查是否安装了 Apache 软件包的指令是__________________。
2. Apache 的主要配置文件是__________________。
3. 用来设定当服务器产生错误时，显示在浏览器上的管理员 E-mail 的属性是_______。
4. 如果在配置文件中有如下指令：

    ServerRoot www

    ErrorLog logfile

那么，此服务器的错误日志的存放路径是__________________。

5. 为代理服务器指定的缺省域名的语句是__________________。
6. Apache 支持_______种类型的虚拟主机，它们分别是________________________

____。

7. 解释在配置文件中如下的指令段：

```
<Directory /home/httpd/cgi-bin>
    AllowOverride None
    Options ExecCGI
</Directory>
```

8. 什么是“页面重定向”技术？
9. Alias 指令与 ScriptAlias 指令的区别是什么？
10. 解释指令 Deny from 210.25.3.0/255.255.255.0 的功能。如果要禁止来自 cse.cslg.cn 的访问，应该如何添加指令？

12.7.2　实验：在 Linux 下配置 Apache Web Server

1. 实验目的

(1) 掌握 Apache 的基本配置。

(2) 启动和停止 Apache。

(3) 为系统用户配置自己的站点。

(4) 掌握架设 Web 服务器的方法。

2. 实验内容

(1) 安装运行 Apache。

(2) 配置 Apache，建立普通的 Web 站点。

(3) 配置 Apache，实现用户认证和访问控制。

(4) 配置用户的 Web 站点。

3. 实验步骤

(1) 使用 rpm 来安装 Apache 软件包。

(2) 使用合适的工具验证 Apache 软件已经安装。

(3) 查找配置文件 httpd.conf 所在的位置。

(4) 启动 Apache 服务器，并使用浏览器来验证它是否正常工作。

(5) 编辑一个小的 html 页面，通过 Apache 来显示。

(6) 备份初始的/etc/httpd/conf/httpd.conf 文件。

(7) 停止 Apache 服务。编辑/etc/httpd/conf 目录下的 httpd.conf 文件，做如下最基本的设置：

ServerAdmin root@localhost

ServerName 所在计算机的域名或 IP 地址

(8) 启动 Apache。

(9) 启动 mozilla 浏览器，在地址栏输入服务器的域名或 IP 地址，观察所看到的界面。

(10) 默认设置情况下，在用户主目录中创建目录 public_html，然后把所有网页文件放在该目录下即可，进入 http://servername/~username 访问。

(11) 以自己的用户名登录，创建 public_html 目录，保证该目录也有正确的权限让其他人进入。

(12) 修改 httpd.conf 中 Apache 默认的主页文件为 index.htm。

(13) 用户自己在主目录下创建的目录最好把权限设为 0700，确保其他人不能进入访问。

(14) 在 mozilla 浏览器中输入 http://servername/~username，看所链接的页面是否为用户的 index.html 页面。

(15) 在 /var/www/html 目录下，创建一个 stuff 子目录。配置服务器，使用户 user1 可以通过密码访问此目录下的文件，而其他用户不能访问。然后对此目录进行基于客户机 IP 的访问控制。

(16) 创建 stuff 子目录：mkdir /var/www/html/stuff。

(17) 进入 /etc/httpd/conf 目录，创建 passwords 密码文件，并为用户 user1 设置密码：

htpasswd –c passwords user1

(18) 修改密码文件 passwords 的权限：chown apache passwords。

(19) 修改主配置文件 /etc/httpd/conf/httpd.conf，添加如下内容：

```
<Directory /var/www/html/stuff>
Allowoverride All
</Directory>
```

(20) 重新启动 Apache。

(21) 在 stuff 目录下创建.htaccess 文件，内容如下：

```
AuthType    Basic
AuthName stuff
AuthUserFile /etc/httpd/conf/passwords
AuthGroupFile /etc/httpd/conf/groups
Require valid-user
Order allow,deny
Allow from all
```

(22) 重新启动 Apache。

(23) 在浏览器中测试刚才配置的信息。

(24) 重新编辑.htaccess 文件，对此目录的访问再进行基于客户机 IP 地址的访问控制，禁止从前面测试使用的客户机的 IP 地址访问服务器。

```
AuthType    Basic
AuthName membership
AuthUserFile /etc/httpd/conf/passwords
AuthGroupFile /etc/httpd/conf/groups
Require valid-user
Order allow,deny
Allow from 127.0.0.1
Deny from all
```

(25) 在浏览器中再次连接服务器，如果配置正确，则访问被拒绝。

(26) 重新编辑.htaccess 文件，使局域网内的用户可以直接访问 stuff 目录，局域网外的用户可以通过用户认证的方式访问 stuff 目录。

```
AuthType    Basic
AuthName membership
AuthUserFile /etc/httpd/conf/passwords
AuthGroupFile /etc/httpd/conf/groups
Require valid-user
Order allow,deny
Allow from xxx.xxx.xxx.xxx/24
Satisfy any
```

(27) 在浏览器中再次连接服务器，如果正确，则会出现认证区域。

4. 完成实验报告

5. 思考题

(1) 在什么情况下需要访问授权与认证控制？

(2) 将实验中的.htaccess 文件方式修改为在主配置文件中的<Directory>方式。

(3) 在配置用户认证的时候，如果密码文件中包含多个用户，则如何设置只允许其中的某几个用户访问一个认证区域？

第 13 章 文件传输服务器

◇【本章学习目标】

自从有了网络以来，传输文件一直都是很重要的工作。FTP 作为文件传输服务的协议，在 TCP/IP 体系中占有很重要的地位。本章主要介绍 FTP 的原理和在 Linux 系统上的配置。通过对本章的学习，读者应该掌握以下主要内容：

⊙ FTP 的相关概念；

⊙ FTP 服务配置；

⊙ FTP 客户程序的使用。

13.1 FTP 概述

13.1.1 FTP 简介

FTP 是 File Transfer Protocol(文件传输协议)的缩写，用来在两台计算机之间互相传送文件。FTP 服务作为 Internet 最古老的服务之一，无论在过去还是现在都有着不可替代的作用。在企业中，对于一些大文件的共享，通常采用 FTP 这种形式来完成，并且由于 FTP 能消除操作系统之间的差异，因此对于不同的操作系统之间共享文件的作用就显得尤为突出。

FTP 是一个 8 位的客户端—服务器协议，能操作任何类型的文件而不需要进一步处理，就像 MIME 或 Unencode 一样。但是，FTP 有着极高的延时，这意味着，从开始请求到第一次接收需求数据之间的时间会非常长，并且不时地必须执行一些冗长的登录进程。

FTP 服务一般运行在 20 和 21 两个端口。端口 20 用于在客户端和服务器之间传输数据流，而端口 21 用于传输控制流，并且是命令通向 FTP 服务器的进口。当数据通过数据流传输时，控制流处于空闲状态。而当控制流空闲很长时间后，客户端的防火墙会将其会话置为超时，这样当大量数据通过防火墙时，会产生一些问题。此时，虽然文件可以成功地传输，但因为控制会话会被防火墙断开，故传输会产生一些错误。

FTP 实现的目标如下：

(1) 促进文件的共享(计算机程序或数据)。

(2) 鼓励间接或者隐式地使用远程计算机。

(3) 向用户屏蔽不同主机中各种文件存储系统的细节。

(4) 可靠和高效地传输数据。

FTP 的缺点如下：

(1) 密码和文件内容都使用明文传输，可能产生不希望发生的窃听。

(2) 因为必须开放一个随机的端口以建立连接，所以当防火墙存在时，客户端很难过滤处于主动模式下的 FTP 流量，但通过使用被动模式的 FTP，可以得到很大程度上的解决。

(3) 服务器可能会被告知连接一个第三方计算机的保留端口。

FTP 虽然可以被终端用户直接使用，但是它设计成被 FTP 客户端程序所控制。运行 FTP 服务的许多站点都开放匿名服务，在这种设置下，用户不需要账号就可以登录服务器，默认情况下，匿名用户的用户名是“anonymous”。这个账号不需要密码，虽然通常要求将输入用户的邮件地址作为认证密码，但这只是一些细节或者此邮件地址根本不被确定，而是依赖于 FTP 服务器的配置情况。

FTP 有两种使用模式：主动和被动。主动模式要求客户端和服务器端同时打开并且监听一个端口以建立连接。在这种情况下，客户端由于安装了防火墙会产生一些问题，所以创立了被动模式。被动模式只要求服务器端产生一个监听相应端口的进程，这样就可以绕过客户端安装了防火墙的问题。

一个主动模式的 FTP 连接建立要遵循以下步骤：

(1) 客户端打开一个随机的端口(端口号大于 1024)，同时一个 FTP 进程连接至服务器的 21 号命令端口。此时，源端口为随机端口，在客户端，远程端口为 21，在服务器端。

(2) 客户端开始监听端口，同时向服务器发送一个端口命令(通过服务器的 21 号命令端口)，此命令告诉服务器客户端正在监听的端口号并且已准备好从此端口接收数据。这个端口就是我们所知的数据端口。

(3) 服务器打开 20 号源端口并且建立和客户端数据端口的连接。

(4) 客户端通过本地的数据端口建立一个和服务器 20 号端口的连接，然后向服务器发送一个应答，告诉服务器它已经建立好了一个连接。

大多数最新的网页浏览器和文件管理器都能和 FTP 服务器建立连接，这使得在 FTP 上通过一个接口就可以操控远程文件，如同操控本地文件一样。这个功能通过给定一个 FTP 的 URL 实现，形如 ftp://<服务器地址>(例如，ftp://ftp.cslg.cn)。是否提供密码是可选择的，如果有密码，则形如 ftp://<login>:<password>@<服务器地址>。大部分网页浏览器要求使用被动 FTP 模式，然而并不是所有的 FTP 服务器都支持被动模式。

13.1.2　Linux 下的 FTP 服务器

在 Linux 环境下，一般最常用的 FTP 服务器有三种：proftp、wu-ftp、vsftp。

1. proftp

proftp 是一个流行的遵循 GPL 的 FTP 服务器软件，它提供了比其他 FTP 服务器更好的安全性，它使用模块化的系统和配置文件，配置文件的格式和 Apache 有点像。

proftp 支持日志功能、虚拟主机、PAM 认证，还支持 SQL 集成、LDAP 集成，包含登录和目录的信息及许多其他特征，在 Linux 的用户里面，它很快就被广泛使用了。proftp 可以单独或者通过 xinetd 启动，不过要启动 proftp 必须先要把文件中其他关于 FTP 的服务关闭，然后再启动 proftp。一般情况下，proftp 把它的配置文件都保存在/etc/proftp/proftpd.conf 中。

proftp 的主页为 http://www.proftpd.org。

2. wu-ftp

wu-ftp 可能是最常使用的 FTP 服务器程序，多数 Linux 版本预装的是 wu-ftp，并且通常是以 in.ftpd 命名的。wu-ftp 服务器比以前基于 BSD 的 FTP 服务器具有更多的功能，它提供了日志、即时压缩和归档、基于目录的上传权限、登录和目录信息、基于用户分类的登陆限制以及虚拟主机等功能。

wu-ftp 的一些配置文件默认都位于目录/etc 下。其中最重要的配置文件是 ftpaccess，它定义了用户的分类和相关限制。指定了登录选项、用户登录时和改变目录显示的信息等，且能够指定是否自动归档和压缩。

wu-ftp 的主页为 http://www.wu-ftpd.org。

3. vsftp

vsftp 是一个基于 GPL 发布的类 UNIX 系统上使用的 FTP 服务器软件，它的全称是 Very Secure FTP，从此名称可以看出，编制者的初衷是代码的安全。安全性是编写 vsftp 的初衷，除了这与生俱来的安全特性以外，高速与高稳定性也是 VSFTP 的两个重要特点。在速度方面，使用 ASCII 代码的模式下载数据时，vsftp 的速度是 wu-ftp 的两倍，如果 Linux 主机使用 2.4.*的内核，则在千兆以太网上的下载速度可达 86Mb/s。在稳定性方面，vsftp 就更加出色了，vsftp 在单机(非集群)上支持 4000 个以上的并发用户同时连接。vsftp 主页中介绍了它的以下 9 个特点(http://vsftpd.beasts.org)：

(1) 它是一个安全、高速、稳定的 FTP 服务器。

(2) 它可以做基于多个 IP 的虚拟 FTP 主机服务器。

(3) 匿名服务设置十分方便。

(4) 匿名 FTP 的根目录不需要任何特殊的目录结构，或系统程序及其他系统文件。

(5) 不执行任何外部程序，从而减少了安全隐患。

(6) 支持虚拟用户，并且每个虚拟用户可以具有独立的属性配置。

(7) 可以设置从 inetd 中启动，或者从独立的 FTP 服务器启动这两种运行方式。

(8) 支持两种认证方式(PAP 或 xinetd/tcp_wrappers)。

(9) 支持带宽限制。

13.2 vsftpd 的安装和配置

13.2.1 安装和启动 vsftpd

1. 检查是否安装 vsftpd

在使用或安装 vsftpd 服务器之前，应该先检查系统是否已安装了该服务，命令如下：

```
[root@localhost root]#rpm -q vsftpd
```

若有输出信息，则说明 vsftpd 服务已经安装。vsftpd 服务器安装后，默认情况下是不会自动启动的，这时，可以使用如下命令启动 vsftpd：

```
[root@localhost root]#service vsftpd start
```

还可以使用 chkconfig 命令让其在运行级别 3(完全多用户模式)和 5(图形纸界面模式)下自动运行，命令如下：

```
[root@localhost root]#chkconfig --level 35 vsftpd on
```

2. 安装 vsftpd

若在检查 vsftpd 时没有任何输出信息，则需要安装 vsftpd。

安装 vsftpd 有两种方式，RPM 包安装和源码编译安装。

1) RPM 包安装

若当前的系统是 X Window 图形界面，则可以使用软件包管理器来直接安装 vsftpd，选择“添加/删除程序”→“服务器”→“FTP 服务器”选项即可，该方式简单直观。

若当前在 Shell 环境下，则可以通过安装 Red Hat Linux 9 光盘上的 RPM 包或者上网下载 vsftpd 的 RPM 包，然后使用如下命令：

```
[root@localhost root]#rpm -ivh vsftpd-X.X.X…-i386.rpm
```

若系统中已安装了 vsftpd，而有拥有新版本的 RPM 包，则可以通过如下命令来进行升级：

```
[root@localhost root]#rpm -Uvh vsftpd-X.X.X…-i386.rpm
```

源码编译安装：

从 vsftpd 的官方网站 http://vsftpd.beasts.org 下载 vsftpd 的源代码包，目前最新版本的软件包是 vsftpd-2.0.5.tar.gz，将其下载或复制到/usr/local/src 目录中，然后采用以下步骤进行配置、编译和安装。

```
[root@localhost root]#cd /usr/local/src
#将源码包解压缩
[root@localhost src]#tar zxvf vsftpd-2.0.5.tar.gz
#显示软件包中的文件信息
[root@localhost src]#cd vsftpd-2.0.5
[root@localhost vsftpd-2.0.5]#make //对源码进行编译，此时会耗一段时间
//vsftpd 默认需要“nobody”用户，若在系统里不存在该用户，则需要手动创建
[root@localhost vsftpd-2.0.5]#useradd nobody
//vsftpd 默认需要“/usr/share/empty”目录
[root@localhost vsftpd-2.0.5]#mkdir /usr/share/empty/
//为了 vsftpd 能够实现匿名登录，需要用户“ftp”和一个合法的主目录“/var/ftp”
//若系统不符合要求，则需要创建
[root@localhost vsftpd-2.0.5]#mkdir /var/ftp/
[root@localhost vsftpd-2.0.5]#useradd -d /var/ftp ftp
//设置 vsftpd 默认的用户和目录权限及所有者
[root@localhost vsftpd-2.0.5]#chown root.root /var/ftp
[root@localhost vsftpd-2.0.5]#chmod og-w /var/ftp
```

```
[root@localhost vsftpd-2.0.5]#make install //安装 vsftpd
//vsftpd 默认安装配置文件到指定目录（/etc），需要手动安装
[root@localhost vsftpd-2.0.5]#cp vsftpd.conf /etc
```

3. 测试 FTP

让 vsftpd 以 standalone 的方式运行，用来进行 FTP 服务的测试，在/etc/vsftpd.conf 文件的开头添加如下配置信息即可：

```
listen=YES
```

然后启动 vsftpd 服务，命令如下：

```
[root@localhost root]#/usr/local/sbin/vsftpd &
```

若使用 RPM 包的方式安装 vsftpd 并且通过 chkconfig 让 vsftpd 自动运行的话，则无需以上所有操作，而只需要进行如下操作：

```
//在 FTP 主目录下写入测试信息
[root@localhost root]#touch /var/ftp/test
//命令行启动 FTP 客户端程序
[root@localhost root]#ftp localhost
Connected to localhost (127.0.0.1)
220 (vsftpd 2.0.5)
//FTP 默认的用户名和密码均是 ftp
Name (localhost:root): ftp
331 Please specify the password.
Password:
230 Login successful.
Remote system type is UNIX.
Using binary mode to transfer files.
//登录成功，显示命令提示符
//输入"ls"用来显示 FTP 根目录下的文件
ftp>ls
227 Entering Passive Mode (127,0,0,1,64,175)
150 Here comes the directory listing.
-rw-r--r--     1    0    0    0     May 27 02:13 test
226 Directory send OK.
//测试完毕，退出 FTP 程序
ftp>exit
221 Goodbye.
```

13.2.2 vsftpd 默认配置文件

在 Red Hat Linux 9 中默认的 vsftpd 配置文件，如表 13-1 所示。

表 13-1　vsftpd 默认配置文件

配置文件	说　明
/etc/vsftpd/vsftpd.conf	主配置文件
/etc/vsftpd.ftpusers	指定不能访问 FTP 服务器的用户
/etc/vsftpd.user_list	该文件中指定的用户访问权限与主配置文件中的 userlist_enable 和 userlist_deny 的属性有关

图 13-1 所示为 vsftpd.conf 配置文件的解析。

```
#允许匿名登录
anonymous_enable=YES
#允许本地用户登录
local_enable=YES
#开放本地用户的写权限
write_enable=YES
#设置本地用户的文件掩码为 022
local_umask=022
#允许匿名 FTP 用户上传文件，默认是已注释的
anon_upload_enable=YES
#允许匿名 FTP 用户创建目录，默认是已注释的
anon_mkdir_write_enable=YES
#在目录下显示.message 隐含文件内容
dirmessage_enable=YES
#日志记录上传和下载信息
xferlog_enable=YES
#设置上传文件的拥有者为另外的用户，默认为已注释
chown_uploads=YES
chown_username=whoever
#设置日志文件的位置
xferlog_file=/var/log/vsftpd.log
#使用标准的 xferlog 日志格式
xferlog_std_format=YES
#空闲用户会话的超时时间，若超出这时间没有数据的传送或是指令的输入
#则会强迫断线，单位为秒，默认已注释
idle_session_timeout=600
#空闲的数据连接的超时时间，单位为秒，默认已注释
data_connection_timeout=120
#指定一个安全用户账号，让 FTP 服务器用作完全隔离和没有特权的独立用户
#这是 vsftpd 系统推荐选项，默认已注释
nopriv_user=ftpsecure
```

```
#开启支持早期 FTP 客户端“async ABOR”命令的能力，默认已注释
async_abor_enable=YES
#控制是否允许使用 ASCII 模式上传文件，默认已注释
ascii_upload_enable=YES
#控制是否允许使用 ASCII 模式下载文件，默认已注释
ascii_download_enable=YES
#定制欢迎信息，默认已注释
ftpd_banner=Welcome to blah FTP service.
#匿名用户使用 banned_email_file 文件中所列出的 E-mail 进行登录时被拒绝
#默认已注释
deny_email_enable=YES
banned_email_file=/etc/vsftpd.banned_emails
#锁定某些用户仅能访问主目录
#具体的用户在 chroot_list_file 参数所指定的文件中列出
#默认已注释
chroot_list_enable=YES
chroot_list_file=/etc/vsftpd.chroot_list
#是否使用“ls -R”命令，建议不使用，因其会大量消耗服务器资源，默认已注释
ls_recurse_enable=YES
#设置 FTP 服务器名
pam_service_name=vsftpd
#在 userlist_file 文件中的用户不可以访问 FTP
userlist_enable=YES
#设置运行模式，“YES”为 standalone 模式，“NO”为 xinetd 模式
listen=YES
#使用 TCP_Wrappers 远程访问控制机制
tcp_wrappers=YES
```

图 13-1　vsftpd 配置文件解析

13.2.3　匿名上传配置

为了使匿名用户能够上传文件，需要在主配置文件中激活如下选项(去掉文件中选项前的注释符“#”即可)：

```
anon_upload_enable=YES
anon_mkdir_write_enable=YES
```

然后确保如下选项的设置：

```
write_enable=YES
```

添加如下配置信息，允许匿名用户改写文件：

```
anon_other_write_enable=YES
```

〖示例 13.1〗 测试匿名用户上传功能。

```
//按上述步骤修改完 vsftpd.conf 后，重启 vsftpd 服务
[root@localhost root]#service vsftpd restart
//创建匿名用户上传目录
[root@localhost root]#mkdir /var/ftp/anonymous
[root@localhost root]#chmod o+w /var/ftp/anonymous
//连接到 FTP 服务器
[root@localhost root]#ftp localhost
Connected to localhost (127.0.0.1)
220 (vsFTPd 1.1.3)
Name (localhost:root): ftp
331 Please specify the password.
Password:
230 Login successful. Have fun.
Remote system type is UNIX.
Using binary mode to transfer files.
//进入上传目录
ftp>cd anonymous
250 Directory successfully changed.
//新建用户目录
ftp>mkdir nick
257 "/anonymous/nick" created
ftp>cd nick
250 Directory successfully changed.
ftp>!ls
anaconda-ks.cfg  eclipse      juju   os       workspace
downloads        install.log  nick   readme
//上传 install.log 文件
ftp>put install.log
local: install.log remote: install.log
227 Entering Passive Mode (127,0,0,1,70,242)
150 Ok to send data.
226 File receive OK.
26433 bytes sent in 0.106 secs (2.4e+02 Kbytes/sec)
```

13.2.4 访问控制配置

1. 配置基于用户的访问控制

使用 vsftpd 主配置文件中的如下语句：

userlist_enable
userlist_deny
userlist_file

用这三个语句可以控制指定用户是否有权登录，方法如下：

userlist_enable=YES //用户清单功能开启
userlist_deny=YES //把用户清单设为拒绝用户清单
userlist_file=/etc/vsftpd.user_list //用户清单文件为/etc/vsftpd.user_list，
//这个文件的格式也是一个用户名占用一行

因为第二个语句把文件/etc/vsftpd.user_list 设为拒绝用户清单，所以文件里面的用户名都不能登录。

或是另外一种设置方法：

userlist_enable=YES //用户清单功能开启
userlist_deny=NO //把用户清单设为接受用户清单
userlist_file=/etc/vsftpd.user_list //用户清单文件为/etc/vsftpd.user_list

因为第二个语句把文件/etc/vsftpd.user_list 设为接受用户清单，所以文件里面的用户名都能登录，而不在文件里的用户不能登录。

从这里可以看出，userlist_deny 语句起了开关的作用，可把用户清单文件设为拒绝或是接受。

2. 配置基于主机的访问控制

vsftpd 内置了对 tcp_wrappers 的支持，为 standalone 模式下的 vsftpd 提供基于主机的访问控制配置，可对不同的主机或网络实施不同的配置。tcp_wrappers 使用/etc/hosts.allow 和/etc/hosts.deny 两个配置文件实现访问控制。/etc/hosts.allow 是一个许可表，/etc/hosts.deny 是一个拒绝表。由于在/etc/hosts.allow 中也可使用 DENY，所以通常可以只使用/etc/hosts.allow 来实现访问控制。

对 vsftpd 而言，在书写/etc/hosts.allow 时，每一个记录都具有如下语法形式：

vsftpd: 主机表: setenv VSFTPD_LOAD_CONF 配置文件名

行首的“vsftpd:”表示对 vsftpd 实施访问控制，而非其他守护进程；“setenv VSFTPD_LOAD_CONF 配置文件名”表示当遇到表中的主机访问本 FTP 服务器时，修改环境变量 setenv VSFTPD_LOAD_CONF 的值为指定的配置文件名，让 vsftpd 守护进程读取新配置文件中的配置项来覆盖主配置文件中的配置。

vsftp 访问控制时主机表的书写语法如下：

- Hostname：可解析的主机名。
- IP Address：点分十进制表示的 IP 地址。
- .domain：匹配一个域中的所有主机。
- CIDR：匹配指定的网段。

〖**示例 13.2**〗以下举例说明配置基于主机访问控制，实现的控制规则如下：

(1) 拒绝 192.168.236.8 主机的访问。

(2) 对于 192.168.236.0/30 网段的访问，限制最大传输速率为 20 kB/s。

(3) 对于除以上网段外的其他主机，限制每 IP 连接数为 5。

```
//查看主配置文件是否开启 tcp_wrappers
[root@localhost root]#cat /etc/vsftpd/vsftpd.conf | grep tcp_wrappers
tcp_wrappers=YES
//修改 vsftpd 的主配置文件
[root@localhost root]#vi /etc/vsftpd/vsftpd.conf
local_max_rate=0
anon_max_rate=0
max_per_ip=5
//编辑/etc/hosts.allow
[root@localhost root]#vi /etc/hosts.allow
vsftpd: 192.168.236.0/30: setenv VSFTPD_LOAD_CONF
 /etc/vsftpd/vsftpd_tcp_wrap.conf
vsftpd: 192.168.236.8: DENY
//编辑/etc/vsftpd/vsftpd_tcp_wrap.conf
[root@localhost root]#vi /etc/vsftpd/vsftpd_tcp_wrap.conf
local_max_rate=20000
anon_max_rate=20000
max_per_ip=0
//重启 vsftpd 服务
[root@localhost root]#service vsftpd restart
Shutting down vsftpd:                          [    OK    ]
Starting vsftpd for vsftpd:                    [    OK    ]
Starting vsftpd for vsftpd_tcp_wrap:           [    OK    ]
//在 192.168.236.8 主机上测试
[root@localhost5 root]#ftp 192.168.236.3
Connected to 192.168.236.3 (192.168.236.3)
421 Service not available.
//测试成功
```

13.3 FTP 客户端

13.3.1 FTP 命令行工具

FTP 命令是 Internet 用户使用最频繁的命令之一，在 Linux 操作系统下使用 FTP，都会遇到大量的 FTP 内部命令。熟悉并灵活应用 FTP 的内部命令，可以大大方便使用者，并收到事半功倍之效。

在命令行状态下，FTP 远程登录主机服务器后即可使用 FTP 命令行工具。

```
//进入 FTP 命令行环境
[root@localhost root]#ftp [主机地址]
```

```
//显示 FTP 服务器信息后，进入 FTP 提示符状态
//在此即可使用 FTP 内部命令来进行操作
ftp>
```

FTP 常用内部命令如表 13-2 所示。

表 13-2 FTP 常用内部命令

命令	说明
![cmd[args]]	在本地机中执行交互 Shell
append local-file[remote-file]	将文件追加到远程系统主机，若未指定远程系统文件名，则使用本地文件名
ascii	使用 ASCII 类型传输方式
bin	使用二进制文件传输方式
bye 或 quit	退出 FTP 会话过程
cd remote-dir	进入远程主机目录
chmod mode file-name	将远程主机文件 file-name 的存取方式设置为 mode
delete remote-file	删除远程主机文件
dir remote-dir][local-file]	显示远程主机目录，并将结果存入本地文件
get remote-file [local-file]	将远程主机的文件 remote-file 传至本地硬盘的 local-file
help [cmd]或? [cmd]	显示 FTP 内部命令 cmd 的帮助信息
idle seconds	将远程服务器的休眠计时器设为 seconds(秒)
ls remote-dir [local-file]	显示远程目录 remote-dir，并存入本地文件 local-file
mget remote-files	传输多个远程文件
mkdir dir-name	在远程主机中建一个目录
mput local-file	将多个文件传输至远程主机
newer file-name	如果远程机中 file-name 的修改时间比本地硬盘同名文件的时间更近，则重传该文件
passive	进入被动传输方式
put local-file [remote-file]	将本地文件 local-file 传送至远程主机
rename [from] [to]	更改远程主机文件名
rmdir dir-name	删除远程主机目录
status	显示当前 FTP 状态

13.3.2 FTP 图形化工具

gFTP 是 X Window 下的一个用 Gtk 开发的多线程 FTP 客户端工具，它与 Microsoft Windows 下运行的 CuteFTP 等 FTP 工具极为类似。gFTP 2.0.14 已经集成在 Red Hat Linux 9 系统中，在“主菜单”→“互联网”→“更多互联网应用程序”中，可以看到“gFTP”这

个软件，若不存在的话，可以通过添加/删除程序安装。gFTP 的主界面如图 13-2 所示。

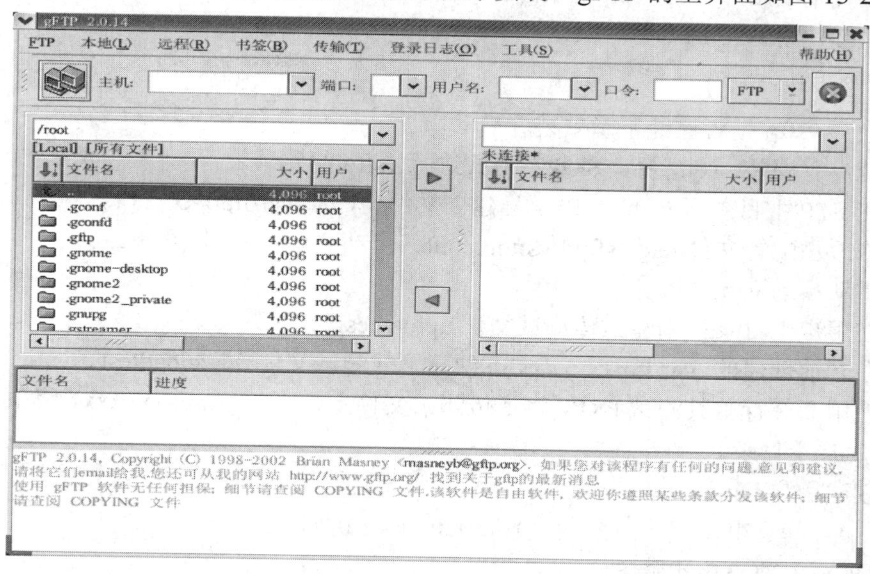

图 13-2　gFTP 界面

13.4　课后习题与实验

13.4.1　课后习题

1. FTP 的全称为____________，作用是____________________________________。

2. FTP 一般运行于____________与____________两个端口，前者用于____________，后者用于____________________________________。

3. FTP 默认进行匿名传输而使用的用户名为________________________。

4. vsftp 的主配置文件是____。

5. 如何启动 vsftp 服务？

6. FTP 主动式与被动式连接有何不同？

7. 哪些配置文件可以用来阻止类似 root 这种系统账号登入 FTP？

8. 若需要匿名上传功能，则需要激活并设置主配置文件中的哪些选项？

13.4.2　实验：在 Linux 下配置 vsftp

1. 实验目的

掌握通过安装和配置 vsftp，在 Linux 下架设 FTP 服务器的方法。

2. 实验内容

(1) 安装 vsftp。

(2) 配置 vsftp，使其能正常进行匿名访问。

(3) 配置基于用户和主机的访问控制。

(4) 掌握使用 FTP 命令行工具。

3. 实验步骤

(1) 检查 vsftp 是否已经正确安装并启动。

(2) 若没有安装，则选择一种安装形式进行 vsftp 的安装。

(3) 在 FTP 主目录 /var/ftp 下以学号建立文件夹，如/var/ftp/xxxxxxx。

(4) 修改主配置文件 /etc/vsftpd/vsftpd.conf，启动匿名访问(上传/下载)。

(5) 重新启动 vsftpd 服务。

(6) 在用户主目录下创建上传测试文件 uploadtest。

(7) 在之前创建的 /var/ftp/xxxxxxx 下创建下载测试文件 downloadtest。

(8) 使用命令行工具测试 FTP，将上传测试文件上传至/var/ftp/xxxxxxx，将下载测试文件下载至用户主目录。

(9) 创建用户 tempuser。

(10) 配置基于用户的访问控制，禁止 tempuser 访问 FTP。

(11) 重新启动 vsftpd 服务。

(12) 使用 tempuser 登入，并测试 FTP。

(13) 切换用户，配置基于主机的访问控制，可任意使用主机名、IP 地址、网段的形式(需根据实验室环境进行配置)。

(14) 重新启动 vsftpd 服务，测试 FTP。

4. 完成实验报告

5. 思考题

(1) FTP 是明文传输的，如何通过其他手段来增强其安全性？

(2) 简述 FTP 服务器中的文件在 Linux 系统本身的权限和通过 FTP 访问时的权限之间的关系。

第 14 章　网络服务器简介

◇【本章学习目标】

网络服务功能非常强大，是 Linux 系统最突出的特点。本章将介绍 Linux 常用的网络服务。通过对本章的学习，读者应该掌握以下主要内容：

⊙ 常用网络服务的原理；

⊙ 常用网络服务在 Linux 系统上的实现。

14.1　DHCP 服务器

14.1.1　DHCP 概述

1. 什么是 DHCP

动态主机分配协议(DHCP)是一个简化主机 IP 地址分配管理的 TCP/IP 标准协议。用户可以利用 DHCP 服务器管理动态的 IP 地址分配及其他相关的环境配置(如：DNS、WINS、Gateway 的设置)。

在使用 TCP/IP 协议的网络上，每一台计算机都拥有唯一的计算机名和 IP 地址。IP 地址(及其子网掩码)使用与鉴别它所连接的主机和子网，当用户将计算机从一个子网移动到另一个子网的时候，一定要改变该计算机的 IP 地址。如采用静态 IP 地址的分配方法，这将增加网络管理员的负担，而 DHCP 可以让用户将 DHCP 服务器中的 IP 地址数据库中的 IP 地址动态的分配给局域网中的客户机，从而减轻网络管理员的负担。用户可以利用 Linux 系统提供的 DHCP 服务在网络上自动的分配 IP 地址及相关环境的配置工作。

在使用 DHCP 时，整个网络至少有一台 Linux 服务器上安装了 DHCP 服务，其他要使用 DHCP 功能的工作站也必须设置成利用 DHCP 获得 IP 地址。如图 14-1 所示是一个支持 DHCP 的网络实例。

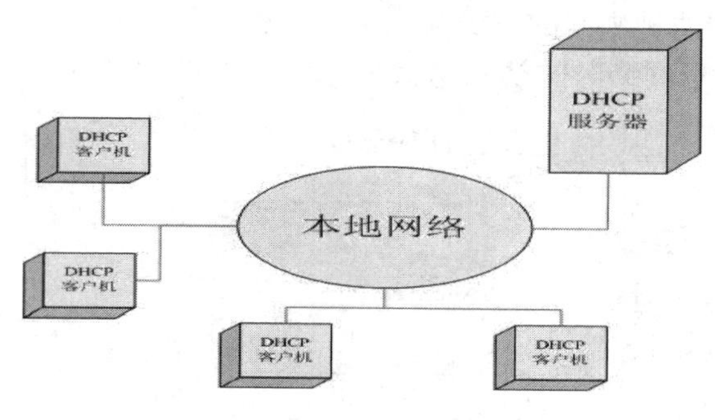

图 14-1　DHCP 网络案例

2. 使用 DHCP 的好处

DHCP 避免了因手工设置 IP 地址及子网掩码所产生的错误，同时也避免了把一个 IP 地址分配给多台工作站所造成的地址冲突。

使用 DHCP 服务器大大缩短了配置或重新配置网络中工作站所花费的时间，同时通过对 DHCP 服务器的设置可灵活的设置地址的租期。同时，DHCP 地址租约的更新过程将有助于用户确定哪个客户的设置需要经常更新(如：使用便携机的客户经常更换地点)，且这些变更由客户机与 DHCP 服务器自动完成，无需网络管理员干涉。

3. DHCP 的常用术语

作用域：指一个网络中的所有可分配的 IP 地址的连续范围。作用域主要用来定义网络中单一的物理子网的 IP 地址范围。作用域是服务器用来管理分配给网络客户的 IP 地址的主要手段。

超级作用域：超级作用域是一组作用域的集合，它用来实现同一个物理子网中包含多个逻辑 IP 子网。在超级作用域中，只包含一个成员作用域或子作用域的列表。然而超级作用域并不用于设置具体的范围。子作用域的各种属性需要单独设置。

排除范围：排除范围是不用于分配的 IP 地址序列。它保证在这个序列中的 IP 地址不会被 DHCP 服务器分配给客户机。

地址池：在用户定义了 DHCP 范围及排除范围后，剩余的地址构成了一个地址池，地址池中的地址可以动态的分配给网络中的客户机使用。

保留地址：用户可以利用保留地址创建一个永久的地址租约。保留地址保证子网中的指定硬件设备始终使用同一个 IP 地址。

租约：租约是 DHCP 服务器指定的时间长度，在这个时间范围内客户机可以使用所获得的 IP 地址。当客户机获得 IP 地址时租约被激活。在租约到期前客户机需要更新 IP 地址的租约，当租约过期或从服务器上删除则租约停止。

选项类型：选项类型是 DHCP 服务器给 DHCP 工作站分配服务租约时分配的其他客户配置参数。经常使用的选项包括：默认网关的 IP 地址(routers)及 DNS 服务器。一般在设置每个范围时这些选项都被激活。DHCP 管理器允许设置应用于服务器上所有范围的默认选项。大多数选项都是预先设定好的，但用户可以根据需要利用 DHCP 管理器定义及添加自定义选项类型。

4. DHCP 工作过程

DHCP 客户机使用两种不同的方法与服务器进行通信并获得配制信息。

(1) 第一次启动登录网络时的初始化租约过程，如图 14-2 所示。

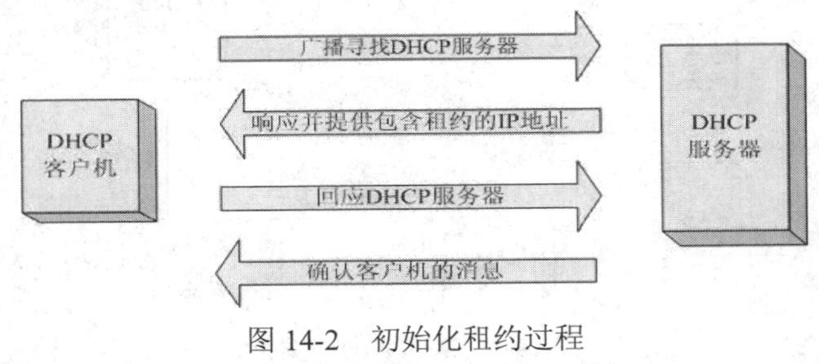

图 14-2 初始化租约过程

(2) DHCP 客户机更新租约的过程，如图 14-3 所示。

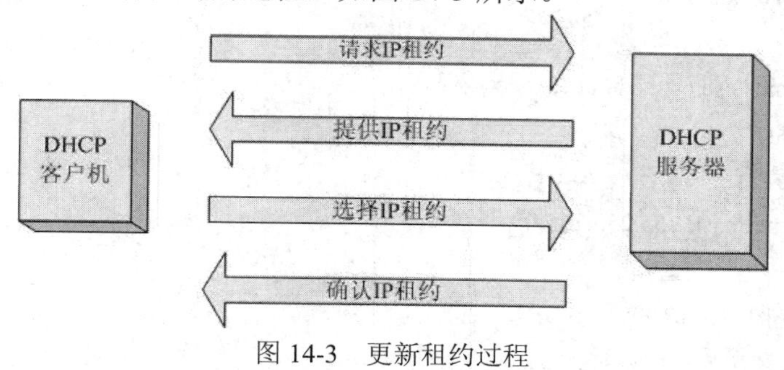

图 14-3　更新租约过程

14.1.2　配置 DHCP 服务

在 Linux 中，几乎都采用的是 Paul Vixie/ISC DHCPd 来实现 DHCP 服务器端的功能。目前大多数 Linux 发布都包含这个软件，如果是 Red Hat Linux 9，则可以更为简单地通过软件包管理器来安装 DHCP(“主菜单”→“系统设置”→“添加/删除应用程序”→“网络服务器”→“dhcp”)。

从目前情况看，大多数 Linux DHCP 服务器是为 Windows 客户平台提供服务的。为了使 DHCP 服务器能正确为 Windows DHCP 客户机服务，需要创建一个到地址 255.255.255.255 的路由。把如下这条路由命令加到/etc/rc.d/rc.local，可使每次机器启动后自动运行：

```
[root@localhost root]#echo "route add -host 255.255.255.255 dev eth0" >> /etc/rc.d/rc.local
```

DHCPd 默认的配置文件是/etc/dhcpd.conf，这是一个文本文件，DHCPd 里有一个语法分析器，能对这个文件进行语法分析，获得配置参数。dhcpd.conf 格式是递归下降的，关键字大小写敏感，可以有注释，注释以“#”开头，一直到该行结束。

〖示例 14.1〗 举例说明 dhcpd.conf 的配置信息。

```
[root@localhost root]#vi /etc/dhcpd.conf
#缺省租约时间
default-lease-time 28800;
#最大租约时间
max-lease-time 57600;
#子网掩码选项
option subnet-mask 255.255.255.0;
#广播地址
option broadcast-address 10.28.78.255;
#路由器/网关地址
option routers 10.28.78.254;
#DNS 地址
option domain-name-servers 10.28.78.1;
#配置 DHCP-DNS 互动更新模式
```

```
ddns-update-style ad-hoc;
#域名
option domain-name "cse.cslg.edu.cn";
#以上都是全局参数
#子网声明和掩码
subnet 10.28.78.0 netmask 255.255.255.0 {
#范围
range 10.28.78.10 10.28.78.100;
#范围
range 10.28.78.150 10.28.78.200;
}
```

这段配置文件将允许DHCP服务器分配两段地址范围给DHCP客户，10.28.78.10～100和10.28.78.150～200。如果DHCP客户在申请租约时不请求一个特定租约失效时间，则以default-lease-time(28800 秒)为租约时间；如果请求了一个特定的租约失效时间，则采用max-lease-time(57600秒)为租约时间。服务器发送下面的参数给DHCP客户机：子网掩码是255.255.255.0，广播地址是10.28.78.255，默认网关是10.28.78.254，DNS是10.28.78.1。

修改完配置文件后，就要创建dhcpd.leases了，它是DHCP客户租约的数据库文件，默认目录在/var/state/dhcp/。文件包含租约声明，每次一个租约被获取、更新或释放，它的新值就被记录到文件的末尾。在DHCPd第一次安装后，并不会生成这个文件。但DHCPd的运行需要这个文件，所以可以建立如下一个空的文件：

[root@localhost root]#touch /var/state/dhcp/dhcpd.leases

要启动DHCPd，可以用ntsysv把DHCPd服务自动启动，也可以使用如下命令：

[root@localhost root]#service dhcpd start

这样启动后，DHCPd是启动在eth0上的，如果DHCPd上的服务器还有另外一块网卡eth1，想在eth1上启动dhcpd，就键入：

[root@localhost root]#/usr/sbin/dhcpd eth1

若要重启或关闭DHCPd，则使用如下命令：

[root@localhost root]#service dhcpd restart/stop

14.2 DNS服务器

14.2.1 DNS概述

1. 什么是DNS

DNS 是域名系统(Domain Name System)的缩写，该系统用于命名组织到域层次结构中的计算机和网络服务。DNS命名用于Internet等TCP/IP网络中，通过名称就可以查找计算机和服务。当用户在应用程序中输入DNS名称时，DNS服务将此名称解析为与之相关的其他信息，如IP地址。

例如，多数用户喜欢使用用户名称(如 cse.cslg.cn)来查找计算机，如网络上的邮件服务器或 Web 服务器。用户名称更容易让人了解和记住，但是，计算机使用数字地址在网络上进行通信，为更容易地使用网络资源，DNS 等命名系统提供了一种方法，将计算机或服务的用户友好名称映射为数字地址。

2. 基本概念介绍

DNS 服务器：运行 DNS 服务器软件的计算机。一个 DNS 服务器包含了部分 DNS 命名空间的数据信息，当 DNS 客户发起解析请求时，DNS 服务器答复客户的请求，或者提供另外一个可以帮助客户进行请求解析的服务器地址，或者回复客户无对应记录。当 DNS 服务器管理某个区域时，它是此区域的主控 DNS 服务器，而无论它是主要区域还是辅助区域。DNS 服务器可以是一级或者多级 DNS 命名空间的主控 DNS 服务器。

DNS 区域：DNS 服务器具有主控的连续的命名空间，一个 DNS 服务器可以对一个或多个区域具有主控，而一个区域可以包含一个或多个连续的域。区域文件包含了 DNS 服务器具有主控的区域的所有资源记录。

DNS 解析器：使用客户端计算机用于通过 DNS 协议查询 DNS 服务器的一个服务，可以对 DNS 解析结果进行缓存。

资源记录：用于答复 DNS 客户端请求的 DNS 数据库记录，每一个 DNS 服务器包含了它所管理的 DNS 命名空间的所有资源记录。资源记录包含和特定主机有关的信息，如 IP 地址、提供服务的类型等。

3. DNS 解析过程

如图 14-4 所示，DNS 的基本用途为根据计算机名称查找其 IP 地址。

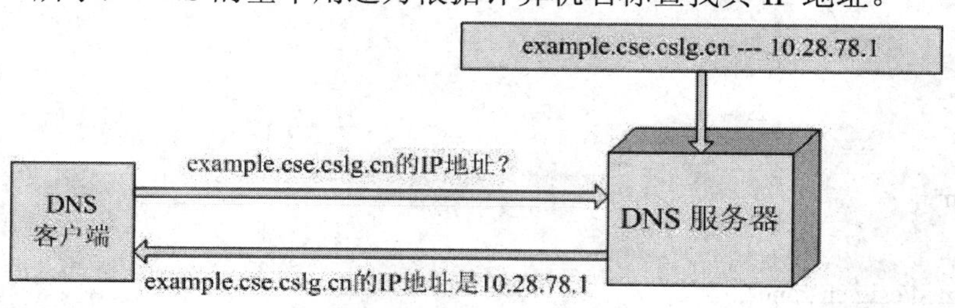

图 14-4　DNS 解析过程

当某个 DNS 客户端请求解析域名 example.cse.cslg.cn 并且 DNS 服务器工作在递归模式下时，完整的解析过程如下：

(1) DNS 客户端检查自己的本地名字缓存，没有找到对应的记录。

(2) DNS 客户端联系自己的 DNS 服务器 Server1，查询域名 example.cse.cslg.cn。

(3) Server1 检查自己的主控区域和本地缓存，没有找到对应值，于是联系根提示中的某个根域服务器，查询域名。

(4) 根域服务器也不知道 example.cse.cslg.cn 的对应值，于是向 Server1 返回一个参考答复，告诉 Server1 顶级域的主控 DNS 服务器。

(5) Server1 联系.cn 顶级域的主控 DNS 服务器，查询域名 example.cse.cslg.cn。

(6) .cn 顶级域服务器也不知道 example.cse.cslg.cn 的对应值，于是向 Server1 返回一个参考答复，告诉 Server1 cslg.cn 域的主控 DNS 服务器。

(7) Server1 联系 cslg.cn 域的主控 DNS 服务器，查询域名 example.cse.cslg.cn。

(8) cslg.cn 域的主控 DNS 服务器仍然不知道对应值，返回给 Server1 一个参考答复，告诉 Server1 cse.cslg.cn 域的主控 DNS 服务器。

(9) Server1 联系 cse.cslg.cn 域的主控服务器，查询域名 example.cse.cslg.cn。

(10) cse.cslg.cn 域的主控 DNS 服务器知道对应值，则把答案返回给 Server1。

(11) Server1 向原 DNS 客户端返回 example.cse.cslg.cn 的结果，解析完成。

14.2.2 DNS 服务配置

在 Linux 环境下的 DNS 服务器通常为 BIND(Berkeley Internet Name Domain)，它是一个在 UNIX/Linux 系统上实现的域名解析服务软件包。若是 Red Hat 系统，则可以通过添加/删除应用程序直接安装该服务。

当系统中安装好 BIND 之后，就可以开始配置 DNS 服务了。BIND 的主配置文件是 /etc/named.conf。

〖示例 14.2〗 named.conf 文件示例。

```
[root@localhost root]#vi /etc/named.conf
options {
notify-source 10.28.0.1;
pid-file "/var/run/named.pid";
};
zone "." {
type master;
file "root.db";
};
zone "cslg.cn" {
type master;
file "/var/named/cslg.cn.zone";
};
```

DNS 服务器有多种可用的选项，文件中的 notify-source 指明服务器把区变动通知消息发送到什么地方，当主控服务器检测到区数据库文件发生变动时就会向辅助服务器发出这样的消息。pid-file 选项只是告诉守护进程(daemon)服务器写入 ID 信息的路径，通常是 /var/run/named.pid，但如果重新设置了目录的布局，则也可以根据需要对其进行更改。

文件中第一个区登记项用来通知 BIND 在何处定位根服务器的信息。服务器发送和接收的不仅是用户自己的域信息，同时也包括 Internet 上所有的域信息。并不是每个服务器上都有每个域名的登记项，但每个服务器都知道怎样获取信息。当然，由于列表会定期更新，所以也应当定期做记录。

第二个区登记项是一个“主控”域项，意思是这个 DNS 服务器保存着 cslg.cn 的有效信息，Internet 上其他所有的 DNS 服务器都将用它来参照任何与这个域相关的信息。该项引用/var/named/cslg.cn.zone 文件，这是一个纯文本文件，它告诉 DNS 服务器所有有关

cslg.cn 的信息，包括 serial 值、刷新率、所有的 DNS 记录以及其他一些项目。

〖示例 14.3〗 DNS 区数据库文件示例。

```
[root@localhost root]#vi /var/named/cslg.cn.zone
@ IN SOA pns.cslg.cn. (
200601211 ;serial
14400 ;refresh after 4 hours
3600 ;retry after 1 hour
604800 ;expire after 1 week
86400) ;minimum TTL of 1 day
;Nameservers
IN NS pns.cslg.cn. ;
IN NS bns.cslg.cn. ;
;Domain Mail Handlers
cslg.cn. IN MX 10 mail
;Hosts in order
www IN A 10.28.0.2
ftp IN A 10.28.0.3
mail IN A 10.28.0.4
pop IN CNAME mail
```

SOA 是 Start of Authority 的缩写，所有区文件都要以它打头。顺序号(serial)使服务器能够记录所进行过的各次更新，守护进程最近一次启动后只要数字出现了增长，它就会重新把信息读入到数据库中去。举例来说，可以从 0 开始，然后在每次更新之后加上一个数字；也可以使用日期项如 200601211。这很有用，因为它能够让我们看到最近一次更新的发生并且看出一天是否发生过多次更新。接下来的四行以秒的形式处理刷新和超时周期，如果 BIND 数据库没有发生过人工或者服务器范围的刷新，则服务器会自动地重新读入信息。不需要经常改变此处所列出的数值，只有由于某种原因域非常频繁地改变它们的信息时才需要对这些数值进行更改。接着列出的是域名，这样 BIND 就会知道是谁在控制整个域。

接着列出的是 MX 记录，它使服务器知道当有邮件信息请求 cslg.cn 时应当发出什么信息，在本例中，mail.cslg.cn 的优先级是 10。可以列出多个 MX 记录作为邮件服务器的备份。数字越小优先级越高。要注意的是还有一个相应的 A 纪录给出了 mail.cslg.cn 的 IP 地址，这是必不可少的，这样 DNS 服务器就可以知道怎样根据域直接把邮件请求发往何处。一个 A 记录仅仅是把 IP 地址赋给一个子域项，如 www、mail、ftp 或者 ns，这些都必须用上面的格式录入，而且必须与一个 IP 地址相关联。比如说，当某个用户请求 www.cslg.cn 时，其将会被指向该域所在的 Web 服务器的 IP 地址 10.28.0.2。

上面的例子中还有一个 CNAME 项，CNAME 是指 canonical name，用于指定 IP 地址的别名，使用这些别名时还是要回过头参考已经使用过的 A 记录。

要启动 BIND，可以用 ntsysv 把 BIND 服务自动启动，也可以使用如下命令：

```
[root@localhost root]#service named start
```

若要重启或关闭BIND服务，则使用如下命令：

[root@localhost root]#service named restart/stop

14.3 电子邮件服务器

14.3.1 电子邮件概述

1. 什么是电子邮件

电子邮件(简称E-mai1)又称电子信箱、电子邮政，它是一种用电子手段提供信息交换的通信方式，是全球多种网络上使用最普遍的一项服务。这种非交互式的通信，加速了信息的交流及数据传送，它是一个简易、快速的方法。通过连接全世界的Internet，电子邮件实现各类信号的传送、接收、存贮等处理，将邮件送到世界的各个角落。到目前为止，可以说电子邮件是Internet资源使用最多的一种服务，E-mai1不只局限于信件的传递，还可用来传递文件、声音及图形、图像等不同类型的信息。

电子邮件不是一种"端到端"的服务，而是被称为"存储转发式"的服务。这正是电子信箱系统的核心，利用存储转发可进行非实时通信，属异步通信方式。即信件发送者可随时随地发送邮件，不要求接收者同时在场，即使对方现在不在，仍可将邮件立刻送到对方的信箱内，且存储在对方的电子邮箱中。接收者可在他认为方便的时候读取信件，不受时空限制。在这里，"发送"邮件意味着将邮件放到收件人的信箱中，而"接收"邮件则意味着从自己的信箱中读取信件，信箱实际上是由文件管理系统支持的一个实体。电子邮件是通过邮件服务器(mail server)来传递文件的。通常mail server是执行多任务操作系统的计算机，它提供24小时的电子邮件服务，用户只需要向 mail server管理人员申请一个信箱账号，就可使用这项快速的邮件服务了。

那么，电子邮件是怎样工作的？

(1) 电子邮件系统是一种新型的信息系统，是通信技术和计算机技术结合的产物。

(2) 电子邮件的传输是通过电子邮件简单传输协议(Simple Mail Transfer Protocol，简称SMTP)这一系统软件来完成的，它是Internet下的一种电子邮件通信协议。

(3) 电子邮件的基本原理，是在通信网上设立"电子信箱系统"，它实际上是一个计算机系统。系统的硬件是一个高性能、大容量的计算机。硬盘作为信箱的存储介质，在硬盘上为用户分一定的存储空间作为用户的"信箱"，每位用户都有属于自己的一个电子信箱。并确定一个用户名和用户可以自己随意修改的口令。存储空间包含存放所收信件、编辑信件以及信件存档三部分空间，用户使用口令开启自己的信箱，并进行发信、读信、编辑、转发、存档等各种操作。系统功能主要由软件实现。

(4) 电子邮件的通信是在信箱之间进行的。用户首先开启自己的信箱，然后通过键入命令的方式将需要发送的邮件发到对方的信箱中。邮件在信箱之间进行传递和交换，也可以与另一个邮件系统进行传递和交换。收件方在取信时，使用特定账号从信箱提取。

2. E-mail地址的组成

E-mail像普通的邮件一样也需要地址，它与普通邮件的区别在于它是电子地址。所有在 Internet 之上有信箱的用户，都有自己的一个或几个 E-mail address，并且这些 E-mail address 都是唯一的。邮件服务器就是根据这些地址，将每封电子邮件传送到各个用户的信箱中的，E-mail address 就是用户的信箱地址。就像普通邮件一样，用户能否收到自己的 E-mai1，取决于用户是否取得了正确的电子邮件地址(需要先向邮件服务器的系统管理人员申请注册)。

一个完整的 Internet 邮件地址由以下两个部分组成，格式如下：

1oginname@full_host_name.domain_name

即：登录名@主机名.域名。中间用一个表示“在”(at)的符号“@”分开，符号的左边是对方的登录名，右边是完整的主机名，它由主机名与域名组成。其中，域名由几部分组成，每一部分称为一个子域(Subdomain)，各子域之间用圆点“.”隔开，每个子域都会告诉用户一些有关这台邮件服务器的信息。

假定用户 nick 的本地机(必须具有邮件服务器功能)为 mail.cslg.edu.cn，则其 E-mail 地址为

nick@mail.cslg.edu.cn

它告诉我们：这台计算机在中国(cn)，隶属于教育机构(edu)下的常熟理工学院(cslg)，机器名是 mail。在“@”符号的左边是用户的登录名：nick。

以上我们介绍的是 Internet 域名地址的使用方法。Internet 地址还有一种表示方法即纯数字的 IP 地址。例如，计算机的域名地址为 mail.cslg.edu.cn，那么一定有一个 IP 地址与之对应。我们可以在任何地方使用这个 IP 地址，就像使用它的域名地址一样。

3. E-mail 网络协议简介

E-mail 有好几种不同的协议用于搭建分布式电子邮件系统的基本架构：邮局协议(POP)、简单邮件传输协议(SMTP)和 Internet 消息访问协议。

POP 用于支持邮件下载后的处理，在这种状态下，邮件服务器或个人计算机用户阶段性地调用与服务器相连的邮件客户端程序，并把所有没处理的邮件下载到用户自己的计算机中。下线访问模式是一种储存兼发送形式的服务，其目的在于把需要的邮件从邮件服务器中(下载点)下载到某台单个计算机中。一旦把邮件传送到后，该邮件在服务器中就会被清除掉。POP3 是 POP 目前的版本，POP3 不支持在服务器中对邮件的处理方式进行扩展，而要达到这种扩展，要使用更高级的(且为更复杂的)IMAP4 协议。POP3 使用 TCP 作为它的传输协议。

简单邮件传输协议用于支持更有保障、更为有效地传输电子邮件。SMTP 是一种邮件服务，以 FTP 文件传输服务为模型。SMTP 在系统之间传输邮件消息并在邮件到来时，发出提示。SMTP 独立于特定的传输子系统，而且只需要安排好一个可靠的数据流信道。SMTP 的一个重要特性体现在它能够跨网络传输邮件，通常称之为“SMTP 邮件中继”。网络由如下主机组成：公共 Internet 上 TCP 双向可访问主机、独立于防火墙的 TCP/IP 企业内部网络上的 TCP 双向或访问主机、其他非 TCP 传输协议环境中的局域网或广域网上的主机。使用 SMTP，一个进程可以向同一网络上的其他进程发送邮件或通过中继发送给其他网络上的进程，还可通过两个网络都可访问的网关进行传送。

Internet 消息访问协议(IMAP)支持对保存在邮件服务器中电子邮件或电子布告栏消息

的访问。IMAP 支持电子邮件客户端程序对消息进行远程访问，就好像该消息储存在本地计算机中一样。在 IMAP 服务器中储存的电子邮件可用台式计算机进行远程操作，而并不需要在服务器与计算机之间来回传输邮件。进行线上操作时，IMAP 邮件客户端程序不会从共享服务器一下子把整个邮件全部拷贝过来，并从中删除。它采用一种客户机/服务器的模式，客户机可以要求服务器只发送指定消息的报头或报文，也可搜索出符合一定条件的邮件。可以用各种各样的状态标志来标识邮件储存系统中的消息(如“已删除”或“已回复”)，而且除非用户确实删除了这些消息，否则它们会一直存放在邮件储存系统中。IMAP 也可用于支持用户远程管理邮箱，就好像处理本地邮箱一样。用户可以直接将邮件储存在客户机上，也可以直接将其储存在服务器中，或对这两种方式进行选择，这完全取决于系统管理人员怎样设计 IMAP 客户端程序及邮件系统的架构。

多用途网际邮件扩充协议(MIME)指定了消息的格式，以便于在不同的电子邮件系统之间进行传播。MIME 是一种非常灵活的格式，支持用户在电子邮件中包含任何可见的文件类型。MIME 的邮件中可包含文本、图片、声音、视频或其他应用程序的特定数据。

安全多用途网际邮件扩充协议(S/MIME)支持电子邮件信息的加密。基于 MIME 标准，S/MIME 为电子信息传送程序提供了如下的安全加密服务：验证、消息完整性及认可和隐私及数据安全。

14.3.2 sendmail 服务配置

sendmail 是 Linux 中的默认邮件传输代理(MTA)。sendmail 的任务是从邮件用户代理(MUA)接收邮件，然后根据配置文件的定义把它们送给配置好的寄送程序。sendmail 也能接受网络连接，并且发送邮件到本地邮箱或者发送它到其他程序。

目前大多数 Linux 发布都包含 sendmail 这个软件，如果是 Red Hat Linux 9，则可以更为简单地通过添加/删除应用程序来对其进行安装。

sendmail 主要配置文件及说明如表 14-1 所示。

表 14-1 sendmail 主要配置文件说明

配置文件	说　明
/etc/mail/access	sendmail 访问数据库文件
/etc/mail/aliases	邮箱别名
/etc/mail/local-host-names	sendmail 接收邮件主机列表
/etc/mail/sendmail.cf	sendmail 的主配置文件
/etc/mail/virtusertable	虚拟用户和域列表

1. /etc/mail/access

访问数据库定义了什么主机或者 IP 地址可以访问本地邮件服务器和它们是哪种类型的访问。主机可能会列出 OK、REJECT、RELAY，或者简单的通过 sendmail 的出错处理程序检测一个给定的邮件错误。主机默认列出 OK，允许传送邮件到主机，只要邮件的最后目的地是本地主机即可。列出 REJECT 将拒绝所有的邮件连接。如果带有 RELAY 选项的主机将被允许通过这个邮件服务器发送邮件到任何地方。

2. /etc/mail/aliases

别名数据库包含一个扩展到用户、程序或者其他别名的虚拟邮箱列表。

3. /etc/mail/local-host-names

这是一个 sendmail 被接受为一个本地主机名的主机名列表，可以放入任何 sendmail 将从哪里收发邮件的域名或主机。

4. /etc/mail/sendmail.cf

sendmail 的主配置文件 sendmail.cf 控制着 sendmail 的所有行为，包括从重写邮件地址到打印拒绝远程邮件服务器信息等。当然，作为一个不同的角色，这个配置文件是相当复杂的，它的细节部分已经超出了本书所讲的范围，幸运的是，这个文件对于标准的邮件服务器来说很少需要被改动。

5. /etc/mail/virtusertable

virtusertable 映射虚拟域名和邮箱到真实的邮箱，这些邮箱可以是本地的、远程的、/etc/mail/aliases 中定义的别名或一个文件。

14.4　Samba 文件共享服务器

14.4.1　Samba 简介

Samba 是一套让 UNIX 系统能够应用 Microsoft 网络通信协议的软件。它使执行 UNIX 系统的机器能与执行 Windows 系统的电脑分享驱动器与打印机。Samba 是属于 GPL 的软件，因此我们可以合法且免费地使用它。

什么是 SMB？SMB(Server Message Block)通信协议是微软和英特尔在 1987 年制定的协议，主要是作为 Microsoft 网络的通信协议，而 Samba 则是将 SMB 协议搬到 UNIX 上来应用的。

Samba 的核心是 SMB 协议。SMB 协议是客户机/服务器型协议，客户机通过该协议可以访问服务器上的共享文件系统、打印机及其他资源。通过“NetBIOS over TCP/IP”使得 Samba 不但能与局域网络主机分享资源，更能与全世界的电脑分享资源，因此互联网上千千万万的主机所使用的通信协议都是 TCP/IP。

微软又把 SMB 改名为 CIFS(Common Internet File System)，并且加入了许多新的特色，而 Samba 亦支持了 NT Lan Manager 0.12 等 SMB 的延伸协议，这使得 Samba 具有管理 NT 网域的能力。

Samba 的主要功能如下：

(1) 提供 Windows NT 风格的文件和打印机共享，让 Windows 系统据此共享 UNIX 等其他操作系统的资源，外表看起来和共享 NT 的资源没有区别。

(2) 在 Windows 网络中解析 NetBIOS 名字。为了能够利用网上资源，同时自己的资源也能被别人所利用，各个主机都定期地向网上广播自己的身份信息，而负责收集这些信息，为别的主机提供检索情报的服务器就被称为浏览服务器，Samba可以有效地完成这项功能。在跨越网关的时候，Samba还可以作为WINS服务器来使用。

(3) 提供SMB客户功能。利用Samba提供的smbclint程序可以从UNIX下以类似于FTP的方式访问Windows的资源。

(4) 备份PC上的资源。利用一个叫smbtar的Shell脚本，可以使用tar格式备份和恢复一台远程Windows上的共享文件。

(5) 提供一个命令行工具，在其上可以有限制地支持NT的某些管理功能。

14.4.2 Samba服务配置

在Red Hat Linux 9下，通过添加/删除应用程序可以很容易地进行Samba服务的安装，之后就可以进行Samba的配置了。

1. 配置Samba的一般步骤

(1) 创建要在主域服务器(Linux/Samba)待认证的用户，使用adduser、useradd或userconf命令，也可以使用一些用户管理的工具来生成用户。

(2) 把UNIX用户转换成Linux/Samba/Windows用户，生成smbpasswd文件的命令如下：

[root@localhost root]#cat /etc/passwd | mksmbpasswd.sh > /etc/samba/smbpasswd

另一个方法是，执行以下的Samba命令来创建用户和定义密码：

smbadduser

smbpasswd

这些命令和adduser与passwd一样有类似的作用。

(3) 编辑Samba的配置文件(smb.conf)，则要确定加入或减去带有注释符的可选项。

(4) 创建共享资源，编辑smb.conf文件，加入想要的共享资源的配置信息。

(5) 使用testparm命令来验证smb.conf是否正确，该命令分析smb.conf文件并报告发现的错误。

(6) 修改共享目录的权限。

(7) 在smb.conf中设置logon script(用微软兼容格式创建)。在Linux下创建的话，可以使用比如VIM的命令":set textmode"来得到有微软行结尾符的文件。

(8) 若要在配置文件中启用WINS的话，则加入Samba Server信息到lmhosts文件(/etc/lmhosts)中。

(9) 重启动Samba的后台程序，命令如下：

[root@localhost root]#service smb restart

(10) 使用smbclient来验证以上的配置是正确的，命令如下：

[root@localhost root]#smbclient -L //SambaServer

2. smb.conf配置文件简介

如图14-5所示为smb.conf的配置文件解析。

```
[global] #全局配置段
#指定所属的工作组的名字
```

```
workgroup = MYGROUP
#这个声明会出现在 Windows 的“网络邻居”中
server string = Samba Server
#这一行由于安全的原因很关键，故只允许在局域网中特定的计算机上连接。
#在这个例子中，是 192.168.1.0 和 192.168.2.0（C 级网络）的网络，
#与“环路”（loopback）的接口是可以连接的。
;    hosts allow = 192.168.1. 192.168.2. 127.
#访问都默认的登录用户，nobody 是系统自带的用户
;   guest account = pcguest
#指定安全级别，一般用 user
security = user
#是否以加密的形式验证口令
encrypt passwords = yes
#指定对 Samba 用户口令校验的密码文件
smb passwd file = /etc/samba/smbpasswd

#共享段设置

[homes]段，当用户请求一个共享时，服务器将在存在的共享资源段中去寻找，如果找到匹配的共享资源段， 就使用这个共享资源段。如果找不到，就将请求的共享名看成是用户的用户名，并在本地的 password 文件里找这个用户，如果用户名存在且用户提供的密码是正确的，则以这个 home 段克隆出一个共享提供给用户。这个新的共享的名称是用户的用户名，而不是 homes，如果 home 段里没有指定共享路径，就把该用户的宿主目录（home directory）作为共享路径。

[printers]段，共享打印机设置段。
[netlogon]、[Profiles]、[tmp]、[public]、[fredsprn]、[fredsdir]、[pchome]、[myshare]等段均为共享段，用户可以根据需要自定义。
```

图 14-5　smb.conf 配置文件解析

14.5　squid 代理服务器

14.5.1　代理服务概述

1. 什么是代理服务

代理服务是指由一台拥有标准 IP 地址的机器代替若干没有标准 IP 地址的机器和 Internet 上的其他主机打交道，提供代理服务的这台机器称为代理服务器。拥有内部地址的机器想连接到 Internet 上时，先把这个请求发给拥有标准 IP 地址的代理服务器，由代理服务器把这个请求通过它的标准 IP 地址发到请求的目的地址。然后目标地址的服务器把返

回的结果发回给代理服务器，代理服务器再原封不动的把资料发给内部主机。若干拥有内部地址的机器组成了内部网，代理服务器的作用就是沟通内部网和 Internet，解决内部网访问 Internet 的问题。这种代理是不可逆的，Internet 上的主机不能访问任何一台拥有内部地址的机器，这样即可以保障内部资料的安全性。

代理软件的一个优点是它能够检验除了数据包之外的许多东西，对数据包的有效载荷进行检验，也就是穿越防火墙的数据包中 TCP(或者 UDP)部分所占的分量。根据数据包报头(数据包中的 IP 部分)和数据包有效载荷(TCP 部分)的信息，代理软件能够决定数据包将发往何处、数据包请求什么，以及根据数据包所必须提供的这些信息决定采取什么样的行动。代理服务器工作环境，如图 14-6 所示。

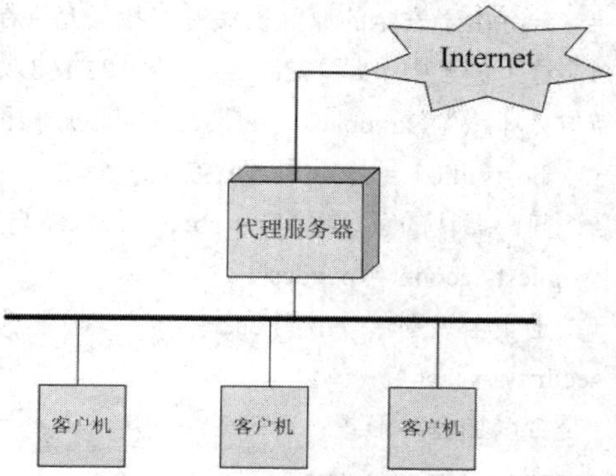

图 14-6 代理服务器工作环境

2. squid 代理服务器

squid 是一个高性能的代理缓存服务器，可以加快内部网浏览 Internet 的速度，提高客户机的访问命中率。squid 不仅支持 HTTP 协议，还支持 FTP、gopher、SSL 和 WAIS 等协议。与一般的代理缓存软件不同，squid 用一个单独的、非模块化的、I/O 驱动的进程来处理所有的客户端请求。

squid 将数据元缓存在内存中，同时也缓存 DNS 查寻的结果，除此之外，它还支持非模块化的 DNS 查询，对失败的请求进行消极缓存。squid 支持 SSL，支持访问控制。由于使用了 ICP，squid 能够实现重叠的代理阵列，从而最大限度地节约带宽。

squid 由一个主要的服务程序 squid、一个 DNS 查询程序 dnsserver、几个重写请求和执行认证的程序，以及几个管理工具组成。当 squid 启动以后，它可以派生出指定数目的 dnsserver 进程，而每一个 dnsserver 进程都可以执行单独的 DNS 查询，这样一来就大大减少了服务器等待 DNS 查询的时间。

squid 的另一个优越性在于它使用访问控制清单(ACL)和访问权限清单(ARL)。访问控制清单和访问权限清单通过阻止特定的网络连接来减少潜在的 Internet 非法连接，可以使用这些清单来确保内部网的主机无法访问有威胁的或不适宜的站点。

14.5.2 squid 服务器配置

在 Red Hat Linux 9 下，通过添加/删除应用程序可以很容易地进行 squid 代理服务的安装，之后就可以进行配置了。

squid 有一个主要的配置文件 squid.conf，位于/etc/squid 目录下，用户仅仅需要修改该配置文件的相关设置即可完成 squid 服务器的配置工作。

squid.conf 配置文件分为 13 个部分，分别是：

(1) NETWORK OPTIONS(有关的网络选项)。

(2) OPTIONS WHICH AFFECT THE NEIGHBOR SELECTION ALGORITHM(作用于邻居选择算法的有关选项)。

(3) OPTIONS WHICH AFFECT THE CACHE SIZE(定义 cache 大小选项)。

(4) LOGFILE PATHNAMES AND CACHE DIRECTORIES(定义日志文件的路径及 cache 的目录)。

(5) OPTIONS FOR EXTERNAL SUPPORT PROGRAMS(外部支持程序选项)。

(6) OPTIONS FOE TUNING THE CACHE(调整 cache 选项)。

(7) TIMEOUTS(超时)。

(8) ACCESS CONTROLS(访问控制)。

(9) ADMINISTRATIVE PARAMETERS(管理参数)。

(10) OPTIONS FOR THE CACHE REGISTRATION SERVICE(cache 注册服务选项)。

(11) HTTPD-ACCELERATOE OPTIONS(httpd 加速选项)。

(12) MISCELLANEOUS(杂项)。

(13) DELAY POOL PARAMETERS(延时池选项)。

虽然 squid 的配置文件很庞大，但是用户可以根据自己的实际情况修改相应的选项，而并不需要配置所有的选项。下面介绍几个常用的选项。

(1) http_port：定义 squid 监听 HTTP 客户连接请求的端口。缺省是 3128，如果使用 HTTPD 加速模式，则为 80。可以指定多个端口，但是所有指定的端口都必须在一条命令行上。

(2) cache_mem：指定 squid 可以使用的内存理想值，建议设为内存的 1/3。

(3) cache_dir Directory-Name Mbytes Level1 Level2：指定 squid 用来存储对象的交换空间的大小及其目录结构。可以用下面的公式来估算系统所需要的子目录数目。

已知量：

DS＝可用交换空间总量(单位 kB)/ 交换空间数目

OS＝平均每个对象的大小＝20 kB

NO＝平均每个二级子目录所存储的对象数目＝256 个

未知量：

L1＝一级子目录的数量

L2＝二级子目录的数量

计算公式：L1 x L2 = DS / OS / NO

注意：这是个不定方程，可以有多个解。

(4) maximum_object_size：大于该值的对象将不被存储。如果要提高访问速度，就降低该值；如果想最大限度地节约带宽，降低成本，就增加该值。

(5) dns_nameservers：定义 squid 进行域名解析时使用的域名服务器。

(6) acl：定义访问控制列表。定义语法为

```
acl aclname acltype string ...
acl aclname acltype "file" ...
```

(7) http_access：根据某个访问控制列表允许或禁止某一类用户访问。

配置完 squid.conf 后，就可以运行 squid 代理服务了，命令如下：

```
[root@localhost root]#service squid start
```

需要重启或关闭 squid 服务，命令如下：

```
[root@localhost root]#service squid restart/stop
```

14.6 防火墙和 NAT

14.6.1 防火墙概述

防火墙是目前最为流行也是使用最为广泛的一种网络安全技术。在构建安全网络环境的过程中，防火墙作为第一道安全防线，正受到越来越多用户的关注。防火墙是一个系统，主要用来执行两个网络之间的访问控制策略。它可为各类企业网络提供必要的访问控制，但又不造成网络的瓶颈，并通过安全策略控制进出系统的数据，保护企业的关键资源。

防火墙并不是真正的墙，它是一类防范措施的总称，是一种有效的网络安全模型，是机构总体安全策略的一部分。它阻挡的是对内、对外的非法访问和不安全数据的传递。在因特网上，通过它隔离风险区域(即 Internet 或有一定风险的网络)与安全区域(内部网)的连接，能够增强内部网络的安全性。防火墙可以作为不同网络或网络安全域之间信息的出入口，能根据企业的安全策略控制出入网络的信息流，且本身具有较强的抗攻击能力。它是提供信息安全服务，实现网络和信息安全的基础设施。在逻辑上，防火墙是一个分离器、一个限制器、也是一个分析器，它有效地监控了内部网和 Internet 之间的任何活动，保证了内部网络的安全。

防火墙负责管理风险区域和内部网络之间的访问。在没有防火墙时，内部网络上的每个节点都暴露给风险区域上的其他主机，极易受到攻击。也就是说，内部网络的安全性要由每一个主机来决定，并且整个内部网络的安全性等于其中防护能力最弱的系统。由此可见，对于连接到因特网的内部网络，一定要选用适当的防火墙。

通常应用防火墙的目的有以下几方面：限制他人进入内部网络；过滤掉不安全的服务和非法用户；防止入侵者接近用户的防御设施；限定人们访问特殊站点；为监视局域网安全提供方便。

14.6.2 包过滤防火墙 iptables

包过滤防火墙是用一个软件查看所流经的数据包的包头(header)，由此决定整个包的命运。它可能会决定丢弃(DROP)这个包，可能会决定接受(ACCEPT)这个包(让这个包通过)，也可能执行其他更复杂的动作。

在 Linux 系统下，包过滤功能是内建于核心的(作为一个核心模块，或者直接内建)，同时还有一些可以运用于数据包之上的技巧，不过最常用的依然是查看包头以决定包的命运。

从 1.1 内核开始，Linux 系统就已经具有包过滤功能了。随着 Linux 内核版本升级到 2.4，Linux 下的包过滤系统经历了如下三个阶段：

(1) 在 2.0 的内核中，采用 ipfwadm 来操作内核包过滤规则。

(2) 在 2.2 的内核中，采用 ipchains 来控制内核包过滤规则。

(3) 在 2.4 内核中，采用一个全新的内核包过滤管理工具——iptables。

Linux 因其健壮性、可靠性、灵活性以及几乎无限范围的可定制性而在 IT 界变得非常受欢迎。Linux 具有许多内置的能力，使开发人员可以根据自己的需要定制其工具、行为和外观，而无需昂贵的第三方工具。如果 Linux 系统连接到因特网、LAN、服务器，或连接 LAN 和因特网的代理服务器，则所要用到的一种内置能力就是针对网络上 Linux 系统的防火墙配置。可以在 Netfilter/iptables IP 信息包过滤系统(它集成在 2.4.x 版本的 Linux 内核中)的帮助下运用这种能力。Netfilter/iptables 是与 2.4.x 版本 Linux 内核集成的 IP 信息包过滤系统。

与 ipfwadm 和 ipchains 这样的 Linux 信息包过滤方案相比，Netfilter/iptables 信息包过滤系统是最新的解决方案，使用户更易于理解其工作原理，也具有更为强大的功能。对于 Linux 系统管理员、网络管理员以及家庭用户(他们想要根据自己特定的需求来配置防火墙、在防火墙解决方案上节省费用和对 IP 信息包过滤具有完全控制权)来说，Netfilter/iptables 系统十分理想，且更容易被使用。

Red Hat linux 9 使用 2.4 版本的内核，并且内核的编译选项中包含对 Netfilter 的支持，同时 iptables 软件包是被默认安装的，所以可以直接使用。

iptables 命令是用来设置、维护和检查 Linux 内核的 IP 包过滤规则的，它可以定义不同的表，每个表都包含几个内部的链，也能包含用户定义的链。每个链都是一个规则列表，对对应的包进行匹配：每条规则指定应当如何处理与之相匹配的包，这被称作“target”(目标)，也可以跳向同一个表内的用户定义的链。

TARGETS：防火墙的规则指定所检查包的特征。如果包不匹配，则将送往该链中下一条规则进行检查；如果匹配，那么下一条规则由目标值确定。该目标值可以是用户定义的链名，或是某个专用值，如 ACCEPT(通过)、DROP(删除)、QUEUE(排队)或者 RETURN(返回)。

ACCEPT 表示让这个包通过，DROP 表示将这个包丢弃，QUEUE 表示把这个包传递到用户空间，RETURN 表示停止这条链的匹配，到前一个链的规则重新开始。如果到达了一个内建的链(的末端)，或者遇到内建链的规则是 RETURN，则包的命运将由链准则指定的目标决定。

TABLES：iptables 有三个表(哪个表是当前表取决于内核配置选项和当前模块)。使用 iptables -t table 命令指定要操作的表。如果内核被配置为自动加载模块，这时若模块没有加载，则系统将尝试为该表加载适合的模块。这些表分别是：① filter 表。这是默认的表，包含了内建的链 INPUT(处理进入的包)、FORWORD(处理通过的包)和 OUTPUT(处理本地生成的包)。② nat 表。这个表被查询时表示遇到了产生新的连接的包，由三个内建的链构成，即 PREROUTING(修改到来的包)、OUTPUT(修改路由之前本地的包)、POSTROUTING(修改准备出去的包)。③ mangle 表。用来对指定的包进行修改，它有 PREROUTING(修改路由之前进入的包)和 OUTPUT(修改路由之前本地的包)两个内建规则。

与上述介绍的网络服务一样，iptables 在 Red Hat Linux 9 下可以使用 service 命令来启动、重启和关闭，命令如下：

```
[root@localhost root]#service iptables start/restart/stop
```

iptables 需依照周围的环境进行配置，且语法复杂，因此不在本书讨论的范围内，具体配置语法可参考 iptables tutorial: http://iptables-tutorial.frozentux.net。

14.6.3　NAT 概述

1. 什么是 NAT

NAT 的英文全称是 Network Address Translation，中文是网络地址转换，它是

IETF(Internet Engineering Task Force，Internet 工程任务组)的标准，允许一个组织以一个公用 IP 地址出现在 Internet 上。它是一种把内部私有网络地址(IP 地址)翻译成合法网络 IP 地址的技术。NAT 配置的是一个状态表，用来把非法的 IP 地址映射到合法的 IP 地址上去。每个包在 NAT 设备中都被翻译成正确的 IP 地址发往下一个设备，这意味着将给设备的处理器带来一定的负担。但是这对于一般的网络来说是微不足道的，除非是有许多主机的大型网络。但是 NAT 并不是一种有安全保证的方案，它不能提供类似防火墙、包过滤等安全技术，而是仅仅在包的最外层改变 IP 地址，这使得黑客可以很容易地窃取网络信息，危及网络安全。

2. NAT 工作原理

NAT 在局域网内部网络中使用内部地址，而当内部设备要与外部网络进行通信时，就在网关处将内部地址替换成公用地址，从而在 Internet 上正常识别，NAT 可以使多台计算机共享 Internet 连接，这一功能很好地解决了公共 IP 地址紧缺的问题。

通过这种方法，可以只申请一个合法 IP 地址，就把整个局域网中的计算机接入 Internet 中。这时，NAT 屏蔽了内部网络，所有内部网计算机对于公共网络来说是不可见的，而内部网计算机用户通常不会意识到 NAT 的存在，如图 14-7 所示。

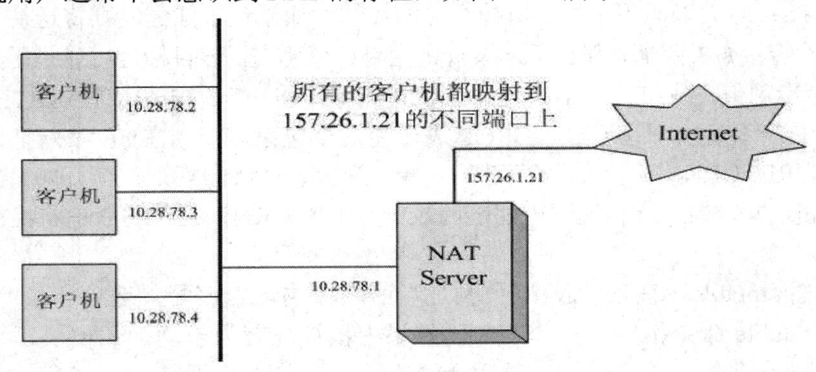

图 14-7 NAT 工作原理

就像我们在上面所提到过的，这里提到的内部地址，是指在内部网络中分配给工作站的私有 IP 地址，这个地址只能在内部网络中使用，不能被路由。内部地址是：10.0.0.0～10.255.255.255，172.16.0.0～172.16.255.255，192.168.0.0～192.168.255.255。而全局地址是指合法的 IP 地址，它是由 NIC(网络信息中心)或者 ISP(网络服务提供商)分配的地址，对外代表一个或多个内部局部地址，是全球统一的可寻址的地址。

3. 使用 iptables 实现 NAT

在 Linux 下实现 NAT 服务的比较普遍的做法，就是采用 iptables 实现 NAT 转换。以下是实现 NAT 最基本的步骤。

(1) 打开包转发功能，命令如下：

```
[root@localhost root]#echo "1" > /proc/sys/net/ipv4/ip_forward
```

如果要让包转发功能在系统启动以后自动生效，则需要修改/etc/sysctl.conf 文件，添加如下命令：

```
# Controls IP packet forwarding
```

```
net.ipv4.ip_forward=1
```

(2) 打开 iptables 的 NAT 功能，命令如下：

```
[root@localhost root]#iptables -t nat -A POSTROUTING -o eth0 -j MASQUERADE
```

上面的语句中，eth0 是连接外网或者连接 Internet 的网卡。

(3) 执行下面的命令，保存 iptables 的规则：

```
[root@localhost root]#service iptables save
```

〖示例 14.4〗 通过 iptables 配置 NAT 服务，实现内网对外网的映射。

```
//网络环境：
//内部 IP 段：192.168.1.0
//外部 IP 段：211.84.5.81
//确定 iptables 是否正常运行
[root@localhost root]#service iptables restart
//启动 IP 转发功能
[root@localhost root]#echo "1" > /proc/sys/net/ipv4/ip_forward
//内网 IP 至外网 IP 的映射
[root@localhost root]#iptables –t nat –A POSTROUTING –s 192.168.1.0/24 –j SNAT –to 211.84.5.81
//保存 iptables 规则
[root@localhost root]#service iptables save
```

14.7　课后习题与实验

14.7.1　课后习题

1. 什么是 DHCP？DHCP 工作过程是怎么样的？
2. 什么是 DNS？简述 DNS 的解析过程。
3. 什么是 E-mail？其地址是如何组成的？
4. 什么是 Samba 服务器？
5. 什么是代理服务？
6. 什么是防火墙？什么是 NAT？其工作原理是什么？
7. 如何用 iptables 实现 NAT？

14.7.2　实验：配置 Samba 服务器

1. 实验目的

(1) 掌握 Linux 与 Windows 的资源共享和互访方法。
(2) 掌握 Samba 服务器的安装和配置方法。
(3) 使用 Samba 共享用户认证和文件系统。

2. 实验内容

(1) 安装、配置 Samba 服务器并启动。

(2) 从 Linux 访问 Windows 的资源。

(3) 从 Windows 访问 Linux 的资源。

3. 实验步骤

(1) 检测系统是否安装了 Samba 服务，如果没有，则可以通过上网下载 RPM 包或者使用 Linux 安装光盘进行安装。

(2) 利用 useradd 命令在本机系统中增加几个用户(nick、juju 和 mary)，但是并不给他们设定密码。这些用户仅能够从 Samba 服务访问服务器。为了使得他们在 shadow 中不含有密码，这些用户的 Shell 应该设定为/sbin/nologin。

(3) 缺省的 Samba 是被配置用来接收加密的密码的，但是在文件/etc/samba/smbpasswd 中没有设定任何密码。如果加密的密码在/etc/samba/smb.conf 被设定，则 smbclient 将发送加密的密码，所以为了在系统上测试 samba 服务，应该首先建立 smbpasswd 文件，然后为每一个用户在该文件中添加密码。

(4) 注意到第一个在 /etc/samba/smb.conf 设定的共享[home]并没有指定路径。该共享被配置用来当用户连接并且认证通过以后共享用户的 home 目录。浏览一个或者两个用户的 home 目录。上传一个文件到 nick 的 home 目录。一个正在工作的 Samba 服务可以被多个用户通过 smbclient 访问。

(5) 建立一个名为 sgroup 的新组，并使用 usermod 命令将拥有 GID 为 600 的用户加到该组里去。

(6) 建立一个目录 /home/sgroup。对于这个目录设定拥有权限，使得在 sgroup 组中的用户可以在这个目录中添加/删除文件，然而其他的人不可以。并且设定 SGID 和粘滞位使得所有在这个目录中建立的文件都拥有同 sgroup 组的权限，并且组中其他的人不能够删除该用户建立的文件。

(7) 在 /etc/samba/smb.conf 中建立一个 Samba 共享叫做[sg]，只有 sgroup 组中的用户才能够访问该共享，并且确保在[sgroup]中存放的文件的被建立的许可权限为 0600。

(8) 重新启动 SMB 服务并且使用 smbclient 来进行测试。

4. 完成实验报告

5. 思考题

(1) 在 FTP 和 smbclient 之间有什么相同的地方？

(2) 如何使用 smbmount 命令？

(3) smbtar 命令是干什么的？

开 发 篇

第 15 章　Linux 编程概述

◇【本章学习目标】

本章主要介绍 Linux 下的编程语言和环境，还详细介绍了 Linux 下 C 语言的编程风格，让读者对 Linux 系统的程序设计有一个基本的了解。通过对本章的学习，读者应该掌握以下主要内容：

⊙ Linux 下程序设计的特点；

⊙ Linux 下程序设计的 IDE 的使用；

⊙ Linux 的编程风格。

15.1　Linux 程序设计语言概述

15.1.1　Linux 编程

Linux 的软件开发一般都是基于 Internet 的，这个环境是全球性的，编程人员来自世界各地。很多基于 Linux 的开源的项目开发站点遍布全世界，只要注册后，就可以启动一个以 Linux 为基础的软件项目。Linux 的开发工作经常是在 Linux 用户决定共同完成一个项目时开始的。当开发工作完成后，该软件就被发布到 Internet 上，任何用户都可以访问和下载，甚至于修改源代码，提供 patch。由于这个活跃的开发环境，以 Linux 为基础的应用软件功能日益强大。

许多用于 Linux 的编程工具都源于自由软件基金会(Free Software Foundation，FSF)。与该组织的宗旨一致，所有的工具都可以免费获得，并且得到的源代码可在 GNU GPL 的指导下自由修改。用户需要仔细阅读 GPL，因为它规定了选择使用这些工具和源码的开发者要承担的基本义务。

Linux 的程序需要首先转化为低级机器语言，即所谓的二进制代码后，才能被操作系统执行。例如编程时，先用普通的编程语言生成一系列的指令，这些指令被翻译为适当的可执行程序的二进制代码。这个翻译过程可由解释器一步步完成，或者也可以立即由编译器完成。Shell 编程语言，如 BASH、GAWK、Perl、Tcl 和 Tk 等都利用自己的解释器。用这些语言编写的尽管是应用程序文件，但也可以直接执行。而编译器则不同，比如 C/C++、Java 等，它将生成一个独立的二进制代码文件，然后才可以运行。

15.1.2　C/C++

自从 C 发明了以后，它就取代了汇编语言在操作系统编程的领导地位。从性能上说，除了汇编语言，C 语言是最接近机器的语言。各种操作系统的编程接口的默认语言都是 C 语言。因此，用 C 语言编程，可以最大限度发挥操作系统的能力。同时，由于绝大部分的商品软件都是由 C 或与 C 兼容的 C++ 实现的，都有 C 编程接口，因此可以说，没有 C 不能实现的功能。

C++ 是 C 语言的加强版，C++ 增加了面向对象和其他有用的功能，但它的效能并没有大减，编程更方便轻松；而 C++ 亦支持大部分 C 的程序，令 C++ 和 C 变得近乎不可分割，大部分的 C 编译器也支持 C++。

在类 UNIX 操作系统中，C 具有很好的开放源代码的条件，它有统一的编译器 gcc，有统一的 API：POSIX 和 Linux 接口。并且大部分编译器和 API 是开放源代码的。

在类 UNIX 系统上编写图形界面程序有两个选择，即 KDE 和 GNOME。KDE 更成熟，但它使用的不是开源的 Qt 函数库；GNOME 支持多语言和面向对象的程序间的协同，有它的 GUI 工具 GTK。

在 Windows 环境中，现在通常使用 VC++，但有一个缺点，Windows 的升级换代太快，从 DOS 环境到 Windows3.1，从 Windows3.1 到 Windows95、到 Windows2000，再到.NET。API 常常变换，这样使得在 Windows 上的程序代码的寿命会比较短，并且 VC++ 的编译器和 API 太复杂，难于掌握，不是开放源代码的工具。其他选择有从 UNIX-like 系统移植过来的 djgpp、mingw。

C/C++ 具有现代语言的大量特征，总结如下：

(1) 语句简练、语法结构清晰、紧凑，使用方便、灵活。C 语言只设置 32 个保留字和 9 种语句，C 和 C++ 的绝大部分功能都由各种标准函数和类来实现。

(2) 程序结构简单、书写格式自由。

(3) 数据类型丰富、齐全。C 语言提供了整数、实数、字符等基本数据类型，还提供了数组、指针、结构体等构造数据类型。C++ 还增加了字符串，还有类这一特殊数据类型的定义机制。

(4) 运算符丰富、齐全，运算能力强。C/C++ 语言提供的运算符分为常规运算和与硬件有关的运算两部分。常规运算符有：算术运算符、逻辑运算符、关系运算符等，这类运算符一般各种语言都具备；与硬件有关的运算符有：位运算符、地址运算符等，这些运算符是 C/C++ 所独有的，体现出汇编语言的某些特征。

(5) 语法限制不太严格，程序自由度大。

(6) 具有直接的硬件处理能力。例如：允许直接访问内存地址，进行各种位运算，能通过中断调用直接控制各种硬件设备等。上述这些属于机器语言特征，因此 C/C++ 既有高级语言特征又具有机器语言特征。

(7) C/C++ 编译系统生成的目标代码质量高，程序执行效率高。

(8) 程序可移植性强。

(9) 语言的通用性较强。

C/C++ 互联网参考资源如下：

The C Library Reference Guide：http://www.acm.uiuc.edu/webmonkeys/book/c_guide/index.html

C Language Frequently Asked Questions：http://c-faq.com

C/C++ Programming：http://www.cprogramming.com

The C++ Reference Network：http://www.cplusplus.com

C/C++语言学习网站：http://www.cstudyhome.com

15.1.3　Java

C 语言是面向过程的语言，也是使用率非常高的语言；而面向对象的思想引入到编程语言之后，C 语言就被改造成为面向对象的 C++语言，并得到了广泛的应用。但是 C++语言必须兼容 C 语言，因此 C++语言是面向过程和面向对象混合的语言。

Java 语言是 Sun 公司的产品，产生于 C++语言之后，是完全的面向对象的编程语言，充分吸取了 C++语言的优点，并且能在不同的计算机平台上运行，非常适合编写网络应用程序。借助互联网的浪潮，Java 语言在全世界引起轰动。现今，已广泛应用于企业、个人终端、移动通信等众多领域。

Java 语言的特点如下：

(1) 简单。Java 语言源于 C++，但摒弃了 C++中许多复杂的部分，如指针、运算符重载、多重继承等，而且还提供了“垃圾回收”的机制来自动管理内存。

(2) 面向对象。与 C++相比，Java 语言是一种纯粹的面向对象语言，除了基本数据类型外，一切都是对象。

(3) 分布性。Java 语言提供的类库可以处理 TCP/IP 协议，这样就能很方便地通过统一资源定位器(URL)在网络上访问其他对象，取得用户所需的资源了。

(4) 解释性。Java 源程序经编译后生成类文件，类文件由字节码(一种虚拟的机器指令码)组成，不针对特定的机器。运行时，Java 解释程序(Java 虚拟机，Java Virtual Machine)负责将字节码解释成本地机器指令代码。

(5) 健壮性。Java 语言摒弃了 C/C++中的指针类型，不允许对内存直接操作，并且使用垃圾回收机制自动进行内存管理，防止程序员在管理内存时产生错误。Java 语言还集成了异常处理机制，也可以确保程序不会崩溃。

(6) 安全性。Java 语言是一种网络语言，其特有的“沙漏”机制，使得网络和分布式环境下的 Java 程序不会充当攻击本地资源的病毒或者其他恶意传播者，确保了安全。

(7) 可移植性。Java 源文件编译后生成的类文件和平台无关，这使得 Java 程序不必重新编译就能在不同的平台上运行；同时，Java 语言对于不同平台采用了完全统一的语言特征；而且 Java 提供的类库，可以访问不同的基本操作系统。以上机制就保证了 Java 语言的“一次开发，处处运行”，开创了程序设计的新时代。

(8) 高性能。Java 开发工具采用了“实时编译”的技术，而且使用了 Sun 公司推出的“HotSpot”运行引擎技术，Java 程序的运行速度提高很快，甚至接近了 C/C++程序的运行速度。而且使用 Java 语言，可以大幅缩短程序开发周期。

(9) 多线程。Java 语言内建多线程机制，并提供了同步机制保证对共享资源的正确操作。

(10) 动态性。Java 语言的设计使它能适应不断发展的环境。在一个类中可以自由地加入新的方法和数据成员而不会影响原来使用类的程序的运行。此外，运行 Java 程序时，每个类文件只有在必要时才被装载。

Java 互联网参考资源如下：

Sun Developer Network：http://java.sun.com

Java World(a famous Java Technology community)：http://www.javaworld.com

IBM Java Technology Lib：http://www-128.ibm.com/developerworks/java

CSDN —— Java 技术频道：http://java.csdn.net

国内最大的 Java 技术社区之一：http://www.matrix.org.cn

15.1.4 Python

Python 是一种公共域的面向对象的动态语言，1990 年由 Guido van Rossum 开发，用 Monty Python 剧团的名字命名。作为一种描述语言和快速开发工具，Python 很快得到普及。

Python 是真正的免费软件，因为关于软件的拷贝或者发布任何用 Python 开发的应用程序没有规则限制。只要得到一份 Python 的拷贝，就等于得到了全部源代码、一个调试程序、一个代码浏览器和一套常用的 GUI 界面。Python 可以在包括 Linux 在内的任何操作系统平台上运行。

Python 已经变成目前使用的最流行的语言之一，它通常作为编译语言(如 C)和描述语言(如 Perl 和 Tcl/Tk)之间的一种中介语言。Python 是一种即译式的、互动的、面向对象的编程语言，它包含了模组式的操作、异常处理、动态资料形态、十分高层次的动态资料结构，以及类别的使用。Python 糅合了简单的语法和强大的功能，它的语法表达优美易读，具有很多优秀的特点：

(1) 它是开源软件运动的产物，有许多人为它编写了数量众多的模块和库，这些库的内容非常丰富，从图形图像到科学计算都有，这意味着我们不必去购买一些昂贵的专业库。

(2) Python 是一种被解释器包裹的语言，即它需要通过解释器来运行，而它的解释器是使用 C 语言编写而成的，这使得它可以运行在大部分的操作系统上。

(3) Python 是一种良好的黏合语言，它可以调用 C 和 Java 编写的库，可不是一般的脚本语言可以实行的功能。

(4) Python 的语法非常单纯，没有那些所谓的“灵活性”，事实上，越灵活的语法，带给我们的苦恼和麻烦越多，如果到达一个地方有 n 条道路，我们将不会欣喜若狂，而是会对不同道路所遇到的问题犯嘀咕。语法简单，对程序员其实是最实在的。

(5) Python 有丰富的内置数据类型，除了一般的数字、字符串以外，它还提供了注入复数、列表(list)、表列(tuple)、字典(dictionary)这些高级数据结构。除了数据类型，还有大量的操作函数，提供标准的字符串操作、数字操作、文件操作等功能。

(6) Python 的功能可以无限扩展，这种扩展是通过导入模块来完成的。模块就是一个个单个 py 文件，它使用 import 关键字被导入。模块是相当重要的，当我们打开解释器的时候，实际上是在运行一个模块“__main__”，这个模块自己有相当多的方法，它就表现为 Python 的内置方法，诸如 abs、open 等，同时我们也可以导入其他的模块，如 math、string 等，就可以完成一些高级任务了。

(7) Python 的可移植度非常高，它可以在许多的 UNIX 类平台上运行，在 Mac、MS-DOS、Windows、Windows NT、OS/2、BeOS 以至 RISC OS 上都有相关的 Python 版本。

Python 互联网参考资源如下：

Python Programming Language -- Official Website：http://www.python.org

Dive Into Python -- Python from novice to pro：http://www.diveintopython.org

Python 中国社区：http://python.cn

Python 技术手册：http://doc.chinahtml.com/Manual/Python/tut

15.1.5 Ruby

Ruby 是一种解释型的方便快捷的面向对象脚本语言，它是由日本的 Yukihiro Matsumoto(松本行弘)于 1993 年 2 月 24 日首次发布的。它从 Perl、Eiffel 那里吸收了很多特性, 使之很适合用来进行文本文件处理和进行系统管理任务，并且完全面向对象。它的语法简单明快，可扩展并且可以跨平台。

Ruby 是完全自由开放的，意思是我们不仅可以免费得到，而且可以自由地使用、复制、修改和分发它。

不得不承认 Ruby 确实是个精彩的语言，它完全学会了：Lisp 的所有编程都是函数的思想；smalltalk 的所有东西都是对象的思想；Perl 的一个目的多种手段的方法；Python 的简单化的“最少惊喜”的原则；Java 的多线程和安全控制的功能；Tcl 的容易扩展的功能；PHP 的嵌入功能和强大客户端的功能；最方便的 Shell 命令的调用。

Ruby 语言的主要特点如下：

(1) 纯的面向对象语言。在 Ruby 中，一切皆是对象，包括了基本数据类型。

(2) 解释型脚本语言。Ruby 语言是解释型脚本语言，它既有脚本语言强大的字符串处理能力和正则表达式，又不失解释型语言的动态性。一方面，在最初设计 Ruby 语言时，Ruby 的研发者松本行弘考虑到文字处理方面的需要，借鉴了 Perl 语言在文字处理方面的成功经验。另一方面，松本行弘将 Ruby 语言设定为一种解释型语言，Ruby 的动态性使得由 Ruby 语言编写的程序不需要事先编译即可直接运行，这为程序的调试带来了方便。同时，这一特点可以实现开发过程中的快速反馈。

(3) 其他特点：

① 动态载入。Ruby 语言可以在运行时重定义自己，类也可以在运行时继承或取消继承。

② 自动内存管理机制。

③ 多精度整数。

④ 迭代器和闭包。

⑤ 开源项目。有大量活跃的社区支持 Ruby 语言。

Ruby 互联网参考资源如下：

Ruby Programming Language：http://www.ruby-lang.org/en

面向对象脚本语言 Ruby 参考手册：http://rubycn.ce-lab.net/man/index.html

Ruby on Rails Framework：http://www.rubyonrails.org

Ruby on Rails 中文社区：http://www.railscn.com

15.1.6 Perl

Perl 是 Practical Extraction and Report Language 的缩写，它是由 Larry Wall 设计的，并由他不断更新和维护，用于在 UNIX 环境下编程。Perl 具有高级语言(如 C)的强大能力和灵活性。事实上，它的许多特性是从 C 语言中借用来的。

与脚本语言一样，Perl 不需要编译器和链接器来运行代码，而我们要做的只是写出程序并告诉 Perl 来运行而已。这意味着 Perl 对于小的编程问题的快速解决方案和为大型事件创建原型来测试潜在的解决方案是十分理想的。

Perl 的最大特点是有强大的字符串模式匹配，是最好的文本文件的读取和生成语言，亦是 UNIX 系统管理者的好帮手，因为它吸收了 awk、sed、grep 等工具的功能。Perl 具有很大的自由性，像英语一样有很大的随意性，在 Perl 里基本上无 Type Error 这回事，它的"Type"就是纯量和串行。Perl 有一个强大的数据库接口和其他各种接口。Perl 还有大量的程序库(CPAN)。

因为 Perl 较早出现，某些功能是后期加上去，所以显得不协调，例如它的面向对象功能就被视为不是真正的面向对象。Perl 有个很大的缺点是难读懂、维护困难，被认为不适合编写大程序，只适合一千行以下的程序。

Perl 互联网参考资源如下：

The Source for Perl -- Official Website：http://www.perl.com

The Perl Directory：http://www.perl.org

Comprehensive Perl Archive Network：http://www.cpan.org

中国 Perl 协会：http://www.perlchina.org

15.1.7 PHP

PHP 是专门写网页程序的语言，它的语法和 Perl 极为接近。PHP 可以嵌入 HTML，更容易编写服务器端程序，可以很自然地和 Web 服务器以及 mysql 数据库相结合。PHP 还可以动态生成图像。

PHP 简化了 Perl 语言，变成了一种简单友好的语言，免去了人们学习 Perl 的困难。PHP 倾向于所有的功能都用函数来解决，而不是用对象来解决，这有点像 C 和 C++之争。应该承认，函数在实现简单功能时是最有利的工具，它的语句量最少。

PHP 定位于以 HTML 为用户界面，充当各种服务器的客户端，实现地是传统客户端编程的任务。它有 POP、SMTP、FTP、多种数据库等各种服务器客户端的函数，也有图片、PDF 生成及 XML 处理等这种必要的功能。这些都是其他脚本比不上 PHP 的地方。

其他专门写网页程序的语言有 ASP、JSP 和 CGI，但它们都不及 PHP 强大。

PHP 互联网参考资源如下：

PHP Official Website：http://www.php.net

PHPChina 开源社区：http://www.phpchina.com

中国 PHP 联盟：http://www.phpx.com

Exceed PHP —— 超越 PHP：http://www.phpe.net

15.2　Linux 集成开发环境

15.2.1　KDevelop 简介

KDevelop 是基于 KDE 桌面环境的一个全能的开发环境，如图 15-1 所示。虽然 KDevelop 最初的设计是针对编写 QT 和 KDE 程序的，但由于其卓越的特性，用于开发一般的 C 及 C++程序，同样能提高效率。

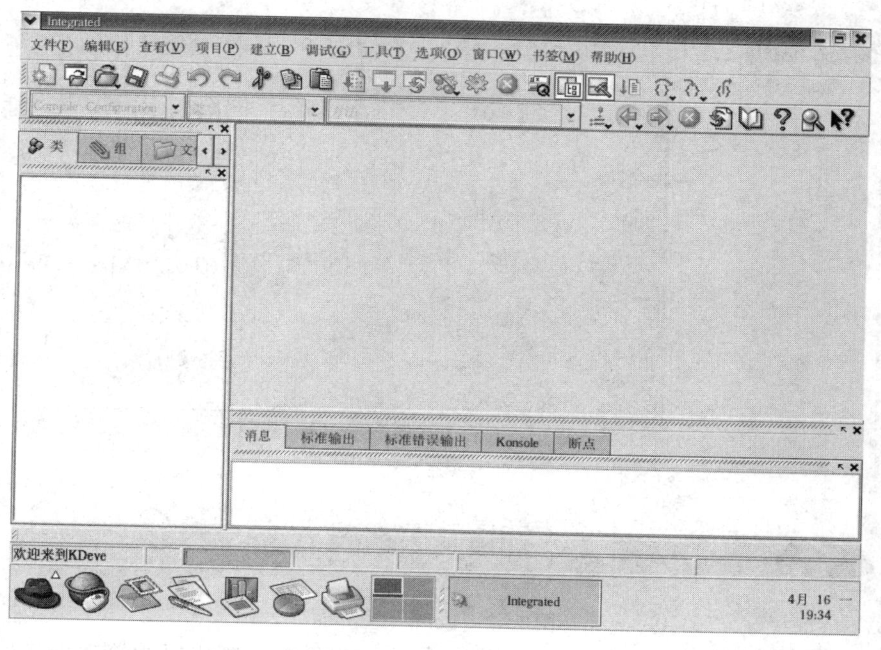

图 15-1　KDevelop 界面

KDevelop 集编辑、编译、调试等多种功能于一体，它具有程序员所需的许多特性，如：编程必备的编译器、连接器、automake 和 autoconf；功能完备的编程向导(KAppWizard)；高效易用的类生成器(ClassGenerator)和类浏览器(ClassViewer)；所见即所得的对话框编辑器等。除此而外，KDevelop 还内嵌了许多优秀的第三方工具软件，包括代码调试工具 KDbg；图标编辑工具 KIconEdit；图形绘制工具 KPaint 及国际化语言翻译工具 KTranslator 等。用 KDevelop 开发软件能自动生成 configure 脚本及 Makefile.in 文件，无需编写 Makefile；且开发出的软件符合国际化要求，翻译者可以很容易地将本地语言加入到项目中。

网站：http://www.kdevelop.org。

15.2.2　Eclipse 简介

Eclipse 是替代 IBM Visual Age for Java(以下简称 IVJ)的 IDE 开发环境，如图 15-2 所示，但它未来的目标不仅仅是成为专门开发 Java 程序的 IDE 环境，根据 Eclipse 的体系结构，通过开发插件，它能扩展到任何语言的开发，甚至能成为图片绘制的工具。目前，Eclipse 已经开始提供 C/C++开发的功能插件(CDT)。更难能可贵的是，Eclipse 是一个开放源代码的项目，任何人都可以下载 Eclipse 的源代码，并且在此基础上开发自己的功能插件。也就是说，未来只要有人需要，就会有建立在 Eclipse 之上的 COBOL、Perl、Python 等语言的开发插件出现。同时可以通过开发新的插件扩展现有插件的功能，比如在现有的 Java 开发环境中加入 Tomcat 服务器插件。可以无限扩展，而且有着统一的外观、操作和系统资源管理，这也正是 Eclipse 的潜力所在。

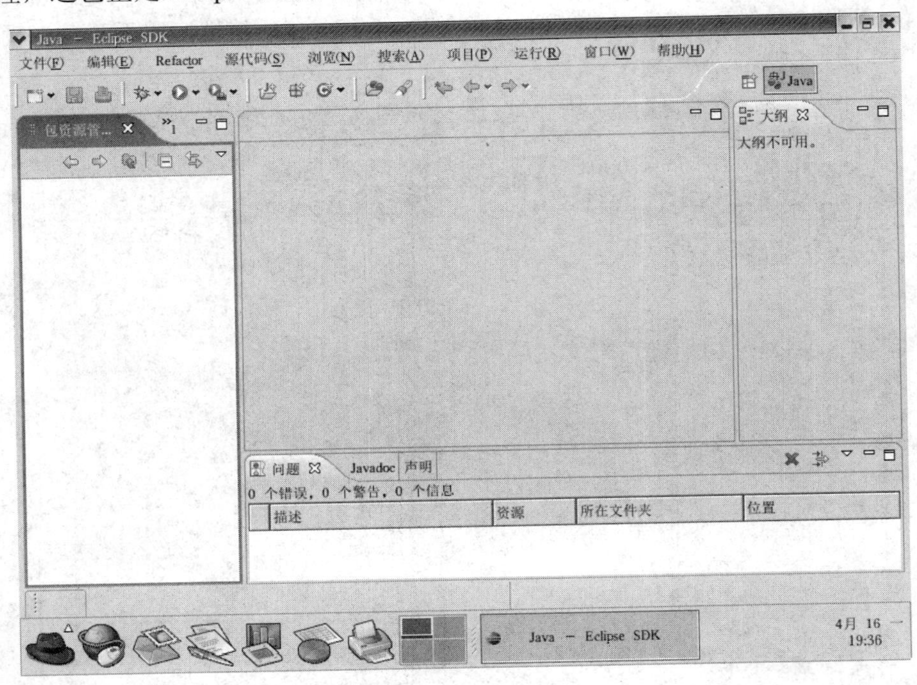

图 15-2 Eclipse 主界面

Eclipse 主要特性：很方便地对源文件进行导入和导出；源代码的管理更加随心所欲；支持团队开发；支持插件开发功能。

网站：http://www.eclipse.org。

15.2.3 Emacs 简介

Emacs，是 GNU 计划下的第一个产品，EMACS 为 Editor MACroS 的缩写。Richard Stallman 于 1975 年在 MIT 首次撰写 EMACS editor。

GNU Emacs 是由 C 语言与 LISP 语言写成的，任何人都可依据需要将个人所发展的函数(function)加入 GNU Emacs 上。当然，新发展的软件是不可以从事商业买卖的，只能将它无条件的奉献出来。新发展的函数可以直接在 Emacs 中使用，不需重新编译(complie)整个 Emacs，而且新增的函数也不会破坏 Emacs 原有的结构。就因为有此特性，Emacs 的函数可以与日俱增。愿与他人共享成果的使用者，可以通过电子邮件或电子公布栏，将函数的原始码公之于世。公布的函数，最后会经由 FSF 的审查，以决定是否要加入新版的 Emacs 中。

FSF 也鼓励使用者将所发现的错误，透过相同的管道，提供给 FSF 作为改进之用。GNU Emacs 就是在如此的运作下，靠大家共同的努力来提升品质，以达产品的稳定性的。

Emacs 不仅仅是一个编辑器，还是一个整合环境，或可称它为集成开发环境，如图 15-3 所示，这些功能如让使用者置身于全功能的操作系统中，在基于编辑器的功能基础上，Emacs 自行开发了一个“bourne-shell-like”的 Shell——EShell。Emacs 还可以收发电子邮件、通过 FTP/TRAMP 编辑远程档案、通过 Telnet 登录主机、上新闻组、登录 IRC 和朋友交流、撰写文章大纲、个人信息管理，还有就是支持多种编程语言的编辑、调试程序，结合 GDB，EDebug 等。支持 C/C++、Perl、Python、Lisp、Java 等。

网站：http://savannah.gnu.org/projects/emacs。

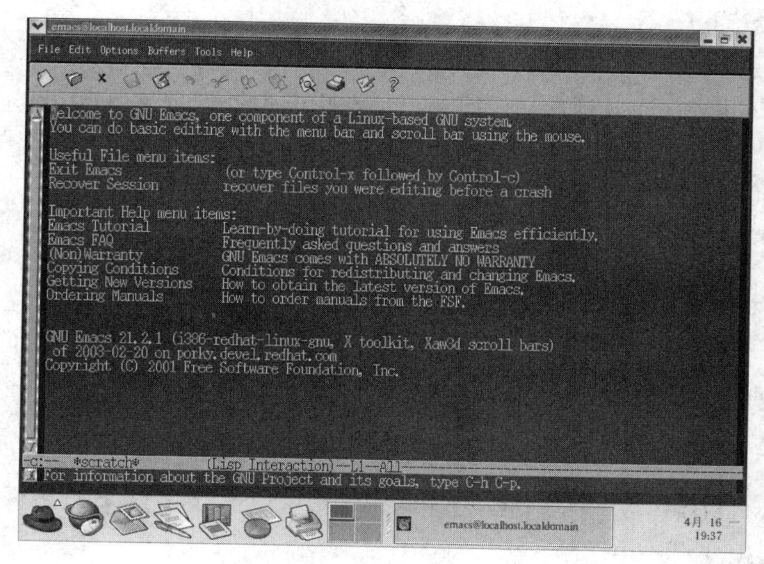

图 15-3　GNU Emacs 主界面

15.3　Linux 编程风格

15.3.1　GNU 风格

Linux 作为 GNU 家族的一员，上面的源代码数以万计，而在阅读这些源代码时我们会发现，不同的源代码的美观程度和编程风格都不尽一样，有些代码令人看起来赏心悦目，而其他有些程序员写的程序则让人看起来直皱眉头，写作干净美观的代码，不仅仅使得代码更容易阅读，还使得代码能够成为一件艺术品。而 GNU 编程风格流行于 Linux 世界，广泛应用于 Linux 下应用软件的编写。

(1) 函数开头的左花括号放到最左边，避免把任何其他的左花括号、左括号或者左方括号放到最左边。对于函数定义来说，把函数名的起始字符放到最左边也同样重要，因为这样可以快速寻找函数定义，并且有助于帮助某些工具识别它们。因此，正确的格式应该是：

```
static char *
```

```
concat (s1, s2)          /* Name starts in column zero here */
char *s1, *s2;
{                        /* Open brace in column zero here */
...
}
```

或者，如果希望使用标准C，则定义的格式是：

```
static char *
concat (char *s1, char *s2)
{
...
}
```

如果参数不能够被美观地放在一行中，则按照下面的方式把它们分开：

```
int
lots_of_args (int an_integer, long a_long, short a_short,
double a_double, float a_float)
...
```

对于函数体，我们希望它按照如下方式排版：

```
if (x < foo (y, z))
    haha = bar[4] + 5;
else
  {
    while (z)
      {
        haha += foo (z, z);
        z--;
      }
    return ++x + bar ();
  }
```

在左括号之前以及逗号之后添加空格将使程序更加容易阅读。尤其是在逗号之后添加空格。当我们把一个表达式分成多行的时候，在操作符之前而不是之后分割，如：

```
if (foo_this_is_long && bar > win (x, y, z)
      && remaining_condition)
```

(2) 尽力避免让两个不同优先级的操作符出现在相同的对齐方式中。例如，不要像下面那样写：

```
mode = (inmode[j] == VOIDmode
         || GET_MODE_SIZE (outmode[j]) > GET_MODE_SIZE (inmode[j])
         ? outmode[j] : inmode[j]);
```

应该附加额外的括号以使得文本缩进可以表示出这种嵌套：

```
mode = ((inmode[j] == VOIDmode
```

```
        || (GET_MODE_SIZE (outmode[j]) > GET_MODE_SIZE (inmode[j])))
        ? outmode[j] : inmode[j]);
```

(3) 按照如下方式排版 do-while 语句：

```
do
  {
    a = foo (a);
  }
while (a > 0);
```

(4) 每个程序都应该以一段简短的、说明其功能的注释开头。例如：

```
/*fmt - filter for simple filling of text*/
```

(5) 需为每个函数书写注释以说明函数做了些什么，需要哪些种类的参数，参数可能值的含义以及用途。如果按照常见的方式使用 C 语言类型，就没有必要逐字重写 C 参数声明的含义了。如果它使用了任何非标准的东西，或者是可能导致函数不能工作的任何可能的值(例如，不能保证正确处理一个包含了新行的字符串)，则需确认对它们进行了说明。如果存在重要的返回值，则也需要对其进行解释。

(6) 不要在跨越了行的声明中声明多个变量，在每一行中都以一个新的声明开头。例如，不应该有如下写法：

```
int     foo,
        bar;
```

而应该写为

```
int foo, bar;
```

或者：

```
int foo;
int bar;
```

如果它们是全局变量，则在它们之中的每一个之前都应该添加一条注释。

(7) 当在一个 if 语句中嵌套了另一个 if-else 语句，则总是要用花括号把 if-else 括起来。因此，不要写：

```
if (foo)
  if (bar)
    win ();
  else
    lose ();
```

而总是要写：

```
if (foo)
  {
    if (bar)
      win ();
    else
      lose ();
```

```
    }
```

如果在else语句中嵌套了一个if语句，即可以像下面那样写else if:

```
if (foo)
  ...
else if (bar)
  ...
```

按照与then那部分代码相同的缩进方式缩进else if的then部分代码，也可以在花括号中像下面那样把if嵌套起来：

```
if (foo)
  ...
else
  {
    if (bar)
      ...
  }
```

(8) 要在同一个声明中同时说明结构标识和变量或者结构标识和类型定义(typedef)。单独地说明结构标识，而后用它定义变量或者定义类型。

(9) 尽力避免在if的条件中进行赋值。例如，不要写：

```
if ((foo = (char *) malloc (sizeof *foo)) == 0)
  fatal ("virtual memory exhausted");
```

而要写：

```
foo = (char *) malloc (sizeof *foo);
if (foo == 0)
  fatal ("virtual memory exhausted");
```

(10) 需在名字中使用下划线以分隔单词，坚持使用小写；把大写字母留给宏和枚举常量，以及根据统一的惯例使用的前缀。例如，应该使用类似ignore_space_change_flag的名字，而不要使用类似iCantReadThis的名字。

(11) 应该在选项含义的说明之后标明一个变量是否属于该命令行选项，而不是在选项字符之后被说明。一条注释即应该说明选项的精确含义，还应该说明选项的字母。例如：

```
/* Ignore changes in horizontal whitespace (-b).    */
int ignore_space_change_flag;
```

15.3.2 Linux 内核风格

Linux内核的编程风格没有采用GNU风格，而是使用了K&R的标准。

(1) 缩进格式是8个字符，使得程序易读，还有一个附加的好处，就是它能在程序嵌套层数变得太多的时候给出警告，这个时候，就应该修改程序了。

(2) 将开始的大括号放在一行的最后，而将结束大括号放在一行的第一位，如下所示：

```
if(x == 1){
        …
}
```

命名函数时，开始的括号放在下一行的第一位，如下所示：

```
int function(int x)
{
        …
}
```

结束的括号在它所占的那一行是空的，除了它还可以跟随着同一条语句的继续符号。如 while 在 do-while 循环，或者 else 在 if 语句中，如下所示：

```
do{
…
}while(condition);
```

以及：

```
if(x == y){
…
} else if(x > y){
…
} else {
…
}
```

这种大括号的放置方法减小了空行的数量，但却没有减少可读性。于是，在屏幕大小受到限制的时候，就可以有更多的空行来写些注释了。

(3) C 是一种简洁的语言，那么命名也应该是简洁的，不应该使用诸如 TemporaryCounter 之类的命名方式，应该将之命名为“tmp”，这很容易书写，且并不是那么难以去理解的。

然而，当混合类型的名字不得不出现的时候，描述性名字对全局变量来说是必要的。调用一个名为“foo”全局的函数是很让人恼火的。全局变量(只有必须使用的时候才使用它)就像全局函数一样，需要描述性的命名方式。假如有一个函数用来计算活动用户的数量，则应该这样命名“count_active_users()”或另外的相近的形式，而不应命名为“cntusr()”。

局部变量的命名应该短小精悍。假如有一个随机的整数循环计数器，如果在没有任何可能使其被误解的情况下，将其写作“loop_counter”是效率低下的。同样的，“tmp”可以是任何临时数值的函数变量.。

(4) 函数应该短小而精悍。一个函数的最大长度和函数的复杂程度以及缩进大小成反比。如果已经写了简单但长度较长的函数，而且已经对不同的情况做了很多很小的事情，则写一个更长一点的函数也是无所谓的。

然而，假如要写一个很复杂的函数，而且已经估计到假如一般人读这个函数，他可能都不知道这个函数在说些什么，这个时候使用具有描述性名字的有帮助的函数。

(5) 注释是一件很好的事情，但是过多的注释也是危险的。不是花费大量的时间去解释那些糟糕的代码，而是应该将代码写得更好。

通常情况下，注释是说明代码做些什么，而不是怎么做的。而且，要试图避免将注释插在一个函数体里。假如这个函数确实很复杂，需要在其中有部分的注释，可以写些简短的注释来注明或警告那些我们自己认为特别聪明(或极其丑陋)的部分，但是必须要避免过多。取而代之的是，将注释写在函数前，告诉别人它做些什么事情和可能为什么要这样做。

如果感觉这些规则太过复杂，则可以使用 indent 来帮助我们，例如要把代码转换成GNU或Linux内核风格，可以分别在终端下使用如下命令：

```
[root@localhost root]#indent –gnu test.c
[root@localhost root]#indent –kr –i8 test.c
```

15.4 课后习题与实验

15.4.1 课后习题

1. 简述Linux下软件开发的特点。
2. 为什么在软件开发中需要良好的编程风格？

15.4.2 实验：了解Linux编程

1. 实验目的

了解Linux下编程。

2. 实验内容

选择自己熟悉的一门语言，学习关于这门语言在Linux环境下的使用(包括编辑器、编译器或者集成开发环境的使用，如何使用该门语言进行Linux下的软件开发等)。

3. 完成实验报告

4. 思考题

说明集成开发环境(IDE)与编辑器、编译器、连接器的区别。

第 16 章　Linux 语言环境

◇【本章学习目标】

Shell 是语言解释器，是系统中最重要的程序。本章通过大量的示例介绍 Shell 的基本概念和语法等知识，还详细介绍了 Linux 下 C/C++语言的编程等内容。通过对本章的学习，读者应该掌握以下主要内容：

⊙ Shell 的基本概念；

⊙ Shell 编程基础；

⊙ 使用 GNU 工具进行 C/C++语言编程。

16.1　Shell 编程

16.1.1　Shell 的基本概念

1. Shell 的概念

Shell 是一个命令语言解释器，它拥有自己内建的命令集，也能被系统中其他的应用程序所调用。用户在命令提示符下输入的命令都由 Shell 解释后传递给内核。Shell、用户、内核之间的关系如图 16-1 所示。

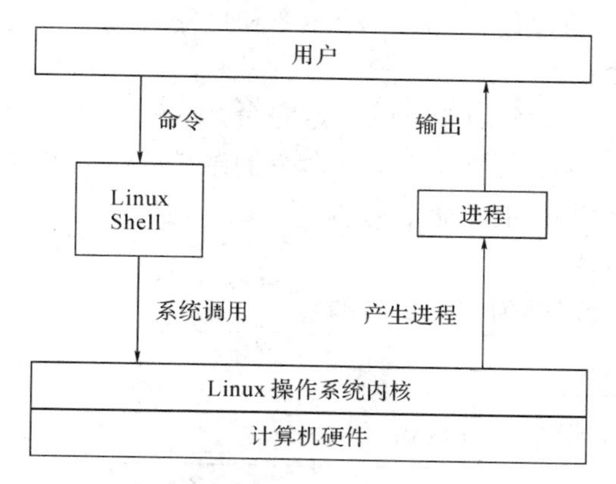

图 16-1　Shell、用户、内核之间的关系

有一些命令(比如 cd、exit 等)是包含在 Shell 内部的，还有一些命令(如 cp、mv 等)是存在于文件系统中的单独的程序(一般位于/bin 目录下)。对于用户而言，不需要关心这个命令是 Shell 内建的还是单独的程序。

Shell 接收到用户输入的命令后首先检查命令是否为内部的，若不是再检查是否是一个应用程序(这里的应用程序可以是 Linux 本身自带的，如 ls、cp 等，也可以是自由软件，如 emacs、eclipse，还可以是其他的商业软件)。然后，Shell 在搜索路径(系统变量 PATH 中定义的目录列表)里寻找这些应用程序。如果键入的命令不是一个内部命令，也没有包含在搜索路径里，则将会显示错误信息。如果能够成功找到命令，则该内部程序或应用程序将被分解为系统调用传递给 Linux 内核。

Shell 的另一个重要特性是其自身就是一个解释型程序设计语言。Shell 程序设计语言支持绝大多数在高级语言中能见到的程序元素，如函数、变量、数组、控制结构。Shell 编程语言简单易学，任何在提示符下能键入的命令都能放到一个执行的 Shell 程序中。

当普通用户成功登录系统后，系统将执行一个称为 Shell 的程序。正是 Shell 进程提供了命令行提示符。作为默认值，对普通用户用“$”作提示符，对超级用户用“#”作提示符。一旦出现了这样的提示符，就可以键入命令及所需的参数。

2. Shell 的种类

Linux 中的 Shell 有多个版本。Bourne Shell(sh)是 UNIX 最初始的 Shell，并且在每种 UNIX 上都可以使用。Bourne Shell 在 Shell 编程方面相当优秀，但在处理与用户交互方面做得不好。Bourne Again Shell(bash)是 sh 的扩展，与 sh 完全兼容，并且增加了许多特性，有灵活和强大的编程接口，同时又有很友好的用户界面。C Shell(csh)是一种比 sh 更适于编程的 Shell，它的语法和 C 语言相似，但是并不和 sh 兼容。Korn Shell(ksh)集合了 csh 和 sh 的优点并且与 sh 完全兼容。

Bash 是大多数 Linux 系统的默认 Shell。Bash 有以下优点：

(1) 补全命令。使用“Tab”键，Bash 将自动补全程序名或文件名。

(2) 通配符。在 Bash 下可以使用“*”(代替多个字符)和“?”(代替一个字符)。

(3) 历史命令。Bash 能自动跟踪用户输入的命令，并保存在缓冲区中，用户可以使用“history”和“fc”命令执行与编辑历史命令列表。

(4) 别名。在 Bash 下可以用“alias”给命令和程序起别名，创建自己习惯的方式。清除别名可用“unalias”命令。

(5) 输入/输出重定向。这个功能可以重定向命令的输入和改变命令结果的输出。一般来说，输出重定向更为常用，它经常用于将命令的结果输入到文件中，而不是屏幕上。输入重定向命令为“<”，输出重定向命令为“>”或“>>”。

〖示例 16.1〗 输出重定向。

将 ls 命令的输出结果保存为 dir.out 文件：

```
[root@localhost root]#ls > dir.out
```

将 ls 命令的输出结果追加到 dir.out 文件中：

```
[root@localhost root]#ls >> dir.out
```

(6) 管道。这个功能用于将一系列命令连接起来，也就是把前面命令的输出作为后面命令的输入。管道的命令符是“|”。

〖示例 16.2〗将 txt.out 文件内容输出给 grep 命令，查找出单词“test”，输出包含该单词的行给 wc 命令，统计行数。

假设 txt.out 文件内容如图 16-2 所示。

```
This is a test.
We are now having a test.
The test has been finished.
Bye-bye!
```

图 16-2　txt.out 文件内容

```
[root@localhost root]#cat txt.out | grep "test" | wc -l
```

管道命令输出应该为“3”。

(7) 提示符。Bash 有两级提示符，可以通过修改系统变量 PS1 和 PS2 来改变。

(8) 作用控制。Bash 可以在一个作业的执行过程中控制执行的状态。比如挂起正在执行的进程，或恢复该进程。按下 Ctrl + Z 键可以挂起正在执行的进程，用“bg”命令恢复进程到后台，用“fg”命令恢复到前台。

3. 创建和执行 Shell 脚本

Shell 脚本是指使用 Shell 提供的语法所编写的脚本。如果经常用到相同执行顺序的操作命令，便可以将这些命令写成脚本文件，以后只要运行该脚本就可以了。Shell 脚本的基本格式如图 16-3 所示。

```
#!/bin/bash
echo "Date and time is `date`"
#end
```

图 16-3　Shell 脚本的基本格式

说明：

(1) 文件以“#”开头的行是注释行，在执行时会被忽略。特别是其中的第一行“#!/bin/bash”用来指定脚本以 bash 执行。如果脚本的第一个非空白字符不是“#”，则使用 sh 执行；如果第一个非空白字符是“#”但不是“#!”，则使用 csh 执行；如果脚本以“#!”开头，则后面所跟的字符串就是所要使用的 Shell 的绝对路径名。

(2) echo 命令用来显示信息，反引号``用于命令置换，也就是将反引号中的字符串作为命令执行，并输出其结果。

在执行脚本前，必须确定它是可执行的。chmod 可以用来对一个脚本文件添加可执行属性。

〖示例 16.3〗　将用户自己的权限设置为可执行：

```
[root@localhost root]#chmod u+x showdate
```

将用户及所在组的权限设置为可执行：

```
[root@localhost root]#chmod u+x,g+x showdate
```

将所有人的权限设置为可执行：

```
[root@localhost root]#chmod a+x showdate
```

现在可以运行脚本了。在Bash环境下，可以键入“./”+脚本文件名或者键入“bash”+脚本文件名来执行。这时，Shell就会接管该文件，查看文件确定可执行的类型，查看文件的第一行以便找到相应的Shell来执行脚本。

16.1.2 Shell语法

1. Shell变量

所谓变量，就是可存放数据的标识符。例如，x=10，x是个变量名，而10则为存放的数据。在Bash中，给变量赋值的方法即为在变量名后紧跟着等号和变量值。注意，等号的两边不能有空格，使用变量之前也无需事先定义。为了读取变量的值，需要使用“$”符号。例如，将变量a的值输出到屏幕上：

```
echo $a
```

除了自定义变量外，还有一些系统默认的特殊变量，这些变量也常常应用到脚本中，如表16-1所示。

表16-1 系统常用的变量

变量	功 能
HOME	用户的主目录
PATH	执行命令时所搜索的目录
TZ	时区
MAILCHECK	检查新邮件的时间间隔
PS1	Shell命令行的一级提示符
PS2	Shell命令行的二级提示符
MANPATH	Man指令的搜索路径
TERM	终端的类型

除了系统的常用变量外，还有一些变量是执行Shell程序时系统设置好的，并且不能加以修改，这些变量也是相当有用的，如表16-2所示。

表16-2 Shell程序执行时的变量

变量	功 能
#	存储Shell程序中命令行参数的个数
?	存储上一个执行命令的返回值
0	存储Shell程序的程序名
*	存储Shell程序的所有参数
@	存储所有命令行输入的参数
$	存储Shell程序的PID
!	存储上一个后台执行命令的PID

2. 数值运算

如果需要处理数值运算，则可以使用“expr”命令，即在该命令后加上需要进行运算的表达式，该表达式由字符串及运算符组成，每个字符串或运算符间必须用空格隔开。

〖示例 16.4〗 用 Shell 编程计算 2*(3+4)的值。程序源代码如下：

```
#!/bin/bash
sum=`expr 2 \* \( 3 + 4 \)`
echo "The sum is $sum"
#end
```

说明：当表达式中含有“*”、“(“、”)”等非字母或数字符号时，必须在其前加上“\”，以免被 Shell 解释成其他意义。

3. 测试命令

在 Bash 中，命令“test”用于计算一个条件表达式的值。它们经常在条件语句和循环语句中被用来判断某些条件是否满足。

“test”命令的语法格式：

test expression

或者

[expression]

在“test”命令中，可以使用很多 Shell 的内部操作符，这些操作符介绍如下：

(1) 字符串操作符，用于计算字符串表达式：

- str1 = str2，当 str1 与 str2 相同时，返回 True。
- str1 != str2，当 str1 与 str2 不同时，返回 True。
- str，当 str 不是空字符时，返回 True。
- -n str，当 str 的长度大于 0 时，返回 True
- -z str，当 str 的长度是 0 时，返回 True。

〖示例 16.5〗测试字符串 ABC 是否等于字符串 abc。

```
[root@localhost root]#[ ABC = abc ]
[root@localhost root]#echo $?
```

显示结果为“1”，其值为假。

(2) 整数操作符具有和字符操作符类似的功能，只是它们的操作是针对整数的。

- int1 -eq int2，当 int1 等于 int2 时，返回 True。
- int1 -ge int2，当 int1 大于或等于 int2 时，返回 True。
- int1 -le int2，当 int1 小于或等于 int2 时，返回 True。
- int1 -gt int2，当 int1 大于 int2 时，返回 True。
- int1 -ne int2，当 int1 不等于 int2 时，返回 True。

〖示例 16.6〗 测试整数 100 是否小于或等于 120。

```
[root@localhost root]#[ 100 -le 120 ]
[root@localhost root]#echo $?
```

显示结果为“0”，其值为真。

(3) 文件操作符用于检查文件是否存在、文件所属类型等：

- -d file，当 file 是一个目录时，返回 True。
- -f file，当 file 是一个普通文件时，返回 True。
- -r file，当 file 是一个只读文件时，返回 True。
- -s file，当 file 文件长度大于 0 时，返回 True。
- -w file，当 file 是一个可写文件时，返回 True。
- -x file，当 file 是一个可执行文件时，返回 True。

〖示例 16.7〗 判断用户对目录/etc 有写的权限。

```
[root@localhost root]#[ -w /etc ]
[root@localhost root]#echo $?
```

显示结果为“0”。

(4) 逻辑操作符用于修饰/连接包含整数、字符串、文件操作符的表达。

- !expr，当 expr 的值是 False 时，返回 True。
- expr1 -a expr2，当 expr1、expr2 值同为 True 时，返回 True。
- expr1 -o expr2，当 expr1、expr2 的值至少有一个为 True 时，返回 True。

〖示例 16.8〗 判断 file1 存在且具有可写的权限。

```
[root@localhost root]#[ -f file1 -a -w file1 ]
```

4. 条件结构

1) if 语句

if 语句可根据表达式的值是真或假来决定要执行的程序段落，其语法如下：

```
if expression_1                  //若 expression_1 为真
then
commands                         //则执行这些命令
elif expression_2                //否则若 expression_2 为真
then
        commands                 //则执行这些命令
else                             //若以上表达式均不成立
        commands                 //则执行这些命令
fi                               //结束 if 语句
```

fi 是 if 语句的结束符号，必须与 if 成对出现，而 elif 及 else 子句可有可无。elif 是 else if 的缩写，当 if 的表达式不成立时，才会接着测试 elif 表达式。如果 if 及 elif 的测试条件都不成立，则最后才会执行 else 子句内的命令。一个 if 语句可以包含多个 elif 子句，但只能包含一个 else 子句。

〖示例 16.9〗 显示当前目录内是否存在 file1 文件。

```
#!/bin/bash
```

```
if [ -f file1 ]
then
    echo "There's file1 in current directory."
else
    echo "There's no file1 in current directory."
fi
#end
```

〖示例 16.10〗 让用户判断 1+1=2。

```
#!/bin/bash
Echo-n "1+1=2?"          //-n 表示不换行
read answer     //从键盘读入变量值
if [ $answer = y ]
then
    echo "The answer is right."
elif [ $answer = n ]
then
    echo "The answer is wrong."
else
    echo "bad input!"
fi
#end
```

2) case 语句

case 语句用来从很多测试条件中选择符合的条件执行，其语法如下：

```
case string in              //测试 string 字符串
str1)                       //若 str1 符合
commands;;                  //执行这些命令
str2)
commands;;
*)                          //若 str1 与 str2 均不符合
commands;                   //执行这些命令
esac                        //结束 case 语句
```

case 语句适用于字符串的比较，测试条件可以使用通配符。双分号(;;)为测试条件的结束。在每个测试条件成立后，一直到双分号之前的命令都会被 Shell 执行。使用通配符时，不要在字符串左右加双引号。由于所有字符串都可与通配符“*”匹配，所以“*”之后的命令可以看作 case 语句的默认执行命令。

〖示例 16.11〗 用 case 语句建立一个菜单，这也是 case 最常见的应用。

```
#!/bin/bash
```

```
echo "-----------"
echo "1 Restore"
echo "2 Backup"
echo "3 Upload"
echo                                   //显示菜单
echo -n "Enter Choice:"
read CHOICE;                           //读取键盘输入
case "$CHOICE" in
1|R)
echo "1 Restore";;
2|B)
echo "2 Backup";;
3|U)
echo "3 Upload";;
*)
echo "sorry $CHOICE is not a valid choice!"
exit 1                                 //退出程序
easc
#end
```

5. 循环结构

1) for 语句

for 语句有两种语法。

第一种：

```
for var in list        //对 list 中的每一个元素
do
commands               //执行这些操作
done                   //循环结束
```

在使用此形式时，对 list 中的每一项，for 语句都执行一次。list 可以是包含几个单词并且有空格分隔开的变量，也可以是直接输入的几个值。每执行一次循环，var 都被赋予 list 中的当前值，直到最后一个为止。for 语句的 in 子句和 case 子句相同，都可以使用通配符。

第二种：

```
for var
do
commands          //对每一个命令行参数执行这些操作
done
```

使用这种形式时，Shell 程序假定 var 包含 Shell 程序在命令行的所有位置的参数，对 var 中的每一项，for 语句都执行一次。

〖示例 16.12〗 显示当前目录下所有文本文件(*.txt)的名称及内容。

```
#!/bin/bash
for file in *.txt                    //对目录下的每个文件
do
echo "------------------------------------------"
echo $file                           //显示文件名
echo "------------------------------------------"
cat $file                            //显示文件内容
done
#end
```

〖示例 16.13〗 求直接输入的数值之和。

```
#!/bin/bash
sum=0
for p in 1 2 3 4 5 6
do
sum=`expr $sum + $p`
done
echo "the total is $sum"
#end
```

2) while 与 until 语句

while 与 until 的语法结构和用途类似。While 语句在测试条件为真时循环执行，语法如下：

```
while expression
do
commands
done
```

until 语句会在测试条件为假时循环执行，语法如下：

```
until expression
do
commands
done
```

〖示例 16.14〗 计算 1-5 的平方。

```
#!/bin/bash
int=1
while [ $int -le 5 ]
do
sq=`expr $int \* $int`
```

```
echo $sq
int=`expr $int + 1`
done
echo "finished"
#end
```

3) shift 语句

shift 命令用来将命令行参数左移。假设当前的命令行有三个参数，分别是$1=-r、$2=file1、$3=file2，则在执行 shift 命令后，其值就变成$1=file1、$2=file2。shift 命令也可以指定参数左移的位数，命令"shift 2"将使命令行参数左移 2 个位置。shift 命令常与 while 语句或 until 语句一起使用。

〖示例 16.15〗 将一个文件中的英文字母全部转换为大写字母。

```
#!/bin/bash
while ["$1" ]
do
    if ["$1" = "-i" ]                    //如果是选项"i"
    then
        infile="$2"                      //则指定输入文件名
        shift 2
    elif ["$1" = "-o" ]                  //如果是选项"o"
    then
        outfile="$2"                     //则指定输出文件名
        shift 2
    else
        echo "Program $0 doesn't recognize option $1"
    fi
done
tr a-z A-Z < $infile > $outfile          //转换为大写字母
#end
```

tr 命令用于将第一个参数所设置的范围对应到第二个参数所设置的范围。

将上面的程序存为 upcase 并设置为可执行权限，下面是执行结果：

```
[root@localhost root]#cat a.txt
I love linux.
[root@localhost root]#./upcase -i a.txt -o z.txt
[root@localhost root]#cat z.txt
I LOVE LINUX.
```

4) break 和 continue 语句

在 Shell 的 for、while、until 循环语句中也可以使用如 C 语言的 break 和 continue 语句

以跳离当前循环。break 语句用于中断循环的执行，将程序流程转移至循环外，而 continue 语句则忽略之后的命令，将程序流程转移至循环开始处。

break 和 continue 语句后都可以加上数字，表示要跳出的循环数目。若指定的数字大于最大的循环层数，就跳至最外层循环执行；若只跳离一层，则数字可以省略。

6. 函数的定义和使用

Shell 的脚本也有函数的功能。当脚本变得很大时，可以将脚本文件中常用的程序写成函数的形式，这样可以使脚本更容易维护，同时结构更加严谨。定义函数的语法如下：

```
fname()
{
    commands
}
```

函数的使用方法与外部命令一样，只要直接使用函数名就可以了。在使用函数时，一样可以传入参数。函数处理参数的方式与脚本文件处理命令行参数的方法是一样的。在函数中，$1 是指传入函数的第一个参数，$2 是指传入函数的第二个参数。同时也可以使用 shift 命令来移动函数的参数。

〖示例 16.16〗 显示命令行输入的多个数值中的最大值，将文件存入 maxvalue。

```
#!/bin/bash
max()
{
        while [ $1 ]
        do
                if [ $maxvalue ]
                then
                        if [ $1-gt $maxvalue ]
                        then
                                maxvalue=$1
                        fi
                else
                        maxvalue=$1
                fi
                shift
        done
return $maxvalue
}

max $@
echo "Max Value is $maxvalue"
#end
```

示例执行结果：

```
[root@localhost root]#./maxvalue 100 120 30 50 90 150
Max Value is 150
```

16.1.3 Shell 编程示例

〖示例 16.17〗 显示压缩文件的内容。

```
#!/bin/bash
Echo-n "Displaying contents of $1"
if [ ${1##*.} = tar ]
then
        echo "(uncompressed tar)"
        tar tvf $1
elif [ ${1##*.} = gz ]
then
        echo "(gzip-compressed tar)"
        tar tzvf $1
elif [ ${1##*.} = bz2 ]
then
        echo "(bzip2-compressed tar)"
        cat $1 | bzip2-d | tar tvf -
fi
#end
```

〖示例 16.18〗 在指定文件中查找特定单词。

```
#!/bin/bash
if test $ # -ne 2
then
        echo "Invalid argument! "
else
        filename = $1
        word = $2
        if grep $word $filename > /tmp/temp
        then
                echo "The word was found!"
        else
                echo "The word was not found!"
        fi
fi
```

```
#end
```

〖示例 16.19〗 查找用户是否登录，若已登录，输出该用户的信息。

```
#!/bin/bash
echo "Type in the user name."
read user
if
        grep $user /etc/passwd > /tmp/null
        who | grep $user
then
        echo "$user has logged in the system."
        cat /tmp/null
else
        echo "$user has not logged in the system."
fi
#end
```

16.2 C/C++ 语言编程

16.2.1 GCC

1. GCC 简介

通常所说的 GCC 是 GNU Compiler Collection 的简称，有时也叫 GNU CC。除了编译程序之外，它还含其他相关工具，所以它能把易于人类使用的高级语言编写的源代码构建成计算机能够直接执行的二进制代码。GCC 是 Linux 平台下最常用的编译程序，它是 Linux 平台编译器的事实标准。同时，在 Linux 平台下的嵌入式开发领域，GCC 也是用得最普遍的一种编译器。GCC 之所以被广泛采用，是因为它能支持各种不同的目标体系结构。例如，它既支持基于宿主的开发(简单来讲，就是要为某平台编译程序，就在该平台上编译)，也支持交叉编译(即在 A 平台上编译的程序是供平台 B 使用的)。目前，GCC 支持的体系结构有四十余种，常见的有 X86 系列、ARM、PowerPC 等。同时，GCC 还能运行在不同的操作系统上，如 Linux、Solaris、Windows 等。除了上面讲的之外，GCC 除了支持 C 语言外，还支持多种其他语言，如 C++、Ada、Java、Objective-C、FORTRAN、Pascal 等。

对于 C 语言，GCC 中的编译器是 GCC，而对于 C++，GCC 中的编译器是 GCC 和 G++。GCC 虽然同时支持 C 和 C++ 语言，但是和 C 语言不同的是，GCC 需要参数才能编译 C++ 源文件。所以一般我们使用 G++ 来编译 C++ 源文件，G++ 的使用方法和 GCC 几乎完全相同，可以看作是 C++版的 GCC。

2. 程序的编译过程

对于 GNU 编译器来说，程序的编译要经历预处理、编译、汇编、连接四个阶段，如

图 16-4 所示。

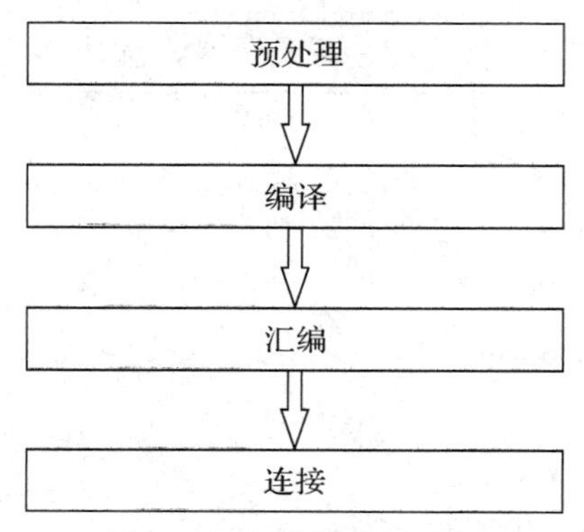

图 16-4 程序的编译过程

从功能上分，预处理、编译、汇编是三个不同的阶段，但在实际操作中，可以把这三个步骤合并为一个步骤来执行。下面我们以 C 语言为例来介绍不同阶段的输入和输出情况。

在预处理阶段，输入的是 C 语言的源文件，通常为*.c。它们通常带有.h 之类头文件的包含文件。这个阶段主要处理源文件中的#ifdef、 #include 和#define 命令。该阶段会生成一个中间文件*.i，但实际工作中通常不用专门生成这种文件，因为基本上用不到；若非要生成这种文件，则可以使用下面的示例命令：

[root@localhost root]#gcc -E test.c -o test.i

在编译阶段，输入的是中间文件*.i，编译后生成汇编语言文件*.s 。这个阶段对应的 GCC 命令如下：

[root@localhost root]#gcc -S test.i -o test.s

在汇编阶段，将输入的汇编文件 *.s 转换成机器语言 *.o。这个阶段对应的 gcc 命令如下：

[root@localhost root]#gcc -c test.s -o test.o

最后，在连接阶段将输入的机器代码文件*.s(与其他机器代码文件和库文件)汇集成一个可执行的二进制代码文件。这一步骤可以利用下面的示例命令完成：

[root@localhost root]#gcc test.o -o test

3. GCC 的常用模式

这里介绍 GCC 常用的两种模式：编译模式和编译连接模式。下面以一个例子来说明各种模式的使用方法。为简单起见，假设全部的源代码都在一个文件 test.c 中，要想把这个源文件直接编译成可执行程序，可以使用以下命令：

[root@localhost root]#gcc test.c

这里 test.c 是源文件，生成的可执行代码存放在一个名为 a.out 的文件中(该文件是机器代码并且可执行)。

说明：在使用 GCC 编译成可执行文件时，若没有指定可执行文件的文件名，则 GCC 默认使用“a.out”作为输出文件名。

若需要指定可执行文件名，则可以使用以下命令：

[root@localhost root]#gcc test.c-o test

-o 是生成可执行文件的输出选项，执行后的可执行文件名就为“test”。如果我们只想让源文件生成目标文件(该文件虽然也是机器代码但不可执行)，则可以使用标记-c，详细命令如下：

[root@localhost root]#gcc -c test.c

默认情况下，生成的目标文件被命名为 test.o。我们也可以为输出文件指定名称：

[root@localhost root]#gcc -c test.c-o mytest.o

上面这条命令将编译后的目标文件命名为 mytest.o，而不是默认的 test.o。迄今为止，我们谈论的程序仅涉及一个源文件，而在现实中，一个程序的源代码通常包含在多个源文件之中，用 GCC 处理起来也并不复杂。例如：

[root@localhost root]#gcc -o test first.c second.c third.c

需要注意的是，生成可执行程序时，一个程序无论有一个源文件还是多个源文件，所有被编译和连接的源文件中必须有且仅有一个 main 函数，因为 main 函数是该程序的入口点(换句话说，当系统调用该程序时，首先将控制权授予程序的 main 函数)。但如果仅仅把源文件编译成目标文件，则因为不会进行连接，所以 main 函数不是必需的。

4. GCC 常用选项

许多情况下，头文件和源文件会单独存放在不同的目录中。例如，假设存放源文件的子目录名为./src，而包含文件则放在层次的其他目录下，如./inc。当我们在./src 目录下进行编译工作时，如何告诉 GCC 到哪里找头文件呢？方法如下：

[root@localhost root]#gcc test.c-I../inc -o test

上面的命令告诉 GCC 包含文件存放在./inc 目录下，在当前目录的上一级。如果在编译时需要的包含文件存放在多个目录下，则可以使用多个-I 来指定各个目录：

[root@localhost root]#gcc test.c-I../inc-I../../inc2 -o test

这里指出了另一个包含子目录 inc2，较之前目录它还要再上两级才能找到。

另外，我们还可以在编译命令行中定义符号常量。为此，我们简单地在命令行中使用-D 选项即可：

[root@localhost root]#gcc-DTEST_CONFIGURATION test.c -o test

上面的命令与在源文件中加入下列命令是等效的：

#define TEST_CONFIGURATION

在编译命令行中定义符号常量的好处是：不必修改源文件就能改变由符号常量控制的行为。

5. 编译 C++

在 GNU CC 中，编译 C++ 有两个工具：GCC 和 G++。使用 GCC 来编译 C++可使用以下命令(以 test.cpp 为例)：

[root@localhost root]#gcc-lstdc++ test.cpp-o test

在使用 GCC 时，需要传递一个使用 C++库文件的参数给 GCC，用来指明 GCC 编译的对象是一个 C++ 源文件，而不是 C 语言的源文件。当然，每次都使用这样一个固定参数来编译 C++ 源文件比较麻烦，这时，G++就应运而生了。G++ 的使用格式和 GCC 相同：

[root@localhost root]#g++ test.cpp-o test

16.2.2 GNU make

1. GNU make 简介

在编写小型的 Linux 应用程序时，一般情况下只会有少数几个源文件。这样程序员能够很容易地理清它们之间的包含和引用关系。但随着软件项目逐渐变大，对源文件的处理也将变得越来越复杂。此时单纯依赖手工方式进行管理的做法就显得有些力不从心了。为此，Linux 专门为软件开发提供了一个自动化管理工具 GNU make。通过它，程序员可以很方便地管理软件编译的内容、方式和时机，从而使程序员能够把主要精力集中在代码的编写上。

make 将整个软件项目的代码分开放在几个小的源文件里，在改动其中一个文件的时候，可以只对该文件重新进行编译，然后重新连接所有的目标文件。对于那些由许多源文件组成的大型软件项目来说，全部重新进行编译需要花费很长的时间，而采用这种项目管理方法则可以极大地提高工作效率，让原本复杂繁琐的开发工作变简单。

2. Makefile

程序员通过定义构建规则来控制代码的创建过程。这些规则通常定义在一个名为 Makefile 的文件中。Makefile 被用来告诉 make 编译哪些文件、怎样编译和何时编译。Makefile 中的每条规则事实上都包含如下一些内容：

- 目标(target)是 make 最终需要创建的对象；
- 依赖(dependency)通常是一个列表，指明编译目标时需要用到的其他文件；
- 命令(command)也是一个列表，指明从依赖文件创建出目标对象所需要执行的命令。

虽然 Makefile 中的目标通常都是可执行程序，但事实上可以是诸如文本文件和 HTML 页面等任何内容，甚至能够用来测试或设置环境变量。Makefile 中的命令则不仅可以是编译命令，还可以是任何 Shell 命令。

先来看一个示例。假设整个软件项目是由 control.c、io.c 和 main.c 三个源文件所构成的，编写的 Makefile 文件内容如图 16-5 所示。

```
all : program
program : control.o ui.o main.o
        gcc -o program control.o ui.o main.o
control.o : control.c
        gcc -Wall -c -o control.o control.c
ui.o : ui.c
        gcc -Wall -c -o ui.o ui.c
main.o : main.c
        gcc -Wall -c -o main.o main.c
clean :
        rm -f program *.o
```

图 16-5 示例的 Makefile 文件内容

在将上述 Makefile 文件与源文件保存到同一目录之后，就可以在命令行中输入“make”命令来编译整个项目了。make 在执行过程中，首先会查找到 Makefile 文件第一条规则中的目标，即上述文件中的 all。根据设定好的规则，该目标需要依赖于 program。由于 all 并不是一个已经存在的文件，所以每次在 make 被调用的时候，显然都需要先检查 program。继续往下不难发现，program 目标是依赖于 control.o、ui.o 和 main.o 的。这就意味着如果其中任何一个比生成的可执行文件要新，那么就需要重新构建可执行文件 program，否则就没有必要执行这一步了。

在 Makefile 文件的其余部分，为每一个中间生成的目标文件都专门定义了一条规则，用来指明创建过程中它们与 C 源文件的依赖性。也就是说，如果一个特定的 C 源文件被更新了，那么与之对应的目标文件也必须重新生成。下面是 make 在构建项目过程中的输出结果，如图 16-6 所示。

```
#make
gcc -Wall -c -o control.o control.c
gcc -Wall -c -o ui.o ui.c
gcc -Wall -c -o main.o main.c
gcc -o program control.o ui.o main.o
```

图 16-6　构建项目过程中 make 的输出

不难看出，首先是 C 源文件被编译成目标文件，然后才是目标文件被连接成最终的可执行文件。由于相互间依赖关系的制约，这些步骤会被有条不紊地依次执行。最终可执行文件要求目标文件都被更新过，而每个目标文件则要求 C 源文件被更新过。如果此时重新执行“make”命令，则会出现下面的结果，原因是程序已经被编译过了，并且没有做过任何改动，所以就没有再编译的必要了。

如果只是改变了其中的部分文件，那么 make 会自动检测出需要对哪些源文件重新进行编译，并连接成最后的可执行文件。用户可以参考下面的过程：当 make 检测到 main.o 目标时，发现 main.c 文件已经被更新，于是 main.o 文件必须被重新编译，相应地 program 需要被重新连接。make 的魅力就在于能够自动进行条件检测，并采取适当的行动。它永远也不会去编译那些没有改动过的源文件，因此大大节省了在开发大型软件项目时所浪费在编译上的时间。

3. 变量

为了简化 Makefile 的编写，make 引入了变量。变量实际上是为文本串在 Makefile 中定义一个便于记忆的名称。变量的定义和应用与 Linux 的环境变量一样，变量名大写，变量一旦定义之后，就可以通过将变量名用圆括号包起来，并在前面加上“$”符号来进行引用。

变量一般都在 Makefile 的头部定义。如果变量的值发生了改变，很显然只需在一个地方进行修改就可以了，从而大大简化了 Makefile 的维护。下面是将前面用到的 Makefile 利用变量进行改写后的结果，如图 16-7 所示。

```
OBJS = control.o ui.o main.o
CC = GCC
```

```
CFLAGS = -Wall
all : program
program : $(OBJS)
        $(CC) $(OBJS) -o program
control.o : control.c
        $(CC) $(CFLAGS) -c -o control.o control.c
ui.o : ui.c
        $(CC) $(CFLAGS) -c -o ui.o ui.c
main.o : main.c
        $(CC) $(CFLAGS) -c -o main.o main.c
clean :
    rm -f program $(OBJS)
```

图 16-7 利用变量改写 makefile 的结果

make 将其使用的变量细分为两类：递归展开变量和简单展开变量。递归展开变量在被引用时会逐层展开，即如果在展开式中包含了对其他变量的引用，则这些变量也会被展开，直到没有需要被展开的变量为止。假设变量 TOPDIR 和 SUBDIR 的定义如图 16-8 所示。

```
TOPDIR = /home/nick
SUBDIR = $(TOPDIR)/project
```

图 16-8 定义变量 TOPDIR 和 SUBDIR

此时变量 SUBDIR 的值在解析时会被正确地展开为/home/nick/project，但对于如图 16-9 所示的定义，很清楚，希望得到的结果是/home/nick/project/src，但实际并非如此。SUBDIR 在引用时会被递归展开，从而陷入一个无限循环当中，make 能够检测到这个问题并报告如下错误：

*** Recursive variable 'SUBDIR' references itself (eventually). Stop

```
TOPDIR = /home/nick
SUBDIR = $(TOPDIR)/project
SUBDIR = $(SUBDIR)/src
```

图 16-9 错误的变量定义

为了避免这个问题，可以使用简单展开变量。与递归展开变量在引用时展开不同，简单展开变量是在定义处展开的，并且只展开一次，从而消除了变量的嵌套引用。在定义时，其语法与递归展开变量有细微的不同，如图 16-10 所示。

```
TOPDIR = /home/nick
SUBDIR := $(TOPDIR)/project
SUBDIR += /src
```

图 16-10 正确的变量定义

SUBDIR 在第一次定义时使用“:=”将其值设置为“/home/nick/project”，而在第二次定义时则使用“+=”在已有的基础上添加“/src”，这样就使得 SUBDIR 的最终值变为

“/home/nick/project/src”。许多程序员在 Makefile 中只使用简单展开变量，以避免可能出现的错误。

除了用户自定义变量之外，在 Makefile 中还可以使用环境变量、自动变量和预定义变量。使用环境变量的方法相对来讲比较简单，make 在启动时会自动读取系统当前已经定义了的环境变量，并且会创建与之具有相同名称和数值的变量。需要注意的是，如果用户在 Makefile 中定义了相同名称的变量，那么用户自定义变量将会覆盖同名的环境变量。

此外，make 还提供了一些预定义变量和自动变量，如表 16-3 所示，但它们看起来都不如自定义变量那么直观。之所以称为自动变量，是因为 make 会自动用特定的、熟知的值来替换它们。

表 16-3　Makefile 中的自动变量

自动变量	含　义
$@	规则的目标文件名
$*	规则中已经删除了后缀的目标名
$<	规则中的第一个依赖文件名
$^	规则中所有依赖文件列表，以空格为分隔符
$?	规则中日期新于目标的所有依赖文件列表，以空格为分隔符
$(@D)	目标文件的目录部分(如果目标在子目录中)
$(@F)	目标文件的文件名部分(如果目标在子目录中)

利用 make 的自动变量和预定义变量，可以简化前面给出的那个 Makefile 文件，如图 16-11 所示。

```
OBJS = control.o ui.o main.o
CC = GCC
CFLAGS = -Wall
all : program
program : $(OBJS)
        $(CC) $(OBJS) -o $@
control.o : control.c
        $(CC) $(CFLAGS) -c -o $@ $<
ui.o : ui.c
        $(CC) $(CFLAGS) -c -o $@ $<
main.o : main.c

        $(CC) $(CFLAGS) -c -o $@ $<
clean :
        $(RM) program $(OBJS)
```

图 16-11　化简后的 Makefile 文件

4. 伪目标

在 Makefile 中，并不是所有的目标都对应于磁盘上的文件。有的目标存在只是为了形成一条规则，从而完成特定的工作，并不生成新的目标文件，这样的目标称为伪目标。

在已经给出的 Makefile 文件中，最后一个目标 clean 就是伪目标。它规定了 make 应该执行的命令。当 make 处理到目标 clean 时，会先查看其对应的依赖对象。由于 clean 没有任何依赖对象，所以 make 会认为该目标是最新的而不会执行任何操作。为了编译这个目标体，必须手工执行如下命令：#make clean。作为惯例，clean 目标一般用于删除最终生成的可执行文件和在编译过程中产生的所有目标文件。问题是，如果恰巧有一个名为 clean 的文件存在时该怎么办呢？此时因为在这个规则里没有任何依赖对象，所以目标文件肯定是最新的，规则中的命令无论如何也不会被执行，即使用命令“make clean”也无济于事。解决这一问题的方法是标明该规则中的目标是伪目标，并不对应于任何文件，这可以通过.PHONY 目标实现，它告诉 make 不检查规则的目标文件是否存在于磁盘上，也不查找任何隐含规则。在使用了.PHONY 之后，前面的 Makefile 文件就将变为如图 16-12 所示的内容了。

```
OBJS = control.o ui.o main.o
CC = GCC
CFLAGS = -Wall
all : program
program : $(OBJS)
$(CC) $(OBJS) -o $@
control.o : control.c
$(CC) $(CFLAGS) -c -o $@ $<
ui.o : ui.c
$(CC) $(CFLAGS) -c -o $@ $<
main.o : main.c
$(CC) $(CFLAGS) -c -o $@ $<
.PHONY : clean
clean :
    $(RM) program $(OBJS)
```

图 16-12　使用.PHONY 后的 Makefile 文件

5. 隐式规则

除了可以在Makefile中明确指定规则(显示规则)之外，make还维护了一整套隐式规则。隐式规则可以在用户没有完整地给出某些命令的时候，自动执行恰当的操作。隐式规则最大的好处是可以简化 Makefile 的编写和维护，例如前面给出的 Makefile 运用隐式规则后可以简化为如图 16-13 所示的内容。

```
OBJS = control.o ui.o main.o
program : $(OBJS)
```

```
        $(CC) $(OBJS) -o $@
.PHONY : clean
clean :
    $(RM) program $(OBJS)
```

图 16-13 使用隐式规则化简后的 Makefile 文件

默认目标 program 依赖于 control.o、ui.o 和 main.o 三个目标文件，但 Makefile 中并没有给出怎样编译生成这些目标的规则。此时 make 就会使用隐式规则，对每一个名为 test.o 的目标文件，找到与之对应的源代码 test.c，然后使用“gcc -c test.c -o test.o”命令来生成对应的目标文件。

除了系统预定义的隐式规则外，在 Makefile 中还可以定义自己的隐式规则，这种规则也被称为模式规则。模式规则类似于普通规则，但它的目标必须含有“%”这一通配符，以便能与任何非空字符相匹配，与目标对应的依赖文件中也必须使用通配符，如图 16-14 所示。

```
%.o : %.c
    $(CC) -c $(CFLAGS) $(CPPFLAGS) $< -o $@
```

图 16-14 应用模式规则

如图 16-14 所示的规则将告诉 make 所有形为 test.o 的目标文件，都应该根据指定的命令从源文件 test.c 编译而来。

16.2.3 调试工具 GDB

1. GDB 介绍

GNU 的调试器称为 GDB，该程序是一个交互式工具，工作在字符模式。GDB 是功能强大的调试程序，可完成如下的调试任务：

- 设置断点；
- 监视程序变量的值；
- 程序的单步执行；
- 修改变量的值。

在可以使用 GDB 调试程序之前，必须使用-g 选项编译源文件。可在 makefile 中这样定义 CFLAGS 变量：CFLAGS = -g。

运行 GDB 调试程序时通常使用如下的命令：

```
[root@localhost root]#gdb program
```

在 GDB 提示符处键入 help，将列出命令的分类，主要的分类有：

- aliases：命令别名。
- breakpoints：断点定义。
- data：数据查看。
- files：指定并查看文件。
- internals：维护命令。

- running：程序执行。
- stack：调用栈查看。
- statu：状态查看。
- tracepoints：跟踪程序执行。

2. 常用 GDB 命令

常用的 GDB 命令，如表 16-4 所示。

表 16-4 常用的 GDB 命令

命令	描 述
file	装入想要调试的可执行文件
kill	终止正在调试的程序
list	列出产生执行文件的源代码的一部分
next	执行一行源代码但不进入函数内部
step	执行一行源代码而且进入函数内部
run	执行当前被调试的程序
quit	终止 GDB
watch	使用户能监视一个变量的值而不管它何时被改变
break	在代码里设置断点，这将使程序执行到这里时被挂起
make	使用户能不退出 GDB 就可以重新产生可执行文件
shell	使用户能不离开 GDB 就执行 UNIX Shell 命令

3. GDB 使用范例

以下是一个有错误的 C 语言源程序 test.c：

```
#include <stdio.h>
#include <stdlib.h>
static char buff [256];
static char* string;
int main ()
{
    printf ("Please input a string: ");
    gets (string);
    printf ("Your string is: %s", string);
}
```

上面这个程序非常简单，其目的是接受用户的输入，然后将用户的输入打印出来。该程序使用了一个未经过初始化的字符串地址 string，因此，编译并运行之后，将出现 Segment Fault 错误：

```
[root@localhost root]#gcc -o test -g test.c
[root@localhost root]#./test
```

```
Please input a string: nick
Segmentation fault (core dumped)
```

为了查找该程序中出现的问题，我们利用 GDB，并按如下的步骤进行：

(1) 运行 gdb test 命令，装入 test 可执行文件。

(2) 执行装入的 test 命令。

(3) 使用 where 命令查看程序出错的地方。

(4) 利用 list 命令查看调用 gets 函数附近的代码。

(5) 唯一能够导致 gets 函数出错的因素就是变量 string，用 print 命令查看 string 的值。

(6) 在 GDB 中，我们可以直接修改变量的值，只要将 string 取一个合法的指针值就可以了，为此，在第 11 行处设置断点。

(7) 程序重新运行到第 11 行处停止，这时，可以用 set variable 命令修改 string 的取值。

(8) 继续运行，将看到正确的程序运行结果。

16.3　课后习题与实验

16.3.1　课后习题

1. 什么是 Shell？Red Hat Linux 9 默认的是哪一种 Shell？
2. Shell 的主要功能是什么？主要执行方式有哪些？
3. Shell 的变量有哪些？如何实现对变量的赋值及引用？
4. command1 && command2 || command3 的含义是什么？
5. 分析下面一段 Shell 脚本的功能：

```
count=$#
cmd=echo
while [ $count -gt 0 ]
do
      cmd="$cmd \$$count"
      let count=$count – 1
done
```

6. 编写一个 Shell 脚本，显示当天日期，查找给定的某用户是否已经登录到系统，若已经登录，则发送问候给该用户。
7. 编写一个 Shell 脚本，求斐波那契数列的第 10 项，及其前 10 项总和。
8. 编写一个 C 语言程序，在屏幕上显示“hello, world!”。

16.3.2　实验：Shell 及 C 编程

1. 实验目的

掌握 Linux 下 Shell 脚本的编写及 GNU CC 工具的使用。

2. 实验内容

(1) 设计一个 Shell 程序，在每月第一天备份并压缩/etc 目录的所有内容，存放在/$HOME 目录里，且文件名为如下形式：yymmdd_etc，yy 为年，mm 为月，dd 为日。Shell 程序 fileback 存放在/$HOME 目录下。

(2) 设计一个 Shell 程序，在/$HOME/userdata 目录下建立 50 个目录，即 user1～user50，并设置每个目录的权限，其中其他用户的权限为读；文件所有者的权限为读、写、执行；文件所有者所在组的权限为读、执行。

(3) 编写一个 C 语言程序，对一个数组实现冒泡排序。sort.c：包含冒泡排序的函数；main.c：加载 sort.c，并实现主函数用来测试排序函数；编写 makefile，并使用 make 对该程序进行编译连接。

3. 完成实验报告

4. 思考题

(1) 尝试使用 gdb 进行调试，在调试过程中，记录下每一次排序循环后数组的变化。

(2) 尝试使用 makefile 的特性(如定义变量、伪目标、隐式规则等)使实验要求编写的 makefile 更具通用性。

第 17 章　Linux 内核概述

◇【本章学习目标】

Linux 是一个一体化内核系统。Linux 内的设备驱动程序可以方便地以模块化的形式设置，并在系统运行期间可直接装载或卸载。本章介绍了 Linux 的内核和可加载模块特性。通过对本章的学习，读者应该掌握以下主要内容：

⊙ 内核的基本概念；

⊙ 可加载模块的概念。

17.1 内 核 简 介

17.1.1　内核结构介绍

所谓“内核”，即操作系统的核心，指的是一个提供硬件抽象层、磁盘及文件系统控制、多任务等功能的系统软件。从技术层面上说，Linus 开发的 Linux 仅是一个内核，并不是一个完整的操作系统。Linux 内核不是现代操作系统所崇尚的微内核结构，而是一体化内核系统，也就是说，整个内核就是一个单独的系统程序。从实现机制看，Linux 分为五个子系统：进程调度、内存管理、虚拟文件系统、网络接口、进程间通信。

Linux 内核源码的各个目录大致与此相对应，其组成如下：

• arch 目录包括了所有和体系结构相关的核心代码。它下面的每一个子目录都代表一种 Linux 支持的体系结构，例如 i386 就是 Intel CPU 及与之相兼容体系结构的子目录。PC 一般都基于此目录。

• include 目录包括编译核心所需要的大部分头文件，例如与平台无关的头文件在 include/linux 子目录下。

• init 目录包含核心的初始化代码(不是系统的引导代码)，有 main.c 和 Version.c 两个文件。这是研究核心如何工作的好起点。

• mm 目录包含了所有的内存管理代码。与具体硬件体系结构相关的内存管理代码位于 arch/*/mm 目录下。

• drivers 目录中是系统中所有的设备驱动程序。它又进一步划分成几类设备驱动，每一种有对应的子目录，如声卡的驱动对应于 drivers/sound。

• ipc 目录包含了核心进程间的通信代码。

• modules 目录存放了已建好的、可动态加载的模块。

• fs 目录存放 Linux 支持的文件系统代码。不同的文件系统有不同的子目录对应，如

ext3 文件系统对应的就是 ext3 子目录。

- kernel，内核管理的核心代码放在这里。同时与处理器结构相关的代码都放在 arch/*/kernel 目录下。
- net 目录里是核心的网络部分代码，其每个子目录对应于网络的一个方面。
- lib 目录包含了核心的库代码，不过与处理器结构相关的库代码被放在 arch/*/lib/ 目录下。
- scripts 目录包含用于配置核心的脚本文件。
- documentation 目录下是一些文档，是对每个目录作用的具体说明。

一般在每个目录下都有一个.depend 文件和一个 Makefile 文件。这两个文件都是编译时使用的辅助文件。仔细阅读这两个文件对弄清各个文件之间的联系和依托关系很有帮助。另外，有的目录下还有 Readme 文件，它是对该目录下文件的一些说明，同样有利于对内核源码的理解。

17.1.2 内核版本

Linux 操作系统的内核承担着 Linux 操作系统最为核心的任务，是其他程序和硬件等运行过程中的仲裁者：它要管理所有进程的内存，保证它们都能平等地得到处理器的时隙。此外，它还提供程序和硬件之间的接口等功能。

Linux 内核的版本编号系统是这里要重点介绍的。从 Linux 1.0 这个里程碑式的系统开始，使用了两“路”编号方法标注内核的开发。偶数号的内核(比如：1.0、2.2、2.4)是“稳定阶段的”内核，表示对内核只有少量的修改，这些修改不影响内核的稳定性，只是为了修正一些 bug 或优化效率等。同时，奇数号的内核版本(1.1、2.3)是前沿的或者“开发阶段的”内核，表示对内核特性有所增加。

但是自从 2.6 版本的内核发布后，情况就变得复杂了。之前定义的稳定版本和开发版本开始混合在了一起，补丁版首次开始发布，带有“-mm”的后缀；开发版，或者称为预发布版，增加了后缀“-rcN”；稳定版使用三位数的版本号(没有了奇数和偶数的区别)，而在使用补丁修正后的稳定版则开始使用四位数的版本号(比如，在 2.6.8 稳定版后，就是 2.6.8.1 通过补丁修正过的稳定版)。

17.1.3 内核配置及编译

1. 重新配置及编译内核的原因

Linux 作为一个自由软件，在广大爱好者的支持下，内核版本不断更新。新的内核修订了旧内核的 bug，并增加了许多新的特性。如果用户想要使用这些新特性，或想根据自己的系统度身定制一个更高效、更稳定的内核，就需要重新编译内核。

通常，更新的内核会支持更多的硬件，具备更好的进程管理能力，运行速度更快、更稳定，并且一般会修复老版本中发现的许多漏洞等，经常性地选择升级更新的系统内核是 Linux 使用者的必要操作内容。

为了正确合理地设置内核编译配置选项，从而只编译系统需要的功能的代码，一般主要有下面四个考虑：

(1) 自己定制编译的内核运行更快(具有更少的代码)。

(2) 系统将拥有更多的内存(内核部分将不会被交换到虚拟内存中)。

(3) 不需要的功能编译进入内核可能会增加被系统攻击者利用的漏洞。

(4) 将某种功能编译为模块方式会比编译到内核内的方式速度要慢一些。

2. 内核编译模式

要增加对某部分功能的支持，比如网络之类，可以把相应部分编译到内核中(build-in)，也可以把该部分编译成模块(module)，动态调用。

如果编译到内核中，则在内核启动时就可以自动支持相应部分的功能了，这样的优点是方便、速度快，机器一启动就可以使用这部分功能；缺点是会使内核变得庞大起来，不管是否需要这部分功能，它都会存在，建议将经常使用的部分直接编译到内核中，比如网卡。

如果编译成模块，就会生成对应的.o 文件，在使用的时候可以动态加载，优点是不会使内核过分庞大，缺点是需要用户自己来调用这些模块。

3. 配置及编译内核

```
[root@localhost boot]#ln -s vmlinuz-2.6.21.4 vmlinuz
[root@localhost boot]#ln -s System.map-2.6.21.4 System.map
//以上命令为安装编译好的新内核
//然后修改 grub.conf，将新内核配置到启动菜单后，内核的安装就完成了
//从 Linux 内核版本发布的官方网站（http://www.kernel.org）下载最新的稳定版内核
//当前为 linux-2.6.21.4.tar.bz2。
//将下载的新内核放入/usr/src 目录。
[root@localhost download]#cp linux-2.6.21.4.tar.bz2 /usr/src
//解压新内核
[root@localhost download]#cd /usr/src
[root@localhost src]#tar jxvf linux-2.6.21.4.tar.bz2
[root@localhost src]#cd linux-2.6.21.4
//开始编译内核之旅
[root@localhost linux-2.6.21.4]#make mrproper
//以上命令确保源代码目录下没有不正确的.o 文件以及文件的互相依赖
[root@localhost linux-2.6.21.4]#make menuconfig
//以上命令进行内核的配置，一共有三种配置选项：
//Y：将该功能编译进内核；
//N：不将该功能编译进内核；
//M：将该功能编译成可以在需要时动态插入到内核中的模块。
//配置完后，存盘退出。
[root@localhost linux-2.6.21.4]#make dep
//以上命令确保关键文件在正确的位置
```

```
[root@localhost linux-2.6.21.4]#make clean
//以上命令确保所有有关文件都处于最新版本状态
[root@localhost linux-2.6.21.4]#make zImage/bzImage
//以上命令编译压缩形式的内核
//zImage：普通方式编译内核
//bzImage：需要内核支持较多的外设和功能时，内核可能变得很大，此时可以编译大内核
[root@localhost linux-2.6.21.4]#make module
//以上命令编译选择的模块
[root@localhost linux-2.6.21.4]#make module_install
//以上命令将编译后的模块转移到系统标准位置
[root@localhost linux-2.6.21.4]#cp System.map /boot/System.map-2.6.21.4
[root@localhost linux-2.6.21.4]#cp arch/i386/bzImage /boot/vmlinuz-2.6.21.4
[root@localhost linux-2.6.21.4]#cd /boot;rm -f System.map vmlinuz
```

17.1.4 内核补丁安装

完整的内核源代码压缩文件比较大，所以，从网上下载完整的内核文件比较费时。为此，Linux 还提供了另外一种形式的升级方式，利用补丁文件进行升级。一般地，补丁文件比完整的内核文件要小得多，下载起来比较方便，但是补丁文件只能对前一个版本进行升级。例如，假定当前内核版本为 2.6.21.3，则需要下载的补丁文件为 patch-2.6.21.4.bz2。

patch 程序用来对内核源文件进行一系列的修改。

〖示例 17.1〗 将当前内核版本 2.6.21.3 升级成 2.6.21.4。

```
[root@localhost download]#bzip2 –d patch-2.6.21.4.bz2
[root@localhost download]#cp patch-2.6.21.4 /usr/src/linux
[root@localhost download]#cd /usr/src/linux
[root@localhost linux]#patch –p1 < patch-2.6.21.4
```

17.2 可加载模块

17.2.1 可加载模块概述

Linux 内核是一体化内核，核心中所有的功能部件都可以对其全部内部数据结构和例程进行访问。这种一体化内核有一个很大的问题，就是假如内核不支持我们需要的某种硬件设备，则通过配置将这种硬件设备的支持部件重编入内核的方式是非常耗时的。但是 Linux 并没有这样的问题，它可以让我们随意动态地加载与卸载操作系统部件。Linux 模块就是这样一种可在系统启动后的任何时候动态连入核心的代码块。当我们不再需要它时又可以将它从核心中卸载并删除。Linux 模块多指设备驱动、伪设备驱动，如网络设备和文件系统等。

动态可加载模块的好处在于可以让内核保持很小的尺寸的同时非常灵活。模块同时还可以让我们无需重构内核并频繁重新启动来尝试运行新内核代码。尽管使用模块很自由，但是也有可能同时带来与核心模块相关的性能与内存损失。可加载模块的代码一般有些长并且额外的数据结构可能会占据一些内存。同时对内核资源的间接使用可能带来一些效率问题。

而且一旦 Linux 模块被加载则它和普通核心代码一样都是核心的一部分。它们具有与其他核心代码相同的权限与职责。换句话说，Linux 核心模块可以像所有核心代码和设备驱动一样使核心崩溃。

17.2.2 模块工具

Linux 为我们提供了一些关于模块的命令：使用 lsmod 来查看内核中当前的模块，使用 modprobe 来加载核心模块，使用 rmmod 来卸载模块，等等。同时核心自身也可以请求核心后台进程 kerneld 来加载与卸载模块。

1. lsmod

说明：lsmod 命令列出目前系统中已加载的模块的名称及大小等。另外，还可以通过查看/proc/modules，一样可以知道系统已经加载的模块。

〖示例 17.2〗 列出当前的内核模块。

```
[root@localhost root]#lsmod
Module                    Size   Used by    Tainted: PF
autofs                   13268    0   (autoclean) (unused)
⋮
BusLogic                100796    3
scsi_mod                107128    4   [sr_mod ide-scsi BusLogic sd_mod]
```

2. modinfo

modinfo 命令可以查看模块的信息，可以通过查看模块信息来判定这个模块的用途。

〖示例 17.3〗 查看网卡模块 8139too 的信息。

```
[root@localhost root]#modinfo 8139too
filename:      /lib/modules/2.4.20-8/kernel/drivers/net/8139too.o
description: "RealTek RTL-8139 Fast Ethernet driver"
author:        "Jeff Garzik <jgarzik@pobox.com>"
⋮
parm:            debug int, description "8139too bitmapped message enable number"
```

3. modprobe

Modprobe 命令自动处理可加载模块。该命令会根据相依关系，决定要载入哪些模块。若在载入过程中发生错误，则会卸载整组的模块。该命令的常用选项及说明如表 17-1 所示。

表 17-1　modprobe 命令的常用选项

选项	说　　明
-a	载入全部的模块
-l	显示可用的模块
-r	模块闲置不用时，卸载模块
-c	显示模块的设置信息

〖示例 17.4〗 加载 FAT32 模块 vfat。

```
[root@localhost root]#modprobe vfat
```

移除 FAT32 模块 vfat。

```
[root@localhost root]#modprobe -r vfat
```

4. rmmod

Rmmod 命令移除已挂载模块，同 modprobe –r 命令。

〖示例 17.5〗 移除网卡模块 8139too。

```
[root@localhost root]#rmmod 8139too
```

17.3　课后习题与实验

17.3.1　课后习题

1. 什么是内核？Linux 的内核分为哪五个部分？
2. 请说明如下 Linux 内核源码目录。

arch：________________

include：________________

init：________________

fs：________________

mm：________________

kernel：________________

drivers：________________

modules：________________

3. 简述 Linux 内核版本编号的规律。
4. 如何查看当前系统已加载的模块？

17.3.2　实验：Linux 动态模块的加载

1. 实验目的

掌握 Linux 下模块的加载和卸载。

2. 实验内容

(1) 编写一个 Linux 可加载模块。
(2) 加载和卸载该模块。

3. 实验步骤

(1) 使用 VI 编写一个 Linux 可加载模块 hello.c，代码如下：

```
#define _NO_VERSION_ //不考虑模块版本问题
#define _KERNEL_
#define MODULE
#include <linux/kernel.h> //核心态编程
#include <linux/module.h> //模块编程
//初始化模块
Int init_module()
{
        printk("module inited\n");
        printk("hello, linux!\n");
        return 0;
}
//释放模块占用的空间
Void cleanup_module()
{
        printk("end of module existence\n");
}
```

(2) 使用 gcc 编译该模块：

```
[root@localhost root]#gcc -c -I /usr/src/linux 2.4/include -Wall hello.c
```

(3) 加载该模块：

```
[root@localhost root]#modprobe hello.o
```

(4) 查询该模块显示的信息：

```
[root@localhost root]#dmesg
```

(5) 列出系统加载模块：

```
[root@localhost root]#lsmod
```

(6) 卸载该模块：

```
[root@localhost root]#modprobe -r hello
```

4. 完成实验报告

5. 思考题

(1) 简述动态可加载模块对于 Linux 内核的意义。
(2) 尝试在当前系统安装一个新版本的内核。

参考文献

[1] 何明. Linux 从入门到精通. 4 版. 北京：中国水利水电出版社，2018.
[2] [美]布鲁姆(Richard Blum)，布雷斯纳汉(Christine Bresnahan). Linux 命令行与 Shell 脚本编程大全. 3 版. 门佳，武海峰，译. 北京：人民邮电出版社，2016.
[3] [美]博韦，西斯特. 深入理解 Linux 内核. 3 版. 陈莉君，张琼声，张宏伟，译. 北京：中国电力出版社，2008.
[4] 鸟哥. 鸟哥的 Linux 私房菜：服务器架设篇. 3 版. 北京：机械工业出版社，2012.
[5] 孙亚南，李勇. RedHat Enterprise Linux 7 高薪运维入门. 北京：清华大学出版社，2016.
[6] 谢希仁. 计算机网络. 7 版. 北京：电子工业出版社，2017.
[7] 马玉军，陈连山. RedHat Enterprise Linux 6.5 系统管理. 北京：清华大学出版社，2014.
[8] Linux 公社. https://www.linuxidc.com.
[9] Linux 中国开源社区. https://linux.cn.
[10] ChinaUnix 论坛. http://www.chinaunix.net.
[11] CSDN-专业 IT 技术社区. https://www.csdn.net.